영문공사용어350선 개정증보판 완결본

영문공사용어 820

Korean Glossary of English Terms 800 All-In Edition

박준기 저

건설경제

서문

건설일등국을 위한 **영문공사용어** 완결본 **820**을 내면서

(1)

「영문공사용어350선」을 2011년 2월에 출간했는데, 그러고 보니 8년이 넘게 지났다. 지금 증보·개정본으로 820선(選)을 내게 되어 감회가 새롭다.

그 사이 미국 「연방조달규정(FAR)」은 수 십차의 개정이 있었고, 국제컨설팅엔지니어연합(FIDIC) 의 「공사계약조건」은 1999년 제1판(First Edition)에 이어 2017년 제2판 (Second Edition) (본서에서 '2017개정본'이라 칭함)이 출간되었다. 필자도 2015년 「건설클레임·분쟁론」, 2018년 「건설계약관리론」을 〈건설경제신문사〉의 주선으로 출간하였던 바 있다.

(2)

전책(前冊) 「영문공사용어350선」을 낼 당시에 그다음 책으로 500선을 내겠다고 서문에서 약속드렸으나, 천성이 게을러서 이제야 약속을 이행하게 되어 독자제위께 송구스럽다. 그 대신 500선이 아닌 820선(정확하게는 826용어)으로 증보 상재(上梓)하여 조금이나마 마음의 빚을 갚고자 한다. 더하여, 감히 완결본(完結本)이라 특칭(特稱)하는 만큼 나름대로 심혈(心血)을 기울였다.

(3)

본서에 수록한 용어들은 주로 FIDIC, 미국건설사업관리협회(CMAA), 미국건축사협회(AIA), 영국 컨설팅엔지니어협회(ACE), 국제상업회의소(ICC) 분쟁위원회(DB), 세계무역기구(WTO) 등의 관련 자료, 그리고 미국 및 외국공사현장의 실제계약문서 등에서 선별하였다. '영문' 공사용어이니만큼 이들 자료가 그 어떤 텍스트보다 대표성과 규범성을 갖는다는 데에는 이론(異論)이 있을 수 없을 것이다.

(4)

공사계약의 이행방식이 미국권과 영국권 이렇게 양대산맥으로 흐르고 있음을 전제로 하여, 본서에서 영국권의 경우 위에서 언급한 이른바 FIDIC '2017개정본'을 기초로 하였고, 미국 「연방조달규정(FAR)」은 마침 2020년 1월에 개정이 있어서 이 개정본(본서에서 이를 '2020년 1월 개정본'으로 칭함)을 기초로 하였다.

그렇게 본서를 탈고하고서도 마음이 가볍지 않은 것은 왜일까. 심통을 부리듯 소회(所懷)를 밝힌다. 이제 우리의 공사관리 관련제도를 촘촘하게 다시 짜서 악습과 비효율성을 말끔히 걸러낼 필요가 있다. 그래서 소위 선진국 건설인들이 오히려 한글사전을 뒤적이며 한국의 공사관리 내지 계약관리용어를 연구하는 모습을 보고 싶은 그런 소회이다.

(5)
북송(北宋) 때 소동파(蘇東坡)는 〈일유(日喩)〉라는 글에서, 고대 중국의 강남사람들은 어릴 때부터 물과 더불어 살았으므로 잠수(潛水)에 능했는데, 북방 군사들이 그들로부터 잠수하는 방법을 금방 배워 물속으로 들어갔다가 빠지지 않은 자가 없었다 하며, 쉽게 입신(立身)하려는 자에게 경종을 울리고 있다.
당(唐)의 두보는 1만권의 책을 읽었다[讀書破萬卷: 독서파만권]고 했으며, 대장부는 적어도 다섯 수레의 책을 읽어야 한다[男兒須讀五車書: 남아수독오거서]고 했다. 이태백은 고사 철저마침(鐵杵磨針)의 장본인이다. 우리 조선에도 추사 김정희는 칠십 평생 동안 열 개의 벼루를 갈아서 구멍을 내었고, 붓 1,000자루를 다 닳도록[七十年. 磨穿十硏. 禿盡千毫: 칠십년 마천십연 독진천호] 글씨를 썼다고 했다.
그래서 오늘날 그분들의 글과 글씨가 회자(膾炙)되는 것일진대, 본서는 행여 북방군사 잠수하듯 하는 것은 아닌지 염려되기도 한다. 오류(誤謬)가 있더라도 독자제위의 넓은 아량을 당부드린다.

(6)
녹록지 않은 여건임에도 본서를 출간해 주신 〈건설경제신문사〉 제위께 심심한 감사의 말씀을 드린다. 그간의 권고지은(眷顧之恩)을 어떻게 갚을지 그저 막막하기만 하다. 귀사의 번창하심을 빈다.

2020년 2월 중완(中浣)

저자 識

일러두기

FIDIC 및 미국 「연방조달규정(FAR)」

FIDIC(Federation Internationale des Ingenieurs-Conseils) 「공사계약조건」은 2017개정본을 기초로 하였고, 미국 「연방조달규정(FAR)」은 FAC 2020-04/01-15-2020 즉 2020년 1월 개정본을 기초로 하였다.
참고로, FIDIC 2017개정본, 「FAR」 2020년 1월 개정본 및 우리나라 계약예규 「공사계약일반조건」 및 「공사입찰유의서」의 조건수를 비교하면 아래표와 같다.

공사입찰·계약조건 비교

구 분	미국 「FAR」 (2020.1)	FIDIC (2017)	우리나라 (2019.12)
조건수	268	168	100

우리나라와 너무 많은 차이가 난다. 물론 조건의 수효가 많다고 능사(能事)는 아니겠지만, 그러나 한번 생각해 볼 가치는 있다고 여겨진다.

우리말 표기

본서에서 영문용어를 우리말로 번역하여 표기할 때에는 첫째, 그에 대한 우리나라의 제도가 있는 경우에는 그에 따르고, 둘째, 그렇지 못할 경우에는 영문용어 자체의 내용을 참작하여 번역·표기하기로 한다. 둘째의 경우 새로운 용어를 창조하여야 하는 까닭에 다소 어색할 수도 있을 것이나, 그 외에 다른 방법이 없었음을 양지하시기 바란다.

유사 또는 동의어의 표기 : 문장 중(中)

문장 중에서 유사어나 동의어를 나타낼 때는 오른쪽 옆에 중괄호로 묶어 표기한다.
예를 들면, 계약유형 중에서 단가계약은 Unit Price Contract라 하기도 하고, Unit Cost Contract 또는 Unit Rate Contract라고도 하는 바, 가능한 한 이들을 모두 별도로 표기할 것이지만, Unit처럼 같은 어휘가 반복되어야 하는 경우에는 아래와 같이 병렬하여 표기하기로 한다.

Unit Price[Cost] Contract
Unit Price[Rate] Contract
Unit Price[Cost 또는 Rate] Contract

유사 또는 동의어의 표기 : 문장과 별도

유사어나 동의어를 문장 밖에서 비교하고자 할 때에는 해당용어가 속한 문장이 끝나는 부분 아래에 [동의어] 등으로 표기하여 정리하기로 한다.
예를 들면, 'Accepted Risks'(용인된 위험 즉 불가항력)항목에서 이의 유사어나 동의어를 비교하고자 할 때에는 아래와 같이 따로 정리한다.

동의어 Accepted Risks
: Force Majeure
: Excepted Risks
: Special Risks

약어의 표기

약어(略語)의 표기는 원문의 오른쪽에 소괄호( )로 묶어서 나타내었다.
예를 들면, 설계·시공일괄계약 즉 Design-Build Contract의 Design-Build은 DB로 약식표기 하므로 본서에서는 Design-Build (DB)로 표기하기로 한다.

Design-Build (DB)
Bill of Quantities (BOQ)

약어의 이해

약어는 가능한 한 원문과 함께 나타낼 것이나, 약어가 일반화되어 있는 경우에는 원문을 생략하고 약어만 나타내기도 할 것이므로, 아래에 이들을 정리하여 필요시에 참작하게 하고자 한다.

ACE	Association of Consulting Engineers
ADR	Alternative Dispute Resolution
AIA	American Institute of Architects
AP Bond	Advance Payment Bond
ASCE	American Society of Civil Engineers

B/M	Bench Mark
BOM	Bill of Materials
BOQ	Bill of Quantities

CAR	Contractor's All Risks
CAS	Cost Accounting Standards
CFR	Code of Federal Regulations
CM	Construction Management
CMA	CM as an Adviser
CMAA	Construction Management Association of America

CMC CM as a Constructor
CMr Construction Manager
CO Contracting Officer
COR Contracting Officer's Representative
C/O Change Order

DAAB Dispute Avoidance/Adjudication Board
DAB Dispute Adjudication Board
DB Design-Build
DB Dispute Board
DCN Design Change Notice
DLC Defects Liability Certificate
DNP Defects Notification Period
DoD Department of Defense

EJCDC Engineers Joint Contract Documents Committee
EO Executive Order
EOT Extension of Time
EPA Environmental Protection Agency
EPC Engineering, Procurement and Construction
ES Escalation 또는 Escalation Clause
EV Earned Value
EVMS Earned Value Management System

FAC Final Acceptance Certificate
FAR Federal Acquisition Regulations
FHO Final Hand-Over
FIDIC Federation Internationale des Ingenieurs-Conseils (International Federation of Consulting Engineers)
FPC Final Payment Certificate

GeneCon General Contractor
GMP Guaranteed Maximum Price
G&A General and Administrative
GPA Government Procurement Agreement

ICC DB International Chamber of Commerce Dispute Board
ICE Institution of Civil Engineers
IFB Invitation for Bids
ISDS Investor-State Dispute Settlement
IHO Initial Hand-Over

IP	Interim Payment
IPC	Interim Payment Certificate
JV	Joint Venture
L/I	Letter of Intent
LSA	Labor Surplus Area
MM	Man-Month
MRG	Minimum Revenue Guarantee
NOD	Notice of Dissatisfaction
NTC	Notice to Commence
NTP	Notice to Proceed
O&P	Overheads and Profit
OT	Overtime
P Bond	Performance Bond
PC	Precast Concrete
PHO	Provisional Hand-Over
PHO	Preliminary Hand-Over
PHO	Preparatory Hand-Over
PM	Project Management
PMIS	Project Management Information System
PMr	Project Manager
P/O	Purchase Order
POA	Power of Attorney
PP	Price Proposal
PQ	Pre-Qualification
PTP	Price and Technical Proposal
PWS	Performance Work Statement
QC	Quality Control
QS	Quantity Survey
QS	Quantity Surveyor
RFI	Request for Information
RFP	Request for Proposal
R/P	Residence Permit

SAT Simplified Acquisition Threshold
SD Shop Drawings
SMC Singapore Mediation Centre
SO Superintending Officer
SOG Slab on Ground
SOG Spares, Oil and Grease
Spec Specifications

TAB Test, Adjustment and Balancing
TF Task Force
THO Temporary Hand-Over
TOC Taking-Over Certificate
TOR Terms of Reference
TOS Terms of Services
TP Technical Proposal

USC United States Code

VE Value Engineering
VECP Value Engineering Change Proposal
VO Variation Order

WTO World Trade Organization
WTO GPA WTO Government Procurement Agreement

A

Korean Glossary
of English Terms 820
All-In Edition

A-1 abbreviated form of agreement

간이계약서

Standard Form of Contract(표준계약서)에 비하여 축약 또는 단순화된 계약서형태. Short Form of Agreement라고도 한다.
이 Abbreviated Form은 미국건축사협회(American Institute of Architects, AIA)의 표기방식이다(AIA의 계약조건 A107, A117, A177 등 참조).

동의어 Abbreviated Form of Agreement
: Short Form of Agreement
; Minor Works Form of Agreement

비교어 Standard Form of Contract 표준계약서

A-2 acceleration cost

공정가속비용, 돌관(突貫)비용

공기단축 등을 이유로 정상공정률보다 빨리 공사를 수행하는 것을 Acceleration이라 하며, 그 비용을 Acceleration Cost라 한다. 시공자에게 책임이 없는 사유로 인하여 Acceleration이 이루어진 경우에는 그로 인한 추가비용을 발주처가 시공자에게 지급하여야 한다. 이를 협의의 Acceleration Cost라 한다.
해외공사현장에서는 시공자가 이 비용을 청구하는 것은 시공자의 당연한 권리로 인정되고 있으니 청구기회를 놓치지 않도록 유의해야 한다.

예문 The Employer can be subject to a constructive acceleration claim when the Employer requires that the Contractor complete performance within the original time frame, even though excusable delays have been encountered on the Project.
발주처가 시공자에게 당초공기 이내에 수행을 완료하도록 요구한다면 비록 공사상 양해할 수 있는 지체가 있었다고 하더라도 간접공정단축클레임의 대상이 될 수 있다.

참조어 Constructive Acceleration 간접공정가속
실제적으로는 공정가속이 지시되었으나, 공식적인 지시가 이루어지지 않은 공정가속을 말한다.

A-3 acceleration of payment

가속지급(加速支給)

가속지급의 유형은 (1)발주처가 원수급자에게 대가를 지체하지 않고 신속하게 지급하는 것과, (2)원수급자가 그의 하수급자에게 신속하게 지급하는 것이 있다.
관심의 대상은 주로 (2)항의 경우이다. 미국의 경우 여타의 국가와 마찬가지로 하도급대금을 신속하게 지급할 것을 강조하여 왔지만, 이를 「연방조달규정(Federal Acquisition Regulation: FAR)」에서 명문화한 것은 2013년12월부터이다. 즉, 원수급자가 발주처로부터 '가속지급' 조항에 따라 대가를 지급받았을 경우에는 그도 하수급자에게 가속지급을 하라는 내용이다.
그러나 이 가속지급(Acceleration of Payment) 규정은 소위 「신속지급법(Prompt Payment Act)」에 새로운 권리를 부여하는 것은 아니다(The acceleration of payments under this clause does not provide any new rights under the Prompt Payment Act.). 「FAR」 32.009 및 52.232-40 참조

주 본항 'Acceleration of Payment'를 원문대로 번역할 경우 '지급의 가속'이 맞다. 그러함에도 '가속지급'이라 번역한 것은 결국은 같은 의미이기 때문이다. 「FAR」에서 '가속지급'은 'Accelerated Payment'로 표기하고 있는 것도 사실이다.
유사개념에 유의하여야 한다.
Acceleration of Payment 가속지급
Prompt Payment 신속지급
Fast Payment 조기지급
Timely Payment 적기지급

A-4 accent lighting

지시등, 경고등

어떤 특수물체나 지역에 주의를 환기시키기 위하여 설치하는 조명

A-5 acceptance

상황에 따라 아래와 같이 승낙, 낙찰 또는 인수 등의 의미로 쓰인다.

(1) "승낙, 낙찰"

일반적인 의미의 승낙 외에 입찰(Bid, Tender)이나 제안(Proposal, Offer)에 대한 승낙 또는 낙찰의 의미. 이 경우 Award로 나타내기도 한다.
'Notice of Acceptance' 항목 참조

(2) "인수"

공사의 준공 후 발주처가 공사목적물을 사용하기 위하여 인수하는 행위. Taking-Over라고도 한다. 시공자의 측면에서 볼 때에는 인도(Handing-Over)에 해당.

주 Taking-Over나 Handing-Over는 Take-Over 또는 Hand-Over로 표기하여도 무방하다. 따라서 본서에서는 이들 양자간(間)에 구분을 두지 않고 표기한다.

A-6 accepted risks

용인된 위험

불가항력(Force Majeure)을 경우에 따라 이렇게 표기하기도 한다.
Exceptional Events(예외적인 상황), Excepted Risks(예외적인 위험) 또는 Special Risks(특별한 위험)도 같은 의미

동의어 Accepted Risks
: Force Majeure
: Excepted Risks
: Special Risks
: Exceptional Events

A-7 access road

진입로

공사현장, 고속도로 등으로 들어가는 길을 말하며, Access Route라고도 한다. 이를 구체적으로 나타내면 아래 [비교어]와 같이 구분된다.

비교어 Access Road　차도로서의 진입로
Access Walk　인도로서의 진입로
Detour　우회로

주 Access의 발음 특히 액센트의 위치에 유의 : [ǽkses]

A-8 accommodation

숙소

Site Accommodation이라 함은 공사현장 내 현장요원의 임시숙소 즉 현장숙소를 말한다. Camp 또는 Site Camp라고도 한다.

A-9 accommodation unit

가옥, 주택

Dwelling Unit와 같은 말이다. 이에 대하여 Housing Unit는 세대단위의 독립된 주택을 일컫는다.

A-10 active house

능동형 주택

영문을 그대로 번역하여 '능동형 주택'이라 하였지만, 내용으로 볼 때에는 '에너지보존형 주택'이다. 즉, 이 주택은 실외의 에너지를 실내로 끌어들여 실내온도를 높이도록 설계된 적극적 에너지절약형주택이다.

이에 비하여, 패시브 하우스(Passive House)는 '수동형 주택'이라 할 수 있는데, 실내의 에너지를 실외로 유출되는 것을 차단하여 실내온도를 유지하도록 설계된 주택이다. 공사비 측면에서 종래의 전통적인 주택보다 다소의 추가부담이 있다는 단점이 있으나, 장기적인 측면에서 자원절약을 고려하여 이 설계를 건축허가의 전제요건으로 하는 추세가 확산되고 있다.

A-11 actual cost

실비

이 용어에는 실비 즉 실제적으로 투입된 비용이라는 뜻 외에 설계변경당시 비용 또는 시가(時價)(Current Price)라는 뜻도 있고, 결국 설계변경당시의 시장가격(Market Price)이 됨에 유의해야 한다.

동의어 Actual Cost[Price]
: Current Price
: Market Price

A-12 addendum

이 용어의 우리말에는 첨부, 부록, 추가, 추보, 추록 등 여러 가지 표현이 있으나, 일반적인 의미는 제외하고 공사와 관련된 표현으로 한정하여 소개하기로 한다. 그러기 위하여 미국CM협회(CMAA) 「CM용어해설집(Glossary of Construction Management Terms)」 및 미국건축사협회(AIA)의 「건설업용어해설집(Glossary of Construction Industry Terms)」의 정의를 기준으로 한다. 복수형은 Addenda

(1) "청약서추보(請約書追補)"의 뜻 : CMAA의 정의

공고(公告)하거나 입찰자에게 배부한 청약서(請約書) 즉 입찰관련서류를 명확히 하거나, 정정 또는 변경하기 위하여 입찰자로부터 입찰서를 접수하기 전에 발급하는 서류. 본서에서 이 서류를 청약서추보(請約書追補)로 번역하기로 한다.

원문 **Addendum**

A supplement to documents, issued prior to taking receipt of bids, for the purpose of clarifying, correcting, or otherwise changing Bid Documents previously issued.

(2) "입찰서추보(入札書追補)"의 뜻 : AIA의 정의

발주처(감독관)에 의하여 계약체결 전 발급되며, 첨삭(添削) 또는 정정이나 설명 등의 방법으로 입찰서류를 수정하거나 해설하는 서류. 본서에서 이를 입찰서추보(入札書追補)로 번역하여 CMAA의 정의와 차이를 두고자 한다.

원문 **Addendum**

A written or graphic instrument to documents issued by the Architect prior to the execution of the Contract which modifies or interprets the Bidding Documents by additions, deletions, clarifications or corrections.

주 CMAA : Construction Management Association of America
AIA : American Institute of Architects

A-13 addition

Addition은 기술적인 의미와 계약적인 의미에서 차이가 있다.

(1) 기술적 의미

현존건물의 높이나 면적을 증가시키는 새로운 건축(신축)(new construction which increases the height or floor area of an existing building)

(2) 계약적 의미

설계변경(Change, Modification 또는 Variation)의 한 유형으로서의 추가공사

A-14 additional bond protection

추가보증

영문 그대로는 추가보증보장 정도가 되겠지만, 우리의 인식으로는 그 내용이 단순히 추가보증을 의미하기에 이렇게 번역하였다.
계약금액이 증액될 경우에 증액된 금액에 대한 추가보증을 말한다.

A-15 additional services

추가업무

건축사 또는 감리자의 업무를 기본업무와 추가업무 및 특별업무로 구분할 때, 당해 추가업무는 과업내용서(또는 과업지시서)에 기재된 업무의 수량적인 증가업무를 말하고, 특별업무는 과업내용서(또는 과업지시서)에 기재되지 않은 새로운 업무의 추가를 말한다. Supplemental Services라고도 한다.

비교어 Extra Services
과업내용서상의 업무가 아닌 새로운 업무의 추가로서 Exceptional Services 라고도 한다.

A-16 additional work

추가공사

설계변경의 한 유형으로서, 통상 계약공종 즉 산출내역서에 기재되어 있는 공종의 추가공사를 일컫는다. 그냥 Addition이라고도 한다.

비교어 Extra Work
산출내역서상의 공종 즉 계약공종이 아닌 새로운 공종(New Work Item)

A-17 additive change

증액변경

수량을 증가시킴으로써 계약금액이 증액되는 설계변경

비교어 Deductive Change 감액변경

A-18 ad hoc board

특별위원회

Ad Hoc Committee라고도 한다.

A-19 adjusted hourly rate

조정된 시급

이 시급은 1주당 기본근로시간을 40시간이라 하고, 40시간에 대한 시급(時給; 일반시급)을 10,000원이라 할 때, 10,000원에 40을 곱한 다음 제안된 1주당 근로시간을 나누어서 산출된 단위임금이다.
'제안된 1주당 근로시간'에는 기본근로 40시간을 초과하는 무보수 근로시간을 포함한다. 예를 들면, 1주당 기본근로 40시간, 시급 10,000원의 체계에 대하여, 무보수 초과근로시간을 포함한 제안된 근로시간을 44시간이라 한다면, 그 44시간은 무보수 초과근로시급 9,090.91원 체계로 전환되며, 이 9,090.91원이 조정된 시급이다.

조정된 시급 = (1주 40시간 근로기준 시급 x 40) / 제안된 주간근로시간

(예) 1주당 기본근로시간; 40시간
기본근로기준 시급; 10,000원
제안된 주간근로시간; 44시간
조정된 시급 = (10,000원 x 40) / 44시간
= 9,090.91원

'무보수 초과근로시간(Uncompensated Overtime)'이라 함은 근로기준법의 적용이 배제되는 직접노무인력에 대하여 위에서 예시한 40기본근로시간을 초과한 근로에 대한 추가보수를 지급하지 않는 근로시간을 말한다. 개인적인 유급결근(Compensated Personal Absences) 이를테면, 휴일, 휴가, 병가 등은 무보수 초과근로시간을 산출하기 위하여 정상적인 근로일수에 포함시킨다.
무보수 초과근로시간이 있는 경우에는 모든 제안된 근로시간에 일반시급이 아닌 조정시급을 적용한다.
「FAR」 37.115-3 및 52.237-10 (Mar 2014) 참조

A-20 adjustment of the contract price

계약금액의 조정

증액조정(Upward Adjustment)과 감액조정(Downward Adjustment)이 있다.

A-21 ADR

분쟁대체해결제도, 재판외(外)분쟁해결제도

'Alternative Dispute Resolution'의 약자.

- 'Alternative Dispute Resolution' 항목 참조 -

A-22 ad valorem contract

공사비비례계약

설계나 감리 등 주로 기술용역계약의 한 유형으로서 계약금액 또는 대가·보수 등은 공사금액에 비례하여 결정 또는 지급하는 방식을 취한다.

동의어 Ad Valorem Contract
: Percentage Contract
: Percentage of Construction Cost Contract

A-23

advance payment

선수금, 선급금, 선금

일반적으로 선금이라 한다. 인력, 건설장비 또는 자재 등의 차질 없는 조달을 위하여 발주처가 시공자에게 그 대금의 일부를 계약의 체결 직후에 공정진척과 관계없이 선지불하는 금전이다.

이 선금이 기성대가와 다른 점은 상환을 전제로 한다는 데에 있다.

간혹 그냥 Advance만으로 표기하기도 하고, Payment on Account 또는 Advance on Account로 표기하기도 한다.

동의어 Advance Payment
: Advance
: Payment on Account
: Advance on Account

A-24

advance payment bond: AP bond

선금보증, 선수금상환보증

선금의 상환은 기성대가(Interim Payment 또는 Progress Payment, Monthly Payment)에서 일정액 즉 선금률(예: 10%)만큼 공제하는 형식으로 상환하며, 이 상환을 위하여 시공자가 제공하는 담보를 선금보증(Advance Payment Bond)이라 하며, 줄여서 통상 AP Bond라고 한다.

AP Bond의 액면금액 또는 보증금액은 선금이 상환됨에 따라 동일금액만큼 공제된다. 이 점에서 어떤 특정시점에서 일괄해제되는 여타의 보증과 차이가 있다.

A-25 adverse physical conditions

이질적인 물리적 여건

통상 입찰자는 입찰 전 발주처가 제공하는 아래의 현장정보를 면밀히 검토하고 필요한 비용을 입찰금액에 반영하도록 요구되고 있다.

(가) Form and nature of the site, including subsurface conditions
(현장의 지형과 토질 및 지하여건)
(나) Hydrological and climatic conditions
(수리여건 및 기후여건)
(다) Extent and nature of work and materials
(공사의 범위와 성격 및 자재사항)
(라) Means of Access to the site
(현장에의 접근방법)
(마) Accommodation, facilities, power, transport
(숙소, 편의시설, 전기, 교통문제)
(바) Laws and labour practices of the Country
(발주국의 법규 및 근로기준)

이와 같은 모든 사항에 대한 검토와 조사를 다하였음에도 불구하고 공사 중 접하게 되는 이질적인 물리적 여건은 공기연장과 추가비용이 발주처에 의하여 조치되어야 하는 것으로 규정하고 있다. 물론 이 경우에는 경험 있는 시공자(Experienced Contractor)로서 예측할 수 없었던(Unforeseeable) 상황이어야 함을 전제로 한다.
FIDIC은 이를 Unforeseeable Physical Conditions이라 표기하고 있으며(제4.12조), 우리나라의 「공사계약일반조건」은 '현장여건의 상이'라 하고 있다.
미국의 경우에는 현장여건의 상이를 Type I(제I유형)과 Type II(제II유형)로 구분하고 있다.

A-26 advertisement for bids

입찰공고

입찰관련서류(Bidding Documents)의 하나

- 'Bidding Requirements' 항목 참조 -

A-27 after-imposed tax

사후부과세금

계약일 당시에 세금이 면제되었으나, 계약의 이행기간 중 그 면제가 전부 취소되거나 부분적으로 취소된 경우에 부과하는 새로운 세금 또는 증가된 세금을 말한다.

A-28 against drafter rule

제정자 불이익원칙

계약조건이나 법률조문이 이중적으로 해석될 경우 제정자에게 불리하게 해석(제정자의 상대방에게 유리하게 해석)한다는 원칙. 공사계약의 경우 발주처가 계약조건을 작성하므로 발주처 불이익원칙이라 할 수 있다.
Contra Proferentum Rule이라고도 한다.

A-29 agency

부(部), 성(省), 청(廳), 국(局)

정부업무를 집행하는 기관을 말하며, 개인적인 의미의 'Agent'와 구별된다. 그러나 이 구별은 절대적인 것은 아니고 혼용되기도 한다. 그 예로, 「FAR」에서 규정하고 있는 Agency와 미국CM협회(CMAA)에서 규정하고 있는 Agency를 아래에 비교하여 보기로 한다.

「FAR」 52.203-12
"Agency" means 'executive agency' as defined in 「Federal Acquisition Regulation (FAR)」 2.101.
'Agency'라 함은 「FAR」 2.101에서 정의된 'executive agency(집행기관)'를 뜻한다.

CMAA의 「CM용어집」
Agency: A legal relationship by which one party is empowered and obligated to act on behalf of another party.
Agency: 어느 일방이 다른 당사자를 대신하여 행위하도록 권한 및 의무를 부여받은 법적인 관계

A-30 agency CM

대리인형 CM

조언자로서의 CM 즉 CM as an Adviser (CMA)라고도 한다. 이 경우 CM은 건설공사의 관리에 있어서 발주처의 대리인 역할을 하며, 발주처에 대하여 공사의 계획, 설계, 시공 및 사후관리에 대한 책임을 진다.
CM은 Construction Management의 약어

비교어 At-Risk CM 위험부담형 CM 또는 도급형 CM

A-31 agenda

(회의)의제 또는 비망록

현장회의시에 필수적으로 사용되는 용어이다.
Addenda(부록)와 혼동되기 쉬우므로 유의하여야 한다.

A-32 agent

대리인

Agency가 기관을 가리킨다면, Agent는 개인을 가리킨다는 점에서 차이가 있다.

예문 「FAR」 52.203-13
"Agent" means any individual, including a director, an officer, an employee, or an independent Contractor, authorized to act on behalf of the organization.
'Agent'라 함은 조직을 위하여 행위하도록 권한을 부여받은 개인으로서, 공무원·관리, 피고용인 또는 독립적인 계약상대자를 포함한다.

대리인 외에 촉매제(觸媒劑)의 뜻으로도 사용된다.

A-33 agreement

계약서

(1) 모든 계약문서 중에서 가장 최종적, 우선적으로 고려되는 서류이며, 계약의 체결이란 통상 본건 서류에 서명, 날인하는 것을 말한다. 일반적으로 '계약서'로 번역된다.
(2) 다소 논란이 없는 것은 아니나, Agreement와 Contract 모두 계약을 뜻하지만, 전자는 용역 등의 위탁계약, 후자는 공사 등의 도급계약을 뜻하는 것으로 차이를 두기도 한다.
(3) 구체적 의미로는 Contract Agreement로 나타내기도 한다.

A-34 AHU

공기처리기기

Air-Handling Unit의 약자. 에어컨디셔닝(Air Conditioning) 부재(예: 코일, 필터, 팬, 가습기 등)의 조합체로서, 공기가 특정공간에 공급되기 전에 이를 필요에 따라 처리하는 기기를 일컫는다. 우리가 통상 에어컨(Air Conditioner)이라고 하는 기기와 다르지 않다.
'아후'로 속칭(俗稱)된다.
이 기기에 의하여 처리된 공기를 특정공간으로 공급하는 장치를 Air-Handling System이라 한다.

A-35 all-or-none award basis

총괄낙찰방식

낙찰방식 중에서 전체를 낙찰받거나, 아니면 전체를 포기하거나 하는 방식. 주로 물품계약에서 볼 수 있는 낙찰방식이며, 건설공사의 경우 이와 같은 낙찰방식을 사용하는 경우가 아주 드물 것이나, 그러함에도 불구하고 굳이 예를 든다면, A, B, C, D공종 또는 작업에 대한 개별적인 입찰에서 A공종은 2위를 하고, B공종은 4위를 하고, C 및 D공종은1위를 하였다고 하더라도 A 및 B공종을 제외한 C 및 D공종에 대한 계약은 하지 않겠다는 낙찰방식. 따라서 이 경우 당해 입찰자는 탈락자가 된다.
일명 Group Award Basis라고도 한다.

동의어 All-or-None Award Basis
: Group Award Basis

A-36 alteration

변경

면적이나 칫수는 변경시키지 않는 구조물의 변경행위, 즉 기존 구조물의 구조부, 기계설비 또는 개구부(開口部)의 크기나 수량은 변경하지 않고 위치 등을 변경하는 행위. 참고로, 이에 비하여 앞의 Addition은 기존 구조물의 면적이나 칫수를 증가시키는 행위를 뜻한다.

A-37 alternate

대체(代替)

이 용어는 자주 접하면서도 그 정확한 의미에 대하여 논란이 있음을 본다. 미국에서 그러하니 비영어권에서 논란이 있음은 당연할 것이다.

(1) 미국「연방조달규정(FAR)」에서는 어떤 특정환경에서의 적용을 위하여 기본조항을 조정한 실체적인 변경이라 정의하고 있다. 이처럼 대체된 개별조항의 규정은 내용의 추가, 삭제 또는 대체에 의하여 변경된 기본조항이라 하고 있다.(2.101 참조)

(2) 미국건축사협회(AIA)의「공사용어해설(Glossary of Construction Industry Terms)」에서는 계약공종에 대한 제안된 변경으로서, 발주처에게 자재 또는 설비를 선택할 수 있게 하거나, 공사의 일부를 추가 또는 삭제하는 선택권(Option)을 부여하는 제도이며, 종종 'Alternative'와 같은 의미로 쓰인다고 정의하고 있다.

(3) 그러나 Alternate는 '대체'개념이 있기는 하지만 그보다는「연방조달규정(FAR)」에서처럼 '변경' (Variation of a Basic Provision or Clause)의 개념이 강하고, Alternative야말로 선택(Option 또는 Selection)의 개념이 강하다는 점에서「FAR」의 정의가 더 현실적이고 내용도 정확하다는 생각이 든다.

(4) 또한, Alternate는 변경·대체의 뜻이고, Alternative는 대안(代案)의 뜻이다. 즉, 전자는 이미 변경되거나 대체되어 확정된 것이고, 후자는 이를테면 대안1, 대안2, 대안3........ 중에 선택을 하여야 확정된다.

주 다음 항 Alternative Dispute Resolution (ADR)은 재판외(外)의 여러 분쟁해결방안 중에 하나를 선택하여 처리할 것이므로 'Alternative'이다.

- 대체에너지 Alternative Energy
- 대안학교 Alternative School

A-38 alternate bid

대안입찰

입찰자의 제안(Proposal)이 수락될 때 당초의 설계 또는 계약사항을 변경하는 입찰의 유형. 이와 같은 제안을 Bidder's Proposal이라고 하며, Additive Alternate와 Deductive Alternate가 있다.

비교어 Base Bid 기본입찰

A-39 alternative dispute resolution (ADR)

분쟁대체해결

ADR을 원문대로 번역할 경우에는 위와 같이 분쟁대체해결이 되지만, 우리나라나 일본의 경우에는 소송외(外)분쟁해결제도 또는 재판외(外)분쟁해결제도라고 함이 일반적이다. 여기에서 대체(Alternative)라 함은 법원에 의한 재판을 대신한다는 뜻이다.
ADR에는 조정(Mediation)과 중재(Arbitration)가 대표적인 수단이나, 미국건축사협회(AIA)의 「건설산업용어집」에는 재판과 중재를 함께 제외하고 있어서 이채롭다.

A-40 ambiguity rule

불명료성(不明瞭性)의 원칙

계약문서 등의 내용이 명료하지 않아 애매하거나 모호할 경우에는 그 문서작성자의 상대방에게 유리하게 해석하여 적용한다는 원칙.
유사한 원칙으로 Contra Proferentem Rule 또는 Against Drafter Rule(제정자불이익원칙)이 있다.

A-41 amendment to solicitation

입찰공고문의 수정

입찰공고 또는 입찰초청장의 발부 이후 발주처가 그 내용을 수정하는 것을 말한다. 이에 비하여, 입찰자가 제안서 또는 입찰서를 제출한 경우로서 입찰자가 그 내용을 변경하는 것을 Proposal Modification(입찰서 변경)이라 한다.
Amendment to Solicitation이나 Proposal Modification은 모두 제안서의 제출마감일 이전에 이루어져야 한다.

A-42 American basement

미국식 지층(地層)

건물의 바닥층을 말한다. 지면보다 부분적으로는 낮고, 또 부분적으로는 높으며, 종종 건물의 입구레벨로 사용된다.

비교어 English Basement 영국식 지층

A-43 amicable settlement

화해(和解)

계약이나 법령에서 화해는 분쟁당사자들이 분쟁을 끝내기로 합의하는 하나의 계약(契約)이다.
통상 분쟁이 발생했을 때, 분쟁당사자는 화해하도록 노력하며, 화해가 성립하지 않을 경우에는 다음 절차, 이를테면 제3자에 의한 조정이나 중재 또는 소송으로 이어진다.
FIDIC 「공사계약일반조건」에서는 계약당사자간에 분쟁이 발생할 경우 ① 분쟁방지·재결위원회(DAAB)에 회부하며, ② 이 위원회의 결정에 어느 일방이 동의하지 않을 경우에는 ③ 쌍방이 화해하도록 노력하며, ④ 화해가 성립하지 않을 경우에는 국제상업회의소(ICC)의 중재(Arbitration)에 의하여 최종 처리하도록 규정하고 있다(21.6조 참조).

A-44 anti-kickback system

뇌물방지제도

여기서 Kickback은 '뇌물'의 뜻. '학대'로 착오하기 쉬우므로 유의하여야 한다.
미국의 「Anti-Kickback Act(뇌물방지법)」는 원명(原名) 「Copeland Act(코우프런드 법)」를 그렇게 부르며, 현재에는 「미국법전(USC)」으로 통합되어 〈18 USC 874〉 및 〈40 USC 3145〉로 규정되어 있다. 여기에서는 뇌물방지 뿐만 아니라, 공공공사 근로자에 대한 해고협박이나 임금의 포기·반납을 강요하는 하는 행위의 금지규정도 포함하고 있다.
「연방조달규정(FAR)」 3.502-3 및 52.203-7에 의하면, 계약금액이 통합조달기준(Simplified Acquisition Threshold)을 초과하는 모든 원도급계약과 150,000달러를 초과하는 모든 하도급계약에는 Anti-Kickback관련내용을 포함시켜야 한다.

A-45 apparent low bidder

최저가입찰자

Lowest Bidder라고도 한다.

A-46 application for change

설계변경요청

시공자가 발주처에게 당초설계를 변경하도록 요청하는 행위. Demand for Change 또는 Request for Change라고도 하며, 광의로는 Value Engineering Change Proposal (VECP) 즉 VE설계변경제안도 이에 해당한다.

동의어 Application for Change
: Demand for Change
: Request for Change
: Value Engineering Change Proposal (VECP)

– 'Contractor–Initiated Change[Variation]' 항목 참조 –

A-47 application for payment

대가지급신청서

이 신청서에는 기성대가지급신청서(Application for Interim Payment)와 준공대가지급신청서(Application for Final Payment)가 있다.
Payment Request 또는 Request for Payment라고도 한다.

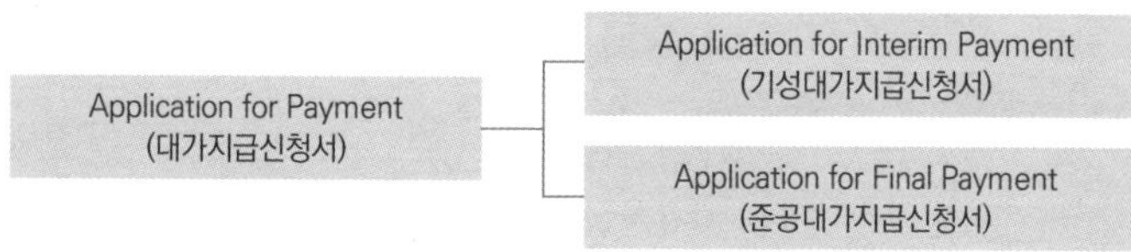

A-48 arbitration

중재(仲裁)

재판외(外)분쟁해결제도(ADR) 중의 하나로서 중재판정은 원고와 피고 사이에 종국적인 효력이 있는 특징이 있다.
중재인은 Arbitrator 또는 Arbiter라 한다.

A-49 architect

건축사

자격을 기준으로 할 때는 건축사이나, 수행업무를 기준으로 할 때는 설계자(Designer) 또는 감리자가 된다. 통상 법률에 의하여 자격이 부여된다.
Architect가 감리자로서의 업무를 수행할 때에는 Engineer로 표기하는 경향이 있다(대표적인 예가 FIDIC). 양자를 독립적인 주체로 나타내고자 할 때에는 Architect-Engineer로 함이 일반적

A-50 architect-engineer services

건축사·감리자업무

통상 아래의 3업무를 포함하는 개념.

(1) 건축 및 공학적 성격의 전문업무(professional services of an architectural or engineering nature).
당해 업무를 수행할 수 있는 자격을 부여받거나, 등록되거나, 공증받은 자에 의하여 수행

(2) 계약에 의하여 수행되는 건축 및 공학적 성격의 전문업무(professional services of an architectural or engineering nature performed by contract).
예를 들면, 부동산의 조사, 기획, 개발, 설계, 시공, 개조(改造), 또는 수리 등

(3) 기타 건축 및 공학적 성격의 전문업무 또는 그 부수적 업무(those other professional services of an architectural or engineering nature, or incidental services).
예를 들면, 연구, 조사, 지도의 제작, 테스트, 사정(査定), 자문, 계획관리, 개념설계(Conceptual Designs), 계획 및 시방서의 작성, 가치공학(VE), 시공단계업무, 지질공학, 도면검토, 유지관리(O&M)매뉴얼작성 등

A-51 artificial obstruction

인위적 지장물

Manmade Obstruction이라고도 한다.
자연적 지장물(Non-Artificial Obstruction)에 대칭되는 개념으로서 사람이 축조하거나 설치한 구조물 또는 공작물. Adverse Physical Conditions(이질적인 물리적 여건)에 해당하며, 전신주, 지하공동구, 가스관, 수도관, 건물 등이 이에 해당한다.
지장물로 인하여 공사의 계속적 수행이 불가능하거나, 추가비용이 발생한 경우 유상(有償)설계변경의 대상이 된다. 즉, 그로 인한 추가비용은 발주처가 부담한다.

A-52 as-built drawing

준공도면

계약 당시의 설계도면은 공사의 수행 중 수정·보완됨이 불가피하다고 할 때, 당초의 설계도면을 Contract Drawings(계약도면)라 하고 준공 후의 도면을 As-Built Drawings라 한다.
Record Drawings(기록도면)라고도 한다.

동의어 As-Built Drawings
: Record Drawings

A-53 as-is condition

원상태(原狀態) 또는 원상태의 조건(條件)

예를 들면, 미국 「연방조달규정(FAR)」에 의하면, 관급자재에서, 발주처는 임의로 원상태의 조건으로 자재를 공급(furnish property in an 'as-is' condition)할 수 있도록 되어 있는데, 이 경우 시공자는 해당자재에 대하여 현장반입 전에 검사를 하여야 하고, 자재의 적합성이나 수리(修理), 대체(代替) 등에 대하여 책임을 져야 한다. 그러나 당해 자재의 소유권은 발주처에 있음을 유의해야 한다.
「연방조달규정(FAR)」 52.245-1 및 52.245-2참조

동의어 'as-is, where-is' condition

A-54 assignment of claim

청구권의 양도

시공자가 금융기관으로부터 자금을 대출받을 때 설정하는 일종의 보증으로서, 발주처에 대한 자신의 대가청구권을 대출기관에 이전 또는 양도하는 행위를 말한다.

A-55 associated labor costs

유사(類似)노무비

'associated'라는 단어에 충실할 경우 당해 'Associated Labor Costs'는 연관노무비 또는 관련노무비 등으로 번역하여도 무방하고, 또 그렇게 인식하여도 문제가 되지 않는다.

어쨌건 이 노무비는 임금 외에 사회보장보험, 실업세금, 근로자보상보험 등의 증액 또는 감액으로 인한 비용변화가 주요 원인이 된다.

발주국에 따라서는 계약상대자로 하여금 공사수행지 국가가 아닌 자국(自國)에서 발주되는 계약의 이행 중 근로자들에게 자국이 책정한 최저임금을 지급하도록 법제화한 경우도 있다.

미국의 경우 최저임금은 'EO최저임금'(Executive Order Minimum Wage Rate: 행정명령상 최저임금)이라 하며, 2015년1월1일부터 계약상대자는 소속 근로자들에게 최저시급 10.10달러를 지급하도록 되어 있다. 2016년1월1일부터는 매년 노동부의 관리관이 연방관보에 공표하는 새로운 최저임금에 맞추어 조정하여 지급하여야 한다. 계약금액의 조정은 연례 'EO최저임금'의 효력발생일 이후에만 발주처에 요청할 수 있고, 'EO최저임금'의 증액에 따른 노무비 증가의 경우 및 유사노무비(Associated Labor Costs)에 대하여서만 조정될 수 있다.

한편, 공사의 경우 'Wage Rate Requirements (Construction) Statute' 즉, 건설근로자임금지침이 「미국법전」 〈40 USC Chapter 31〉 'Subchapter IV'로 따로 마련되어 있어서 관련 임금액 및 근로자에 대한 통보·게시 등은 이 법규에 따라 실시하여야 한다.

A-56 at-risk CM

도급형 CM 또는 위험부담형 CM

건설사업관리(Construction Management: CM)의 한 방식으로서, 건설사업관리자(Construction Manager: CMr)가 약정한 최대보증금액(Guaranteed Maximum Price: GMP)의 범위 내에서 공사를 완성하여 발주처에게 인도할 책임이 있는 사업수행방식이다.

계획 및 설계단계에서 CMr은 발주처의 컨설턴트로서의 역할을 하며, 시공단계에서는 종합시공자로서의 역할을 한다.

'시공자로서의 CM' 즉, 'CM as a Constructor (CMC)'라고도 한다.

동의어 At-Risk CM
: CM as a Constructor (CMC)

비교어 Agency CM 대리인형 CM

A-57 attorney in fact

대리인

통상 위임장(Power of Attorney: POA)을 지참한 대리인을 뜻하며, 그의 권한의 범위와 내용은 위임장에 명시된다.

A-58 attractive nuisance

유혹적 위험물

특히 판단력이 부족한 어린이들이 그곳에 접근하고 싶은 유혹이나 호기심이 생기게 하는 위험물. 예를 들면, 공사현장에 쌓아둔 자재 또는 장비, 빗물집수장, 현장의 가림막 등.

A-59 authority

발주처

발주처를 나타내는 영문표기는 아래와 같이 다양하므로 기억해 두는 것이 좋다.

동의어 공사발주처는 상황에 따라 아래와 같이 다양하게 표기된다.
: Authority
: First Party
: Employer
: Client
: Government
: Owner

A-60 award

낙찰

입찰이 수락된(Accepted, Successful) 경우를 말하며, 그 입찰자를 Accepted Bidder 또는 Successful Bidder라 한다.
낙찰자에게는 발주처로부터 Letter of Award 또는 Letter of Acceptance 또는 Letter of Intent가 발급된다.
이 경우의 Award는 구체적으로 Contract Award이다. 그러나 양자 모두 낙찰이라 하여도 무방하다.

A-61 award fee

이행보수

이 보수는 아래의 기본금액(Base Amount)과 이행금액(Award Amount)으로 이루어져 있다.

(1) 발주처(계약관)의 재량으로 계약당시에 정해지는 기본금액(Base Amount). 미국의 경우 통상 0으로 정함.
(2) 계약상대자가 계약의 이행 중 전부 또는 일부를 획득(獲得)할 수 있고, 원가, 공정, 기술면에서 우수성을 보장할 수 있는 동기를 부여함에 충분한 금액 즉, 이행금액(Award Amount)

따라서 예컨대, '원가가산이행보수계약(Cost-Plus-Award-Fee Contract)'의 경우 계약금액은 원가(Cost)에 위의 (1) 및 (2) 의 보수를 합산하여 이루어진다.

영문공사용어350선 개정증보판

영문공사용어 완결본 820

B

Korean Glossary
of English Terms 820

All-In Edition

B-1 balancing

균형비용배분

Balance에는 균형, 수지, 차액, 저울 등 여러 가지 뜻이 있지만, 예산 또는 공사비의 산정에 있어서 Balancing은 예산을 초·중·후기에 균형적으로 배분하는 기법을 나타내는 뜻을 지니고 있다.

Balancing은 공사의 수행중간(중기, 中期)에 예산이 집중되는 것이 일반적인데, 초기단계비용배분을 Front Loading, 후기단계비용배분을 End Loading이라고 하며, 이 점에서 Balancing을 Balanced Loading이라 하기도 한다.

Balanced Loading을 Balancing(균형비용배분)이라 하고, Front Loading과 End Loading을 Un-balancing(비균형비용배분)이라 한다.

시공자의 입장에서는 Un-balancing이 필요한 경우도 있겠지만 발주처에 따라 이를 금지하는 경우도 있기에 Un-balancing하기 전에 허용여부를 확인할 필요가 있다.

공사비의 배분방식

Balancing(균형배분)	Balanced Loading(균형배분)
Un-balancing(비균형배분)	Front Loading(초기단계배분)
	End Loading(후기단계배분)

B-2 bank holidays

은행휴무일

B-3 barrier free building

무(無)장해건물

장애인들이 쉽게 출입할 수 있도록 설계된 건물

유사어 Barrier Free Facilities 무장해(無障害)시설

B-4 base bid

기본입찰금액

대안입찰(Alternate Bid)에 대한 조정금액을 제외한 기본입찰만의 금액

B-5 base cost

기본원가

공사의 경우 공사원가(Work Cost)가 이에 해당한다. 그 외 제조원가(Manufacturing Cost), 조달원가(Acquisition Cost) 등도 여기에 해당한다.
일반적인 표현으로 원가(原價)는 Prime Cost라 한다.

B-6 base date

기준일

일반적인 의미의 기준일도 있을 것이나, FIDIC「공사계약일반조건」에서는 입찰서제출마감일 이전 28일째의 날을 뜻한다.

예문 **FIDIC「공사계약일반조건」 제1.1.4조**
"Base Date" means the date 28 days before the latest date for submission of the Tender.
기준일이라 함은 입찰서제출마감일 이전 28일째의 날을 말한다.

주 위 예문 중간부분에서 종전에는 '....prior to the latest date....'로 되어 있었으나, 2017개정본에서 현재처럼 '....before the latest date....'로 개정하였다. 내용에는 전혀 차이가 없다.

B-7 base load

기초하중(基礎荷重)

당해 기초하중 외에 공사수주용어로는 기업의 존속을 위한 최저수주물량을 뜻하기도 한다.

비교어 Live Load 활하중(活荷重)
Dead Load 사하중(死荷重)
Occupant Load 점유하중(占有荷重)

B-8 basement parking area

지하주차장

Basement Garage 또는 Basement Parking Lot라고도 한다.
Underground Parking Area는 정확한 표현이 아님을 유의해야 한다.

동의어 Basement Parking Area
: Basement Garage
: Basement Parking Lot

B-9 basic services

기본업무

건축사(Architect)에 의하여 수행되는 용역의 기본업무로서, 이를 단계별로 분류하면 아래와 같다.

제1단계 기본설계(Schematic Design)
제2단계 설계의 전개 또는 상세설계(Design Development)
제3단계 공사서류(Construction Documents)의 작성
제4단계 입찰 및 협상(Bidding or Negotiation)에 관한 자문
제5단계 계약관리(Contract Administration)

B-10 batch plant

배취 플랜트

콘크리트 성분측정설비라 하여 Concrete Batch Plant라 하기도 한다. 이처럼 당해 설비의 이름에서 나타나는 바와 같이 콘크리트 구성요소의 양을 측정하는 설비이다. 그런데 이 설비에 믹서(Mixer)를 추가하여 Mixer Plant라 하기도 하는데, 이는 콘크리트성분의 정량을 측정(Batching)하여 배합(Mixing)하는 기능까지 확장된 설비이다. 다시 말하면, Batch Plant는 성분측정설비이고, Mixer Plant는 성분측정 및 배합 설비이다.

B-11 bench mark

수준기표(水準基標)

측량용어로서 고저(高低) 측량의 기준점이 되는 표지.
B/M으로 나타내기도 한다. 일반적인 용어로는 기준·척도라는 뜻으로 쓰인다.

비교어 Reference Mark 기준점(좌표설정기준)

B-12 beneficial occupancy

편익(便益)점유

공사의 완공 이전에 시공된 시설물을 발주처가 사용하는 행위. 우리나라 계약예규 「공사계약일반조건」의 '부분사용'은 이에 해당한다.

B-13 best value

최선의 가치

미국 「연방조달규정(Federal Acquisition Regulations: FAR)」에서 규정하고 있는 조달기준으로서, 여기서 Best Value라 함은 정부에게 가장 이익이 되는 조달가격을 말한다. 따라서 정부나 그 계약상대자 모두에게 객관적으로 최선인 가격이라고는 보기가 어렵다. 그러함에도 불구하고 우리나라에서는 객관적으로 최선인 가격으로 인식하고 있는 경향이 많다.

그런데 「FAR」의 아래 조문은 위의 정의와 다소 차이가 있기는 하나, 실로 명문(名文)이라 생각되어 소개한다.

> All participants in the System are responsible for making acquisition decisions that deliver the best value product or service to the customer. Best value must be viewed from a broad perspective and is achieved by balancing the many competing interests in the System. The result is a system which works better and costs less.(1.102-1)
>
> 시스템의 모든 참여자는 최상의 가치 생산품과 서비스를 가져오는 조달결정을 함에 대하여 책임이 있다. 최상의 가치는 광범위한 각도에서 고찰되어야 하고, 시스템의 많은 경쟁적 이해를 조정함으로써 달성된다. 그 결과는, 운용은 잘 되고 비용은 적게 드는 하나의 체계이다.

주 위 조문에서 '시스템(System)'은 미국 연방조달체계(Federal Acquisition System)를 말한다. 이 시스템의 3대 운영강령은 (1)성실, (2)공정 및 (3)공개이다.

한편, 영국 「공공계약규정」(The Public Contracts Regulations, 2006)에서는 미국식 Best Value를 'Most Economically Advantageous Offer'(가장 경제적으로 유익한 견적)이라 표기하고 있기도 하다(제30조 참조).

주 미국 「연방조달규정(FAR)」에도 'most advantageous to the Government'라는 표현이 나온다. 발주처에 가장 유익한 입찰을 제출한 자를 낙찰자로 한다는 내용이다(「FAR」 52.214-19 참조).

B-14 bid bond

입찰보증서

'Bid Guarantee'와 같은 의미로 쓰이기도 하지만, 미국 「연방규정(CFR)」 및 「연방조달규정(FAR)」의 경우 양자를 구분하여 표기하고 있기도 함에 유의하여야 한다. 즉, 입찰보증의 경우 Guarantee로 표기하고 있으나, 계약이행보증 및 지급보증의 경우에는 Bond로 표기하고 있음이 그러하다.

예문1 **「FAR」 28.203-6 Contract clause**

Insert the clause at 52.228-11 in solicitations and contracts which require the submission of bid guarantees, performance, or payment bonds.

「FAR」 28.203-6 계약조항

입찰보증서, 이행 또는 지급보증서를 요구하는 청약서 및 계약문서에 제52.228-11조를 삽입하시오

예문2 **「FAR」 52.228-11조 Pledges of Assets (Aug 2018)**

(a) Offerors shall obtain from each person acting as an individual surety on a bid guarantee, a performance bond, or a payment bond-

(1) Pledge of assets; and

(2) 「Standard Form 28」 Affidavit of Individual Surety.

-하략 -

미국 「연방조달규정(FAR)」 제52.228-11조 자산담보(2018년8월)

(a) 제안자는 입찰보증서, 이행보증서, 또는 지급보증서상의 개별보증인으로 행위하는 자로부터 {다음의 증빙을} 확보하여야 한다.

(1) 자산담보

(2) 「표준서식 28」 개별보증인의 선서

그렇다고 양자의 의미상 차이가 있지는 않다. 모두 '보증서'를 나타낸다.
그러나 Bond와 Security는 아래 예문에서 보는 바와 같이 「연방조달규정FAR)」에서 양자를 구분하고 있음에 유의하여야 한다. 즉, Bond는 보증서를 나타내고, Security는 보증(행위)을 나타낸다. 이를 종합하면, Security는 보증행위를 나타내고, Guarantee 및 Bond는 보증서(보증의 수단)를 나타낸다고 할 수 있다.

예문3 **「FAR」 52.228-2**

Additional Bond Security (Oct 1997)

The Contractor shall promptly furnish additional security required to protect the Government and persons supplying labor or materials under this contract if the contract price is increased so that the penal sum of any bond becomes inadequate in the opinion of the Contracting Officer.

「FAR」 52.228-2 추가보증서보증(1997.10월)

계약상대자는 만약 계약금액이 증액되어 계약관의 생각에 보증서의 보증금액이 부적당하게 되었다면, 추가보증을 제공하여 발주처와, 당해 계약서에 따라 노무 및 자재를 공급하는 자를 보호하도록 하여야 한다.

주 위 52.228-2의 근거가 되는 「FAR」 28.106-3에서는 'Additional Bond Security'를 'Additional Bond and Security'로 표기하고 있어 다소 혼란스러운 면도 없지 않다.

예문4 「FAR」 52.228-1

Bid Guarantee (Sept 1996)

Failure to furnish a bid guarantee in the proper form and amount, by the time set for opening of bids, may be cause for rejection of the bid. (하략)

「FAR」 52.228-1 입찰보증서

입찰서의 개봉시까지 소정의 서식과 금액으로 입찰보증서를 제출하지 못할 경우에는 입찰의 거부사유가 될 수 있다.

국제컨설팅엔지니어연합(FIDIC)의 경우도 미국 「연방조달규정(FAR)」과 같이 Security는 보증(행위)을 나타내고, Guarantee 및 Bond는 보증서를 나타내고 있다(FIDIC 「특수조건작성지침」 'Annex' 참조). 다만 입찰을 'Bid' 대신 'Tender'로 표기하고 있는 차이점이 있다. 이는 영국식 표기이기도 하다.

주 CFR: Code of Federal Regulations
FAR: Federal Acquisition Regulations

미국CM협회의 「CM용어집(Glossary of Construction Management Terms)」의 Bid Bond 정의가 사뭇 명쾌하기에 아래에 소개한다.

미국CM협회(CMAA)의 Bid Bond 정의

A pledge from a surety to pay the bond amount to the owner in the event the Bidder defaults on its commitment to enter into a contract to perform the Work described in the Bid Documents for the bid price

입찰보증

입찰자가 계약(입찰금액으로 입찰서류에 기술된 공사를 수행하겠다는 계약)을 체결하지 않을 경우에 보증인이 보증금액을 발주처에게 지불한다는 담보

B-15 bidding documents

입찰서류

미국건축사협회(AIA)의 정의에 의하면, Bidding Requirements(입찰요건) 및 Contract Documents(계약문서)를 포함하는 집합개념이다.
Bid Documents라고도 하며, 우리나라는 입찰관련서류라고 한다.

B-16 bidding on all items

전체항목입찰

물량내역서에 기재된 모든 항목에 단가를 기재하여 입찰금액을 산정하는 입찰을 말하며, 이것이 또한 입찰의 기본원칙이다. 그런데 미국의 경우 전체항목이 아닌 일부항목을 제외하고 입찰하더라도 이를 수락하고 있으며, 이 경우 제외한 항목에 대하여는 해당항목의 여백란에 'no bid'라고 표기한다. 「FAR」 52.214-18조 참조

B-17 bidding requirements

입찰요건 또는 입찰요구사항

입찰정보의 제공이나 입찰서류의 제출절차와 조건 등을 명시한 서류를 뜻하며, 아래와 같은 종류로 이루어진다. Bidding Documents(입찰서류)의 일부를 구성한다.

(1) 입찰공고
입찰공고의 영문표현은 아래와 같이 다양하다.

동의어 Advertisement for Bidders
Advertisement for Bids
Advertisement to Bid
Notice to Bidders
Notice to Bid

(2) 입찰유의서 (Instructions to Bidders)
(3) 입찰초청장 (Invitation to Bid)
(4) 입찰서식 (Bid Form)

B-18 bid guarantee

입찰보증

- 'Bid Bond' 항목 참조 -

주 Bid Bond 항목에서 Security는 보증행위를 나타내고, Guarantee와 Bond는 보증서를 나타낸다고 정의한 바, 이 경우 본서의 종전내용과 다소의 차이가 있게 된다. 그러나 미국 「FAR」과 FIDIC이 그렇게 구분하고 있으므로 그 구분에 따르는 것이 합당하다고 보아 금번 본서의 내용을 그에 따라 수정하였다.
그러나 입찰보증(Bid Security, Guarantee 또는 Bond)은 계약이 체결될 경우 이행보증(Performance Security, Guarantee, 또는 Bond)에 의하여 대체된다는 점에서 임시·예비보증인 것이며, 따라서 이행보증은 최종보증 즉, Final Security [Guarantee 또는 Bond]와 같음은 종전이나 지금이나 차이가 있을 수 없다.

동의어 Bid Guarantee
: Temporary Guarantee
: Initial Guarantee
: Provisional Guarantee

입찰보증의 금액(Bid Guarantee Amount)은 발주처가 결정하지만, 낙찰자가 계약에 임하지 않음으로써 발주처가 입는 손해를 보전(補塡)하기에 적절한 금액이어야 한다. 우리나라 계약예규 「공사입찰유의서」에는 이 금액을 입찰금액의 5% 이상으로 하고 있으나, 미국 「FAR」에는 입찰금액의 20% 이상으로 하되, 그 금액이 3백만 달러를 초과하지 못하도록 하고 있어서 대조적이다(「FAR」 28.101).

주 입찰보증 vs 이행·지급보증

(a) A contracting officer shall not require a bid guarantee unless a performance bond or a performance and payment bond is also required (see 28.102 and 28.103). Except as provided in paragraph(c) of this subsection, bid guarantees shall be required whenever a performance bond or a performance and payment bond is required.
계약관은 이행본드(Performance Bond) 또는 이행 및 지불본드(Performance and Payment Bond)가 요구되지 않는 경우에는 입찰개런티(Bid Guarantee)를 요구하여서는 아니 된다. 본항 (c)에서 규정된 경우를 제외하고는, 입찰개런티는 이행본드 또는 이행 및 지불본드를 제출하여야 할 때는 언제나 요구된다.

주 위의 예문은 미국 「연방조달규정(FAR)」의 내용인데 이 규정에서 표기하고 있는 'Bond'와 'Guarantee'의 의미를 살리기 위하여 그 번역문에서도 이들을 '보증'이라 하지 않고 영문을 그대로 표기하였음을 유의하시기 바란다.

(b) All types of bid guarantees are acceptable for supply or service contracts (중략). Only separate bid guarantees are acceptable in connection with construction contracts. (하략)
모든 입찰보증의 유형은 납품 또는 용역계약에 적용될 수 있다. 별도의 입찰보증만이 공사계약과 관련하여 적용될 수 있다.

(c) The chief of the contracting office may waive the requirement to obtain a bid guarantee when a performance bond or a performance and payment bond is required if it is determined that a bid guarantee is not in the best interest of the Government for a specific acquisition (e.g., overseas construction, emergency acquisitions, sole-source contracts). Class waivers may be authorized by the agency head or designee.
발주처는 입찰보증이 특수한 조달(예; 해외공사, 긴급조달, 유일자원계약)에서 발주처에게 최선의 이익이 아니라고 판단한 경우에는, 이행보증이나 이행 또는 지불보증이 요구될 때 입찰보증을 징구(徵求)하지 않을 수 있다.

B-19 bid letting

(입찰의) 개찰

Bid Opening이라고도 한다.

B-20 bid opening

개찰

앞 항 'Bid Letting'과 동의어.
(1) 봉함입찰(Sealed Bid)에 의한 청약의 경우 1차적인 관련업무는 개찰로 종결되며,
(2) 이에 비하여 협의에 의한 청약(Negotiated Solicitation)의 관련업무는 계약이 체결되어야 종결된다.

따라서 입찰자는 (1)의 경우 개찰 이전에는 자신의 입찰금액을 다른 입찰자에게 공개해서는 안 되며, (2)의 경우에는 계약이 체결될 때까지 자신의 제안금액을 공개해서는 안 된다.

B-21 bilateral contract

쌍무계약(雙務契約)

상호계약(相互契約)이라고도 할 수 있으며, 이 경우 Mutual Contract과 동의어.

동의어 Bilateral Contract : Mutual Contract

비교어 Unilateral Contract : 편무계약(片務契約)

B-22 billing rates

기성청구요율

이 청구요율은 단순한 의미의 청구요율이 아니라, 계약금액에 있어서 간접비가 최종적으로 결정되지 않았을 때 해당기성대가를 청구하기 위하여 적용하는 청구요율을 말한다. 이렇게 볼 때 임시간접비요율인 셈이고, 그에 따라 지급하는 기성대가는 일종의 개산급(概算給)에 해당한다.

참고로, 최종간접비요율을 설정하여야 하는 계약관(Contracting Officer: CO), 해당 연방검사기관공무원(Cognizant Federal Agency Official: CFAO) 또는 회계검사관(Auditor)은 기성청구요율(Billing Rate)을 결정하여야 할 책임이 있다.

기성청구요율은 일단 설정되기만 하면, 계약관(또는 연방검사기관공무원) 또는 회계검사관 및 계약상대자의 합의에 의하여, 과다지급 또는 과소지급을 방지하기 위하여 소급적으로 또는 장래에 향하여 변경하여 적용되도록 할 수 있다. 합의가 이루지지 못하면 계약관(또는 연방검사기관공무원)이 단독으로 결정할 수 있다.

따라서 연간 적용될 최종간접비요율이 결정되기까지, 발주처는 이 최종요율이 설정되면 그에 맞춰 조정하는 조건으로, 당해 기성청구요율에 따라 기성대가를 지급한다.

「FAR」 42.704 참조

B-23 bill of materials (BOM)

자재내역서

직역하면, 자재내역서이지만, 내용면에서는 Bill of Quantities (BOQ) 즉 산출내역서와 같다. 다시 말하면, Bill of Materials (BOM)는 Bill of Quantities (BOQ)의 또 다른 이름이다.

B-24 bill of quantities (BOQ)

산출내역서(算出內譯書)

산출내역서는 품목, 규격, 단위, 수량, 단가 및 금액으로 이루어지는데, 이들 항목 중에서 품목, 규격, 단위 및 수량만 기재될 경우 물량산출내역서라 하고, 이 물량산출내역서에 다시 단가와 금액이 기재될 경우 금액산출내역서가 된다.

주 상세한 내용은 졸저 「건설계약관리론」(2018, 건설경제) '산출내역서' 장(章) 참조

이와 같이 물량산출내역서에는 단가와 금액이 기재되지 않고 공란으로 되어 있다고 하여 일명 공(空)내역서라고도 하며, 영문으로는 Blank BOQ라 한다.

금액산출내역서에는 단가와 금액이 기재되어 있으므로 Priced BOQ라고 한다. 이곳에 기재된 항목별 단가의 합이 계약금액이며, 이 단가가 계약단가이다. 또한 이 내역서에 기재된 공종을 계약공종이라 한다.
따라서 BOQ의 앞에 Blank나 Priced를 붙이지 않고 단순히 BOQ라 할 때에는 물량산출내역서와 금액산출내역서를 모두 포함하는 광의의 의미로 산출내역서가 된다.
그러나 해외공사에서 BOQ는 금액산출내역서 즉 Priced BOQ의 의미가 강하다. 이것이 1999년 이전에 FIDIC(국제컨설팅엔지니어연합) 공사계약조건이 취했던 개념이기도 하다.

현재 FIDIC은 금액산출내역서 즉 Priced BOQ의 의미로는 Schedule of Prices 또는 Schedule of Rates로 정의하고, 광의의 '내역서'로는 Schedules라 한다(1.1.71조 참조).
한편, 미국식 공사관리에서는 당해 BOQ는 물량산출내역서를 말하며, 금액산출내역서는 Schedule of Value 또는 Price Breakdown이라 한다.
BOQ는 Bill of Materials (BOM)라고도 하며, 간혹 Quantity Survey라고도 한다.

동의어 Bill of Quantities (BOQ)
: Bill Of Materials (BOM)
: Quantity Survey

참고로, 우리나라 계약예규 「공사계약일반조건」의 규정에 의하면, 물량산출내역서는 단순히 물량내역서라 하고, 금액산출내역서는 산출내역서라 한다. 또한 물량내역서는 설계서의 하나이나, 산출내역서는 설계서가 아닌 일반 계약문서인 것으로 규정하고 있다.

B-25 biobased materials

바이오기반자재

특히 공공공사계약에서 바이오기반 제품의 적극적인 조달·사용(Affirmative Procurement of Biobased Products Under Construction Contracts)이 요구되고 있는 추세이다. 다만, 아래의 경우에는 당해 제품을 사용하지 않아도 된다.

① 공정계획에 부합할 수 없는 경우
② 그 제품의 성능이 요구기준에 미치지 못하는 경우
③ 합리적인 가격으로 구입할 수 없을 경우

주 바이오(bio)는 생(生) 또는 생물(生物)을 의미하는 접두어. 어원은 그리스어 bios이며, 이는 생명(生命)을 의미한다. 예를 들어, 생화학(biochemistry), 생원소(bioelement) 등

B-26 black list

요주의자명부

요주의(要注意) 또는 불량(不良) 인사·기업·단체·국가 등의 명부(名簿). 구체적으로 요주의자명부는 요주의인사명부, 요주의기업명부, 요주의언론사명부.......등으로 표기하면 될 것이다.

발주국 또는 발주처가 당해 Black List를 작성하여 활용하고 있다면, 그 리스트에 등재되지 않도록 조심하여야 한다.

비교어 White List 백색리스트, 우호자명부

B-27 blanket purchase agreement

일괄구매계약

B-28 blue-collar service worker

육체노동자

비교어 White-Collar Service Worker　사무직 노동자

B-29 bona fide bidder

성실하고 자격있는 입찰자

언어에 함축된 의미를 감안할 때 그냥 '성실한 입찰자' 또는 '유자격 입찰자'라 하여도 무방하다.
'bona fide'는 라틴어이며, 영어로는 'in good faith'와 같고, 우리말로는 '성실하게' 또는 '진실하게'와 같다. 반대말은 mala fide(불성실한, 불성실하게).
아래에 미국 건축사협회(American Institute of Architects: AIA)의 「공사용어해설」(Glossary of Construction Industry Terms)에서 정의한 'Bona Fide Bid'를 소개한다.

AIA「공사용어해설」
Bona Fide Bid: Bid submitted in good faith, complete and in accordance with the Bidding Documents, and properly signed by a person legally authorized to sign such Bid.
성실한 입찰: 성실하고, 완전하고, 입찰문서에 일치하고, 그리고 입찰서에 서명하도록 권한을 부여받은 자에 의하여 서명된 입찰

비교어 Mala Fide ; In bad faith　불성실하게, 악의를 가지고

B-30 bond

보증(서)

계약용어로서 Bond는 그 의미에서 다분히 혼란스럽다. 보증이라는 뜻으로 쓰이기도 하고, 보증증서 또는 보증금으로 쓰이기도 한다. 영어권 국가에서 이렇게 다양하게 사용되는 한, 비영어권인 우리나라에서 어느 하나의 의미만으로 확정하는 것은 맞지 않다고 본다.

예를 들면, 미국 「연방조달규정(FAR)」의 경우 이행보증과 지급보증은 'Bond'로 나타내고, 입찰보증은 'Guarantee'로 나타내어 구분하고 있는 반면, 국제컨설팅엔지니어연합(FIDIC)에서는 보증인보증만 Bond로 나타내고 그 외의 경우는 Security 또는 Guarantee로 나타내고 있어서 대조적이다. 이 경우 보증인보증 즉 Surety Bond에서 Bond를 미국식 의미로 하는 것은 적합하지 않다고 본다.
참고로, 「미국법전(USC)」에서는 Bond의 종류를 이행보증(Performance Bond)과 지급보증(Payment Bond)으로 한정하고 있으나(〈40 USC §3131〉 Bonds of Contractors of Public Buildings or Works 참조), 「연방조달규정(FAR)」에는 이행보증, 지급보증, 선금보증(Advance Payment Bond), 특허권침해보증(Patent Infringement Bond), 보증인보증(Surety Bond) 등을 규정하고 있어서 대비된다(「FAR」 28.000 이하 참조).

한편, 「미국법전(USC)」 〈40 USC §3131〉에 의하면, 이행보증은 당초계약금액이 100,000달러를 초과하는 공사계약의 경우 계약관이 '적정하다고 판단되는 금액' 즉 적정금액을 보증금액으로 하고, 지급보증 역시 당초계약금액이 100,000달러를 초과하는 계약의 경우 계약금액의 100%에 상당하는 금액을 보증금액으로 하고 있으나, 「연방조달규정(FAR)」에는 계약금액이 150,000달러를 초과하는 경우로 하고, 이행보증에 있어서 보증금액을 '적정금액'이 아닌 당초계약금액의 100%로 하고 있음에 주의를 요한다.

결국 계약금액이 100,000달러(「FAR」에서는 150,000달러) 이하인 계약의 경우 이 이행 및 지급보증이 강제되지 않는 것이 된다. 다만 계약금액이 25,000달러(「FAR」에서는 35,000달러) 이상 100,000달러(「FAR」에서는 150,000달러) 이하인 경우에는 대체지급보증(Alternative Payment Bond)이라 하여 '지급보장(Payment Protection)' 규정을 두고 있다.

참고로, 위에서 이미 언급한 바와 같이 현재 미국의 보증규정은 「연방법전」 〈40 USC 31〉이며, 이는 종전의 소위 「밀러법(Miller Act)」을 흡수한 것이다. 이 「밀러법」은 1894년에 제정된 「허드법(Heard Act)」을 1935년도에 대체한 보증관계법으로 2000년대 초까지 적용되어 왔다. 「허드법」에서는 이행보증과 지급보증이 통합된 단일보증(a Single Performance and Payment Bond)의 형식으로 운용하였으나, 「밀러법」에서 양자를 분리하였고, 현재 「미국법전(USC)」 및 「연방조달규정(FAR)」도 기본적으로 「밀러법」 체계를 취하고 있다. -「FAR」 28.101-1 참조-

주 입찰보증 vs 이행보증/지불보증

(a) A contracting officer shall not require a bid guarantee unless a performance bond or a performance and payment bond is also required (see 28.102 and 28.103). Except as provided in paragraph(c) of this subsection, bid guarantees shall be required whenever a performance bond or a performance and payment bond is required.
계약관은 이행보증(performance bond) 또는 이행 및 지불보증(performance and payment bond)이 요구되지 않는 경우에는 입찰보증(bid guarantee)을 요구하여서는 아니 된다. 본항 c에서 규정한 경우를 제외하고는 입찰보증은 이행보증 또는 이행 및 지불보증이 요구될 때는 언제나 요구된다.
(b) All types of bid guarantees are acceptable for supply or service contracts (중략). Only separate bid guarantees are acceptable in connection with construction contracts. (하략)
모든 입찰보증의 유형은 납품 또는 용역계약에 적용될 수 있다. 오직 별도의 입찰보증이 공사계약과 관련하여 적용될 수 있다.

(c) The chief of the contracting office may waive the requirement to obtain a bid guarantee when a performance bond or a performance and payment bond is required if it is determined that a bid guarantee is not in the best interest of the Government for a specific acquisition(e.g., overseas construction, emergency acquisitions, sole-source contracts). Class waivers may be authorized by the agency head or designee.
발주처는 입찰보증이 특수한 조달(예; 해외건설, 긴급조달, 유일자원계약)에서 발주처에게 최선의 이익이 아니라고 판단한 경우에는, 이행보증이나 이행 또는 지불보증이 요구될 때 입찰보증을 징구하지 않을 수 있다.

B-31 bonus clause

보너스조항

시공자가 계약종료일 이전에 공사를 완공하였을 때 발주처에 의하여 지급되는 추가금전을 규정한 계약조항

B-32 borrow pit

토사채취장(土沙採取場)

B-33 BOT

건설, 운영 및 이전 또는 인도

Build(건설), Operate(운영) and Transfer(이전, 인도)의 약자. 시공자가 공사목적물을 시공하여 일정기간 운영하다가 사업주에게 이전하는 방식. 일종의 민자사업수행방식으로서, 공사의 수행은 설계·시공일괄방식을 취함이 일반적이다. 통상 공사비는 시공자가 부담하고 운영단계에서 회수하는 방식을 취한다. BTO방식과 비교된다.

주 사업 : Project
공사 : Construction
단, 이 구분이 절대적인 것은 아니다.

B-34 branch office

지사(支社)

현지사무소 즉 Local Office도 이 지사에 해당한다.
참고로, 본사, 지사 및 현장사무실의 표기는 아래와 같으므로 차질이 없도록 해야 한다.
(1) 본사 : Home[Head] Office
(2) 지사 : Branch[Local] Office
(3) 현장사무실 : Jobsite[Worksite] Office, Site Office

B-35 'brand name and model' basis

상표 및 모델지정방식

일반적으로 시공자는 자신이 수행한 공사에 대하여 하자가 없음을 보증하여야 하며, 이 보증기간은 통상 '완공 후 일정기간'(예: 1년) 동안으로 한다. 즉, 수행공사는 계약문서에 일치하고, 설비, 자재, 시공상태는 하자가 없음을 보증하는 내용이다.
그런데 발주처가 설비에 대한 상표와 모델을 계약문서에 지정하였을 경우에는 당해 보증에 포함되지 않는다. 이 경우 해당제품의 하수급자 또는 제조업자, 납품업자는 발주처에 직접 보증서(Warranty)를 제출해야 한다. 이와 같은 설비의 지정방식을 '상표 및 모델'지정방식('Brand Name and Model' Basis)이라 한다.

B-36 breach of contract

계약위반, 위약(違約)

B-37 BTO

건설, 이전 및 운영

건설(Build), 이전(Transfer), 운영(Operate)의 약자이다.
여건상 시설건설이 어려운 사회기반시설을 민간자본을 활용하여 건설하고 조기에 관련 서비스를 제공하기 위하여 수행되는 일종의 수익형민자사업이다. 민간사업자는 시설을 건설한 후 주무관청에 시설소유권을 양도하고 관리운영권을 부여 받으며, 그 관리운영권을 바탕으로 시설의 이용자로부터 이용료를 받아 투자비를 회수하고, 수익을 창출한다. BOT사업과 비교된다.

B-38 builder-vendor

시공·분양자

빌딩이나 아파트 등을 직접 건설하여 분양까지 하는 자.
Constructor-Vendor라고도 한다.

B-39 but for cause

필수요건

라틴어 Sine Qua Non에서 유래하였다.

동의어 : Cause-in-Fact
: Necessary Cause
: Sine Qua Non Cause

-'Concurrent Cause' 및 'Sine Qua Non' 항목 참조 -

B-40 buy American rule

미국제품구매원칙

추정가격이 7,008,000달러 이하인 공사에는 미국 국내산자재를 사용하여야 한다는 원칙. 단 지정국가(Designated Country)의 자재는 이 원칙을 적용하지 않는다. 미국 「연방조달규정(FAR)」 25.202 및 52.225-11 참조.
지정국가(Designated Country)는 아래와 같다.
(1) WTO정부조달협정국가 (WTO GPA Country)
(2) 자유무역협정국가 (FTA Country)
(3) 최저개발국가 (Least Developed Country)
(4) 캐리비아만(灣)국가 (Caribbean Basin Country)

주 당해 Buy American Rule은 종전에는 6,932,000달러 이하인 공사에 적용하였으나, 2020,1.15일자의 「연방조달규정(FAR)」 개정에 의하여, 위 본문처럼 7,008,000달러 이하인 공사로 상향조정되었다.

영문공사용어350선 개정증보판

영문공사용어 완결본 820

C

Korean Glossary
of English Terms 820

All-In Edition

C-1 cable-stayed bridge

사장교(斜張橋)

교각을 설치하지 않고 주탑(柱塔: Tower)에 비스듬히 연결된 여러 개의 케이블로 상판(Bridge Deck)을 지탱하는 방식의 교량.
우리나라에는 올림픽대교, 서해대교, 인천대교, 진도대교, 돌산대교 등이 있다.

비교어 Suspension Bridge : 현수교(懸垂橋) : 주탑(柱塔)에 연결된 하나의 메인 케이블에 여러 개의 부속선(Sub-Cable)을 달아 이 부속선으로 상판을 지탱하는 방식의 교량

주 A deck is the surface of a bridge, a structural element of its superstructure.
'데크'는 교량의 표면이며, 상부의 한 구조부이다.

C-2 calendar days basis

달력일기준, 월력일기준

일수(日數)를 산정하는 방식 중의 하나로서, 달력에 기재된 모든 날짜. 이를테면, 일요일·휴일까지도 일수에 산입하는 방식.

비교어 Working Days Basis
'작업일기준'이며, 달력일에 관계없이 시공자가 실제로 작업한 날짜만 일수에 산입하는 방식. 예컨대 휴일이 2일 포함된 7일에서 달력일기준으로는 7일이 되고, 작업일기준으로는 5일이 된다.

C-3 calibration

계기조정

Start-up(가동상태점검)과 함께 Commissioning(시운전)의 한 요소.
부연하면, 공사에서 Start-up은 자동차엔진의 시동을 걸듯이 설비를 첫 시동하는 순간적인 행위이고, Commissioning은 Start-up한 상태로 한동안 운행을 계속하는 행위이다. 이들 과정에서 필요하면 Calibration하게 된다.

C-4 cancellation charge

해제비용

해제비용은 일반적인 경우 Termination Costs로 표기하나, Cancellation Charge로 함에는 장기계속계약에서 발주처가 예산을 배정받지 못할 경우 해당년도 이후의 물품 또는 용역의 공급을 취소(Cancellation)함으로써 야기되는 계약의 해제라는 점에서 Cancellation Charge라고 한다. 물론 여기서 Cancellation과 Termination은 표기만 다를 뿐 내용은 동일하다.

이 해제비용은 통상 내역서(Schedule)에 그 상한액(Cancellation Ceiling)이 기재되며, 발주처는 이 범위 안에서 그 평가액을 계약상대자에게 지급한다.

이 평가액은 다음의 요건에 부합하는 비용과 그에 대한 이윤 또는 보수를 합산한 금액을 말한다.

(1) 계약상대자 및 그 하수급자에게 발생한 비용
(2) 계약의 이행을 위하여 합리적으로 필요로 하는 비용
(3) 다년(多年)에 걸친 전체계약기간 중에 공평하게 분할상환하는 비용을 계약의 해제로 인하여 분할상환하지 못하여 발생한 비용(손해)

미국의 경우 계약상대자는 예산의 배정이 불가능하다는 통보를 받은 날 또는 내역서에 기재된 날짜 중에서 먼저 도래(到來)한 날로부터 1년 이내에 관련 클레임을 발주처에 제기하도록 되어 있다.

참고로, 취소된 계약부분에 대한 기대이익(Anticipated Profit on the Canceled Work)은 클레임의 대상이 아님을 명문으로 규정하고 있음을 유의하여야 한다.

C-5 CAS-covered contract

원가산정기준적용계약

물론 CAS를 살려서 'CAS적용계약'이라 하여도 된다.

CAS는 Cost Accounting Standards의 약자이며, 그 적용대상은 본서 'Cost Accounting Standards (CAS)' 항목 참조

주 'Affected CAS-covered Contract' (활용하였던 원가산정기준적용계약)
계약상대자가 종전에 활용하였던 적이 있는 CAS(원가산정기준) 지침의 규칙 또는 규정에 따른 계약을 말한다.

C-6 cash allowance

예비비

어떤 '불확정적인 공종'의 수행비용을 충당하기 위하여 계약서상에 책정된 금액으로서, 이 금액과 최종비용간의 차액은 뒤에 계약금액의 조정에 의하여 정산된다.
사용용도가 정해져 있지 않고 계약의 이행에 필요한 경우 어떠한 비목(費目)에도 사용할 수 있으나, 계약공종에 한하여 사용할 수 있다는 점에서, Contingency Allowance 또는 Provisional Sum과 구분된다.
'예비비'의 영문표기를 비교하면 아래와 같다.

(1) Cash Allowance
계약공종에 사용

(2) Contingency Allowance
주로 설계변경항목에 사용

위에서 언급한 '불확정인 공종'에 대한 수행여부는 발주처의 결정에 따른다, 이 공종을 옵션항목(Option Item) 또는 그냥 Option이라 한다.

- 'Option Clause' 항목 참조 -

C-7 ceiling price

상한가격 또는 최고가격

발주처와 계약상대자가 합의한 계약금액의 상한(上限).
통상 실비정산계약(Cost Reimbursement Contract), 시간·자재계약(Time-Material Contract), 노무·시간계약(Labour-Hour Contract) 등에서 적용되는 계약금액의 상한으로서, Guaranteed Maximum Price (GMP) 또는 Limit of Construction Cost 또는 Fixed Limit of Construction Cost와 같은 의미이다.
부연하면, 이 상한가격은 통상 내역서(Schedule)에 기재되어 있는데, 발주처는 이 금액을 초과하여 계약상대자에게 여하한 금액도 지불할 의무가 없고, 계약상대자는 공사를 수행함으로써 이 상한액을 초과하게 되는 경우에는 발주처가 상한금액을 증액하지 않는 한 공사 또는 일을 계속할 의무가 없다.

동의어 Ceiling Price
: Guaranteed Maximum Price (GMP)
: Limit of Construction Cost
: Fixed Limit of Construction Cost

C-8 center of gravity

이행지(履行地)

계약의 이행지 또는 공사의 수행지 또는 주(主)공사현장의 소재지를 말한다.

C-9 certificate for payment

대가지급확인서

시공자의 공사대가지급신청서(Application for Payment)에 대하여 감독관이 발급하는 확인서. 발주처는 이 확인서를 근거로 시공자에게 대가를 지급한다.
Certificate for Valuation이라고도 하며, Payment Certificate라 하여도 된다.

동의어 Certificate for Payment
: Payment Certificate
: Certificate for Valuation

대가의 지급이 그러하듯이 지불확인서는 지급시기에 따라 기성대가지급확인서(Interim Payments Certificate; IPC)와 준공대가지급확인서(Final Payment Certificate; FPC) 등이 있고, 지급대상에 따라 다시 공사기성확인서(Payment Certificate for Construction)와 자재기성확인서(Payment Certificate for Materials) 등으로 구분된다. 그러나 지급확인서라고 할 때에는 통상 공사기성확인서를 지칭한다.

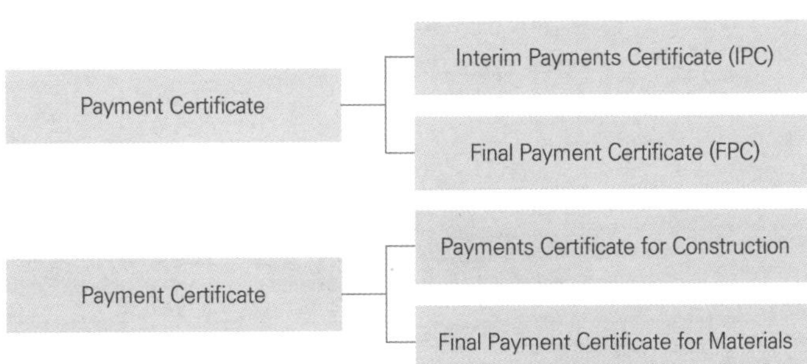

C-10 certificate for valuation

지급확인서 또는 사정(査定)확인서

- 'Certificate for Payment' 항목 참조 -

C-11 certificate of completion

준공확인서

이 준공확인서에는 실제적인 준공확인서(Certificate of Substantial Completion)와 하자보수완료 후에 발급되는 최종준공확인서(Certificate of Final Completion)가 있다.

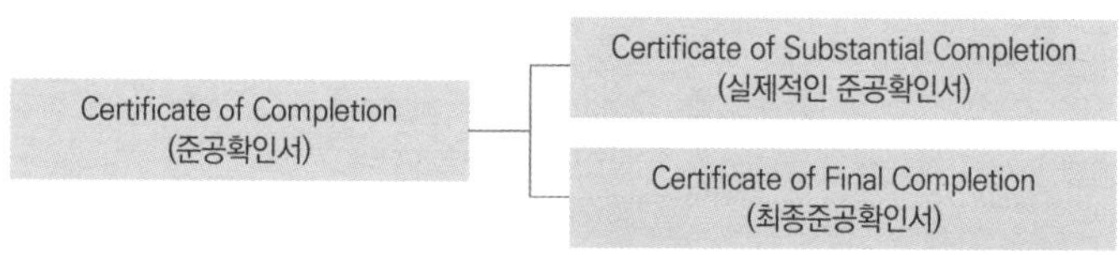

한편 실제적인 준공확인서(Certificate of Substantial Completion)의 발급에 있어서도 감독관(Engineer)이 1차로 실제적인 예비준공확인서(Tentative Certificate of Substantial Completion)를 발급하고, 그에 대하여 발주처가 이의를 제기하지 않는 경우에 한하여 실제적인 확정준공확인서(Definite Certificate of Substantial Completion)를 발급하기도 한다(미국 EJCDC「표준계약일반조건」제14.8조 참조).

- 'Certificate of Substantial Completion' 및 'Certificate of Final Completion' 항목 참조 -

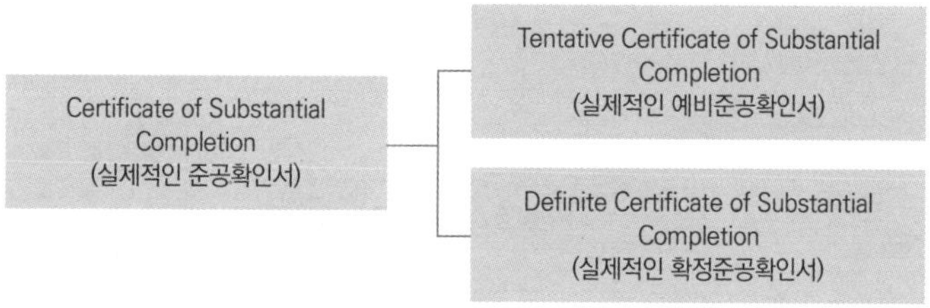

C-12 certificate of final completion

최종준공확인서

최종준공(Final Completion)은 시공자가 하자보수를 완료하고 최종검사에 합격하였을 때를 말하며, 이 때 발주처가 발급하는 확인서를 최종준공확인서라 한다.
이 확인서는 성격상 하자보수확인서(Remedying Defects Certificate 또는 Maintenance Certificate 또는 Performance Certificate)와 성격을 같이 한다고 할 수 있다. 따라서 양자 중 어느 하나를 발급하는 경우에는 다른 하나는 발급할 필요가 없게 됨을 유의하여야 한다.
미국의 경우에는 전통적으로 하자보수확인서 대신 본항의 최종준공확인서 또는 최종인수확인서를 발급함으로써 그에 대신한다.
FIDIC은 Performance Certificate 즉 이행확인서를 발급하도록 되어 있다.

C-13 certificate of occupancy

점용확인서

공사의 완공 후 발주처가 공사목적물을 사용하기 위하여 점유한 경우에 그 행위를 확인하기 위하여 발급하는 문서. 당해 점용은 전체공사 뿐만 아니라 일부의 경우에도 해당된다.

비교어 Partial Occupancy : 일부점용, 부분점용

C-14 certificate of substantial completion

실제적 준공확인서

우리나라식 공사관리에서는 실제적 준공과 최종준공을 구분하고 있지 않으므로 그냥 준공확인서에 해당한다.

C-15 certified cost or pricing data

확인된 원가 및 가격자료

미국 「연방조달규정(FAR)」에 의하면, 계약상대자로 하여금 발주처에 제출 및 확인하도록 되어 있는 원가 및 가격자료이다. 이 확인은 당해 자료가 정확하고, 완전하고, 낙찰 이전 어느 시점에 활용되고 있음을 기술하는 문서로서, 자료의 진실성을 나타내는 상징적인 행위라고 할 수 있다.

계약상대자의 확인의무는 금액이 750,000달러를 초과하는 경우 원도급계약뿐만 아니라 하도급계약 및 계약금액조정시에도 적용된다. 「FAR」 15.403조 참조

C-16 change

설계변경

Change를 통상 설계변경의 미국식 표기라 하며, 영국식은 Variation이라 한다. Engineering Change 또는 Construction Change로 구체화하여 표기하기도 한다.

- 'Value Engineering Change Proposal (VECP)' 및 'Change Order' 또는 'Change Directive' 항목 참조 -

C-17 change directive

설계변경명령

발주처의 필요에 의한 설계변경(Change 또는 Variation)의 유형을 보면, 첫째, 발주처가 일방적으로 설계변경을 지시하는 유형, 둘째, 발주처와 시공자가 합의하여 시행하는 유형으로 분류된다.

미국의 경우 「연방조달규정(FAR)」은 첫째의 유형만을 규정하고 이를 Change Order라 하고 있다(Subpart 43.2 Change Orders 참조).

그러나 민간공사계약에서는 Change Order와 Change Directive로 구분하고 있는데, 양자는 기본적으로 같은 개념이기는 하나, Change Order는 둘째의 유형, Change Directive는 첫째의 유형에 해당한다고 할 수 있다.

참고로, 일반적인 설계변경지시나 명령은 Change Order이다.

C-18 change order (C/O)

설계변경지시

설계변경에 대한 발주처의 일반적인 지시용어. 영국식으로는 Variation Order (V/O). 미국 「연방조달규정(FAR)」에서 시공자는 발주처의 Change Order를 의무적으로 이행하여야 하며 이를 거부할 권한은 없다.
영국 「표준계약조건」에서는 발주처의 Variation Order (V/O)에 대하여 시공자가 수행을 거부하면, 발주처는 당해 Variation Order (V/O)를 철회하거나 해당계약을 해지할 수 있는 것으로 규정하고 있다.

C-19 civil engineer

토목기사

Civil(토목)의 개념에 있어서, 우리나라에서 Architecture(건축)라고 부르는 공종의 상당부분을 외국에서는 Civil 즉 토목의 범주에 포함시키고 있음을 본다. 예로 들면, 아파트나 빌딩의 구조공사를 우리나라는 Architecture 즉 건축이라 하고 있으나, 그들은 Civil이라 하고 있다.
따라서 해외공사현장에서 우리나라식 건축엔지니어일 경우 Architectural Engineer라 할 것이 아니라, Civil Engineer(토목엔지니어)라고 해야 그들과의 소통에 착오가 없을 것이다.
구조기사의 경우에는 Architectural Engineer도 아니고 Civil Engineer도 아닌 Structural Engineer라 하기도 한다.
영국 토목엔지어협회(ICE: Institution of Civil Engineers) 또는 미국 토목엔지어협회(ASCE: American Society of Civil Engineers)에서 제시하고 있는 Civil Engineer의 역할을 참조할 필요가 있다.

C-20 claims-made policy

청구기준약관

보험약관의 하나로서, 1차보상청구가 보험계약기간 중에 이루어져야 하고, 관련작업 또한 약관에 기재된 기간 중에 이루어져야 보상된다는 약관. 따라서 보험계약의 체결 시 보험사고와 보상청구시기와의 관계를 반드시 확인하여 두는 것이 바람직하다.

비교어 Occurrence Policy 발생기준약관

C-21 clarification drawing

확인도면 또는 해석도면

추보(Addendum) 또는 변경지시서(Modification: Change Order: Variation Order: Field Order)의 일부이며, 도면 또는 계약서를 설명하는 도해(圖解, Graphic Interpretation)이다. 통상 건축사(Architect)가 작성한다.

C-22 client

발주처

- 'Authority' 항목 참조 -

C-23 closed specifications

제한시방서, 폐쇄시방서

대안을 허용하지 않고 특정제품이나 공법의 사용을 특별히 규정한 시방서.
Open Spec(개방시방서)과 대칭된다.

C-24 closing date

마감일

입찰 등의 참가신청마감일 또는 입찰서제출마감일 등

C-25 cognizant agency for audit

지정회계검사기관

예컨대, 미국의 경우 연방정부계약에 있어서 매년 25백만 달러 이상을 지출하는 수혜자는 회계검사기관을 지정하여야 하는데, 지정된 기관이 없는 경우에는, 감사원(OMB)이 특별회계검사기관을 지정하지 않았다면, 수혜자에게 가장 많은 금액을 직접 조달하는 연방체약(締約)기관이 그 업무를 수행한다.
여기서 'cognizant'는 'designated'와 의미가 같다.

참조문 The oversight agency for audit may assume all or some of the responsibilities normally performed by a cognizant agency for audit.
회계감독기관은 지정된 회계검사기관이 정상적으로 수행한 책임의 전부 또는 일부를 맡을 수 있다.

C-26 cognizant Federal agency

연방회계관리국

미국의 경우 이 기관은 전미(全美) 연방기관을 대신하여 한 단위사업장(a Business Unit) 내의 모든 계약에 대한 최종간접비요율 및 선도가격요율을 설정하고, 원가산정기준(Cost Accounting Standards: CAS)을 관리할 책임이 있는 연방기관을 말한다(「연방조달규정(FAR)」 2.101 참조). 우리나라의 기획재정부에 해당한다고 볼 수 있다.

걸프오브멕시코연구소(Gulf of Mexico Research Institute)는 이 기관을 '연방보조금 및 공공기관계약에 대한 회계감독기관(the oversight audit agency for federal grants and contracts at an institution)'이라 정의하고 있다.

주 당해 Cognizant Federal Agency는 우리나라에서 생소한 기관이라, 마땅한 명칭이 떠오르지 않았는데, 마침 위 걸프연구소의 정의가 있어서 그 정의에 따라 '연방회계관리국'이라 번역하였다.

참고로, 최종간접비요율을 설정하는 업무에 책임이 있는 계약관(Contracting Officer), 당해 연방회계관리국공무원(Cognizant Federal Agency Official: CFAO) 또는 회계검사관(Auditor)은 기성대가청구요율(Billing Rate)도 결정할 책임이 있다.
연방회계관리국공무원(Cognizant Federal Agency Official)은 원가산정기준(CAS)을 관리·통제하기 위하여 당해 '연방회계관리국'이 지명한 공무원을 말한다.

C-27 collateral costs

부대비용(附帶費用)

가치공학(VE, Value Engineering)과 관련한 비용개념으로서, 발주처의 운영, 관리, 물류지원 또는 발주처지급자재(관급자재) 등에 대한 비용을 말한다.

C-28 collateral savings

부대절감액

발주처의 모든 사업의 부대비용(Collateral Costs)에서 가치공학변경제안(VECP)을 승인·적용함으로써 발생한 순감소분을 말한다. 다만, 조달절감액(Acquisition Savings)은 이 절감액에 포함하지 않는다.

VECP가 승인되면 발주처(계약관)는 종전에 상계되지 않았던 발주처비용을 공제한 후에 일반적인 연도에 실현할 수 있을 것이라고 결정한 절감액 즉, 계획된 부대절감액의 20%를 당해계약금액에 증액한다. 그러나 부대비용에 대한 시공자의 지분은 VECP가 수락될 당시의 정액고정금액 또는 100,000달러 중 더 큰 금액을 초과할 수는 없다.

부대절감액의 결정권자는 계약관이고, 그의 고유권한(Sole Determiner)에 속한다.

C-29 collective bargaining

단체교섭

노·사간의 단체교섭행위를 말한다.

참조어 Collective Bargaining Agreement 단체교섭협약

C-30 commencement date

착공일, 착수일

이 용어의 이해에 있어서 아래의 내용을 유의해야 한다.

첫째, 가장 보편적인 착공일은 계약 후 발주처가 발급하는 착공지시서{Notice to Proceed (NTP), 또는 Notice to Commence}에서 정한 날짜이며,

둘째, 만약 착공지시서가 발급되지 않을 경우에는 계약일(Contract Date)을 착공일로 본다.

셋째, 그러나 계약당사자간 착공일을 상호 협의하여 정할 수도 있다.

넷째, 그러므로 시공자가 현실적으로 착공하였느냐, 아니하였느냐는 계약상의 착공일과 별개의 문제이다.

다섯째, 계약기간(Contract Period)이라 함은 그러므로 착공일부터 완공일까지 또는 계약체결일부터 완공일까지 모두를 뜻할 수 있음을 유의해야 한다.

이를 Date of Commencement of the Work로 표기함이 정확하다.
물론 Commencement Date of the Work도 무방하다.
간혹 영국계에서는 Date of Enterprise라고 표현하기도 한다.

C-31 commercially available off-the-shelf item

상업적으로 유용한 기성품(旣成品)

- 'COTS item' 참조 -

C-32 commercial rehabilitation

상업적 개수(改修)

낡은 건물을 개수하여 상업시설로 활용하는 행위

C-33 commissioning

시운전

어떤 시설물의 설치 후 그에 대한 가동상태점검(Start-up) 및 계기조정(Calibration) 작업을 뜻한다. 그러므로 Start-up과 Calibration은 Commissioning의 한 작업공종이다.

Start-up과 Calibration 외에 Certification(확인)을 포함시키기도 한다.

C-34 common parent

관리모기업, 공유모기업, 지배모기업

하나의 통합된 기업집단을 소유·통제하는 법인체. 통합된 기업집단은 합병방식(Consolidated Basis)으로 세무신고를 한다. 「연방조달규정(FAR)」 4.901 참조

당해 모기업은 소속기업들을 위한 대리인 역할을 하며, 자신과 소속기업들은 연대하여 또는 독자적으로 소득세에 대하여 책임을 진다.

일반적인 모기업(母企業: Parent Company) 또는 지주회사(持株會社: Holding Company)와 대동소이하다.

C-35 compensable delay

보상받을 수 있는 지체

완공이 지체되어 계약기간을 연장할 때 발주처가 연장비용을 부담하는 지체. 시공자에게 책임이 없는 사유로 인한 지체 즉 양해할 수 있는 지체(Excusable Delay)가 그 경우이다.

비교어 Noncompensable Delay 보상받을 수 없는 지체
Inexcusable Delay 양해할 수 없는 지체

C-36 completion bond

완공보증

시공자가 공사의 완공과 발주처에게 인도를 보장하는 보증으로 통상 이행보증(Performance Bond)이라 한다. Construction Bond 또는 Contract Bond도 같은 개념의 보증이다.
Completion Bond에서 Bond는 Security 또는 Guarantee라고도 한다.

동의어 Completion Bond
; Performance Bond
; Construction Bond
; Contract Bond
: Completion Security
: Completion Guarantee

C-37 completion date

완공일, 준공일

완공을 실제적인 준공(Substantial Completion)과 최종준공(Final Completion)으로 구분하기도 하며, 전자 즉 공사의 실제적인 준공의 경우 준공검사(Tests on Completion)를 통과하면 감독관은 현장인수증명서(Taking-Over Certificate) 또는 준공확인서(Certificate of Completion)를 발급한다.

C-38 completion list

준공항목

공사목적물의 사용에는 지장이 없으나, 준공검사결과 발견된 경미한 하자 또는 미수행 항목을 말하며, 발주처는 시공자가 이 항목을 지정된 날짜 이내에 보수 또는 보완하는 조건으로 현장을 인수한다.
Inspection List 또는 Punch List, Snagging Items List라고도 한다.

동의어 Completion List
: Inspection List
: Punch List
: Snagging Items List

C-39 concessionaire

개발권양수인

공공개발공사계약의 계약상대자를 말한다.

- 'Public Works Concession Contract' 항목 참조 -

C-40 concurrent cause

병합원인(倂合原因)

두 사람에 의한 별개의 과실행위가 결합하여 제3자에게 손해를 끼쳤을 경우 두 가해자는 당해 제3자인 피해자에게 각기 책임이 있다. 예를 들면, 공사인부가 실수로 맨홀 뚜껑을 열어둔 채 현장을 떠났고, 어떤 한 부주의한 운전자가 보행자를 추돌(追突)하여 공교롭게도 그 보행자가 맨홀 안으로 추락하여 상해를 입었다면, 공사인부와 운전자의 행위는 보행자의 상해에 대하여 Concurrent Cause (병합원인)가 된다. 이 경우 공사인부와 운전자는 보행자에게 동등하게 책임이 있다.

주 위의 사례에서, 만약 공사인부와 운전자가 부주의한 행위를 하지 않았다면 제3자의 피해를 방지할 수 있었을 것이다. 이와 같은 가정을 상해에 대한 사실상의 원인 또는 필수요건, 이른바 'Cause-in-Fact Cause' 또는 'But For Cause'라고 한다. 라틴어 Sine Qua Non에서 유래한다.

- 'But For Cause' 또는 'Sine Qua Non' 항목 참조 -

C-41 concurrent contract savings

병합계약절감액

이 용어는 가치공학(Value Engineering: VE)에서 대두되는 개념으로서, 당해 계약의 VE변경제안(VE Change Proposal)이 발주처에 의하여 승인된 시점에, 구체화되어 진행 중인 다른 계약에 발생하는 금액상의 순감소분을 뜻한다.
이를 '동시계약절감액'이라 번역하기도 하는데, 그렇게 하여도 큰 문제는 없을 것이지만, 본항의 'Concurrent Contract Savings'은 발주처의 다른 계약(Other Contracts)에서 발생하는 절감액이라는 점에서, 이를 '발주처와 계약상대자'에게 동시에 발생하는 절감액으로 이해하는 것은 다소 문제가 있을 것으로 보인다.
아래에 미국「연방조달규정(FAR)」의 정의규정을 소개한다.

미국「연방조달규정(FAR)」 52.248
Concurrent contract savings, which are net reductions in the prices of other contracts that are definitized and ongoing at the time the VECP is accepted.....
'Concurrent contract savings' ; VECP가 승인된 때에 확정되어 진행 중인 다른 계약의 금액상의 순 감소분이다.

미국의 경우 이 절감액규정은 계약금액이 150,000달러를 초과하는 용역 또는 납품계약에 적용하되, 공사계약에는 적용하지 않음을 유의하여야 한다.(「FAR」 48.201 참조)

C-42 concurrent delays

병합지체(倂合遲滯)

공정의 지체가 둘 이상의 주체에 의하여 발생한 경우의 지체를 말한다. 가장 일반적인 경우가 계약당사자인 발주처와 계약상대자 각자의 책임있는 사유로 인한 경우일 것이며, 그 외 제3자(예: 지역주민, 시민운동단체 등)가 개입된 공정지체도 있을 수 있다.
예를 들면, (1)발주처의 자재승인지체와 시공자의 공사진척지체가 병합적(倂合的)인 요인이 되어 발생한 공정지체, (2)지역주민의 보상요구로 공사가 중단된 경우 등

이 '병합지체'를 '동시지체(同時遲滯)'라고 번역하고 있기도 하나, '동시(同時)'의 어의(語義)를 감안할 때 이를 'Concurrent'와 대칭시키기에는 맞지 않다. 동시지체는 'Simultaneous Delays'가 매우 적절할 것임에도 불구하고, 영미권에서 그렇게 표현하지 않고 'Concurrent Delays'라고 표현하는 것은 그 특별한 의미를 나타내고자 함에 있기 때문이다. 즉 지체의 원인제공자가 겹치거나(Overlapping) 뒤섞인(Intertwining) 것을 강조하기 위한 것이며, 시간적인 개념으로 나타내려고 한 것이 아니다.

또한, '동시발생 공기지연'이라 번역한 경우를 본 적이 있는데 이는 '동시지체'를 더욱 구체화한 것으로 보여 동의하기가 어렵기는 마찬가지이다.

이 지체 즉 Concurrent Delays는 책임의 크기에 따라 손해를 비례하여 분담하여야 한다고 하나, 한편으로는 책임구분의 어려움으로 인하여 당사자 모두 지체손해를 청구할 수 없다고도 한다.

참고자료 **'Concurrent'의 더 상세한 사용예(例)는 아래 책의 내용 참조**
「Administration of Government Contracts」(John Cibinic Jr, Ralph C. Nash Jr, The George Washington University)
① Discussion/Concurrent Action 170
② Concurrent Contract Savings 415
③ Concurrent Delays 378, 608
④ Concurrent Time Period 1064

C-43 conditions of the contract

계약조건

Terms and Conditions of the Contract를 줄여서 그냥 본항처럼 Conditions of the Contract라 하는 경향이 많다.
이 계약조건에는 일반조건(General Conditions)과 특수조건(Special Conditions)이 있다.
만약 그 계약조건이 공사계약의 그것이라면, Contract는 Construction Contract가 될 것이다. FIDIC은 '공사계약조건'을 'Conditions of the Contract for Construction'이라 하고 있다. 물론 이는 'Conditions of the Construction Contract'라 하여도 된다.
여기에서 '공사계약일반조건'의 영문표기가 쉽게 도출된다.

General Conditions of the Contract for Construction 또는
General Conditions of the Construction Contract

이제 플랜트설비공사계약, 전기공사계약, 물품구매계약, 연구용역계약 등으로 확장하여 연습해보면 어떨까 싶다.

C-44 conflicts of interest

이해의 충돌

계약상 이해의 충돌은 (1)개인의 이해충돌(Personal Conflicts of Interest), (2)조직의 이해충돌(Organizational Conflicts of Interest), 이렇게 두 종류의 이해충돌(Conflicts of Interest)로 나타난다.

시공자는 이해충돌의 요인을 즉각 제거하여야 하며, 관련인력은 해당계약의 수행업무에서 배제하여야 한다. 미국의 경우 하도급계약금액이 150,000달러를 초과하는 하도급계약에는 이 내용이 필수적으로 계약조건으로 반영되어야 한다. (「FAR」 52.203-16 참조)

비교어 Organizational Conflicts of Interest 조직의 이해충돌
Personal Conflicts of Interest 개인의 이해충돌

C-45 consequential damages

후속피해 또는 간접피해

사고 등에 있어서 1차 피해 뒤에 그 사고로 인하여 발생하는 또 다른 상해 또는 피해를 말한다. 보험사고에서 일반적으로 쓰이는 용어. 후유장애도 이에 해당한다.

C-46 consequential loss

후속손해 또는 간접손해

Consequential Damages로 인하여 발생한 손해. 그러나 광의로 Consequential Damages라 할 때에는 Consequential Loss를 포함하는 개념으로 사용되기도 한다.

C-47 constructibility review

시공성(施工性)검토

전체사업목적을 달성하기 위하여, 공사서류(Construction Documents)를 기초로 하여 시공의 편의성, 명확성, 일치성, 완전성 등을 검토하는 절차

C-48 construction budget

공사예산

Construction Cost(공사비)를 충당할 목적으로 발주처가 책정한 예산.
일반적인 경우 사업예산(Project Budget)에서 부지구입비, 보상비, 설계비, 감리비 등을 공제한 금액을 말한다.

> 공사예산(Construction Budget)
> = 사업예산(Project Budget) - (부지구입비+보상비+설계비+감리비)

비교어 Project Budget 사업예산

C-49 construction change directive

공사설계변경명령

Change Directive(설계변경명령)와 동의어

동의어 Construction Change Directive
: Change Directive

C-50 construction cost

공사비

사업비(Project Cost)에서 ① 부지구입비, ② 설계비, ③ 감독관비, ④ 기타 발주처의 책임인 비용을 제외한 비용을 말한다.
우리나라의 경우 원가방식에 의한 공사비는 아래의 비용항목으로 이루어진다.

(1) 공사원가(노무비, 재료비 및 경비)
(2) 일반관리비
(3) 이윤

> 공사비(Construction Cost)
> = 공사원가(노무비, 재료비 및 경비) + 일반관리비 + 이윤

공사계약에 있어서 공사계약금액이라고 할 때에는 일반적으로 이 비용과 같게 된다.

C-51 construction documents

공사서류

계약문서(Contract Documents) 중에서 기술관련 서류로서, 통상 설계도면(Drawings)과 시방서(Specifications)를 일컫는다. 우리나라의 설계서에 해당한다.
Technical Documents(기술서류)라 부르기도 한다.

C-52 construction drawing

시공도면

Working Drawing 또는 Contract Drawing이라고도 한다.

동의어 Construction Drawing
: Working Drawing
: Contract Drawing

C-53 construction equipment

공사용장비

구체적으로는 통상 Construction Heavy Equipment(공사용중장비)를 지칭하며, 크레인, 포클레인, 불도저, 덤프차량 등이 있다.
공사목적물의 일부를 형성하는 설비 예컨대 에어컨, 전기배전판, 기타 홈오토메이션설비 등과는 구분된다.

C-54 construction management (CM)

건설사업관리

CM에는 도급형 CM 또는 시공자로서의 CM과 대리인형 CM 또는 조언자로서의 CM으로 구분된다.

C-55 construction manager (CMr)

건설사업관리자

CM업무의 수행자.
우리나라 국토교통부 「건설사업관리의 업무지침」에서 정하고 있는 건설사업관리자(Construction Manager: CMr)의 업무내용은 아래와 같다.

(1) 건설사업관리와 관련된 계획의 수립, 운영 및 조정 등에 관한 사업관리 일반
(2) 건설공사의 기본구상 및 타당성조사·관리
(3) 설계자, 시공자 등 선정과 관련한 지원업무와 각종 설계변경, 클레임 및 분쟁에 관한 업무지원 등 계약관리
(4) 건설공사의 설계관리
(5) 건설공사 시행단계별 사업예산 및 사업비 운영의 적정성 검토·조정 등에 관한 사업비관리
(6) 건설공사 시행단계별 공정의 계획, 운영 및 조정 등에 관한 공정관리
(7) 건설공사 시행단계별 품질과 환경에 관한 제반 기준 및 계획의 검토·조정 등과 관련된 품질관리
(8) 건설공사 시행단계별 재해예방 및 건설안전 확보를 위한 제반기준 및 계획의 검토·조정 등에 관한 안전관리
(9) 건설공사 시행단계별 각종 문서, 도면, 기술자료 등의 체계적인 축적 및 관리 등에 관한 사업정보관리
(10) 건설공사의 준공 후 사후관리
(11) 기타 해당계약에서 정하는 사항

C-56 construction material

공사자재

계약상대자 또는 하수급자에 의하여 공사현장으로 반입되어 공사목적물에 결합되는 물품, 자재, 또는 공급품을 말한다.
미국 「연방조달규정(FAR)」에 의하면 발주처에 의하여 직접 구입된 자재는 공사자재라 하지 않고, '공급품(Supplies)'이라 함(Materials purchased directly by the Government are supplies, not construction material.)에 유의하여야 한다(52.225-11조, 2016년10월). 또한, 바이 어메리칸 규제(Buy American Restrictions)는 '지정국가 공사자재'에 대하여는 적용되지 않는 것도 유의할 필요가 있다. 따라서 미국에서 공사를 수행할 경우에는 미국 국내산 또는 지정국가 공사자재만을 사용하여야 한다.
참고로, 미국이 말하는 이른 바 지정국가(Designated Country)라 함은 (1)WTO 정부조달협정국가, (2)자유무역협정국가, (3)최저개발국가, (4)캐리비안국가 등을 말한다.

- 'Designated Country' 항목 참조 -

C-57 construction period

공사기간

통상 착공일로부터 계약서에서 정한 완공일까지이며, 착공일은 착공지시서에 의하여 시공자에게 통보됨이 일반적이다.

주 계약기간 : Contract Time, Contract Period
착공지시서 : Notice to Proceed (NTP)

C-58 construction plant

공사용설비

현장에 설치한 크라숴(Crusher, 분쇄기)·레미콘설비·목공소·차량정비소 등.
공사목적물의 일부를 형성하는 기계설비 예컨대 담수화(담수화)설비, 발전설비, 오폐수처리시설 등은 본항의 설비와 구분된다.

C-59 construction schedule

공정계획표

C-60 construction survey

시공성조사

Constructibility Survey라고도 한다.

동의어 Construction Survey
: Engineering Survey

C-61 construction wage rate requirements

건설근로자임금지침

이 지침은 종전 「데이비스 베이컨법(Davis-Bacon Act)」으로 잘 알려져 있으며, 현재 「미국법전(USC)」에는 〈40 U.S.C. Chapter 31, Subchapter IV〉로 규정되어 있다. 국가비상시에 한하여 대통령은 이 규정(Subchapter IV)의 적용을 중지할 수 있다(Sec. 3147).
이 Subchapter IV의 내용은 「연방조달규정(FAR)」 22.403-1에도 규정하고 있다. 이들 규정에 의하면, 계약금액이 2,000달러를 초과하고, 미국정부가 계약의 한 당사자인 정부공사계약의 경우 작업현장에서 직접 고용된 어떠한 근로자에게도 노동부가 정한 임금보다 작은 임금을 지급하여서는 아니 된다는 내용의 계약조항을 두어야 한다(「USC」 3142 참조). 「연방조달규정(FAR)」 52.222-6이 그 계약조항이다.

주 2020년1월 현재 미국 내 건설근로자의 법정 최저임금은 시급으로 10.10달러이다.(「FAR」 52.222-55 참조)

참조어 「Davis-Bacon Act (데이비스 베이컨법)」

C-62 constructive acceleration

간접공정가속, 비공식적 공정가속

발주처로부터 직접적인 공정가속(Direct Acceleration, Formal Acceleration) 지시는 없었지만, 다른 요인에 의하여 시공자에게는 실제적인 공정가속(Actual Acceleration)이 지시된 것과 같은 경우를 말한다.
이로 인하여 시공자에게 발생한 추가비용은 발주처가 보전하여 주는 것이 일반적이다.

동의어 Constructive Acceleration
: Indirect Acceleration
: Informal Acceleration

C-63 constructive acceptance period

간접인수기간

원칙적으로는 발주처가 계약상대자의 승인신청에 있어서 계약상 정해진 기간 안에 공식적인 승인 또는 불승인의 조치를 하여야 하는데, 그와 같은 공식적인 조치가 없이 인수의 효과가 나타나는 경우가 있는 바, 예컨대, 미국 「연방조달규정(FAR)」의 경우 계약상대자가 공사의 완공 후 발주처가 계약상대자의 인수신청서에 대하여 공식적인 승인을 하지도 않고, 반대의견을 제시하지도 않을 경우, 추정상 7일째 되는 날 발주처의 인수가 이루어진 것으로 간주된다. 이 경우의 7일을 '간접인수기간'이라 한다.
간접인수(Constructive Acceptance)에 대하여 실제적인 인수를 Actual Acceptance(실제적 인수)라 한다. 이 간접인수를 '추정인수'라 하여도 될 것이라 본다, 그러나 Constructive는 Indirect 또는 Informal의 뜻으로 사용되고 있음이 일반적이므로 추정인수보다는 간접인수가 일관성이 있을 것이다. 여기에서 간접인수는 비공식인수의 의미를 내포한다.
지연이자는 Actual Acceptance Date(실제적 인수일)을 기준으로 한다.

비교어 Actual Acceptance Period 실제인수기간
Constructive Approval Period 간접승인기간
Constructive Change 간접설계변경

참조문 Government acceptance or approval is deemed to occur constructively on the 7th day after the contractor completes the work or services in accordance with the terms and conditions of the contract..... 「FAR」 32.904
발주처의 인수 또는 승인은 계약상대자가 계약조건과 일치하여 공사 또는 용역을 완성한 후 7일째에 간접적으로 이루어지는 것으로 간주된다.

C-64 constructive change

간접설계변경, 비공식적 설계변경

Constructive Acceleration과 마찬가지로 Constructive Change도 다음과 같은 개념정리가 가능하다. 즉, 발주처로부터 공식적인 설계변경지시는 없었지만, 실제적으로는 설계변경과 같은 효력을 발생하는 경우를 말한다.

동의어 Constructive Change
: Indirect Change
: Informal Change

C-65 constructive notice

간접통지

계약조건과 부합되지는 않으나, 실제적인 효력이 인정되는 통지.

동의어 Constructive Notice
: Indirect Notice
: Informal Notice

C-66 constructive termination

(계약의) 간접해제

실제적으로는 계약이 해제된 것과 같은 상태인데도 공식적으로는 해제통지가 없는 상태를 말한다.

예문 **미육군계약항소위원회(ASBCA) 재결 13739, 70-1 BCA**
A constructive termination for convenience has also been found where the Government failed to order work under a multi-year contract when funds were available.
편의에 의한 계약의 간접해제는, 장기계속계약에서 정부가 자금이 있을 때 공사수행지시를 하지 않는 경우에 찾아 볼 수 있다.

C-67 contemporary records

당시기록(當時記錄)

FIDIC「공사계약일반조건」에 의하면, 본항 Contemporary Records는 어떤 클레임이 발생한 여건 또는 환경과 동일시점 또는 발생직후에 준비되거나 작성된 기록물을 말한다. 클레임제기당사자는 해당클레임을 실현하기 위하여 당해 기록을 보존하는 것이 바람직하다.

C-68 contingency allowance

예비비, 임시비

향후 예측할 수 없었던 공종의 수행이나 발주처에 의한 계약사항의 변경에 대비키 위하여 책정된 비용. 그냥 Contingency라고도 한다.
이 비용은 ① 향후 예측할 수 없었던 공종의 수행과, ② 계약사항의 변경에 대비한다는 점에서 Cash Allowance와 구별된다. Cash Allowance는 비록 불확정적인 공종이기는 하나 계약상에 명시된 공종에 대한 비용이다.
또한, 이 비용은 경우에 따라서는 전혀 집행되지 않을 수도 있다는 점에서 여타의 산출내역서(BOQ)항목과 차이가 있다.

Contingent Expenses도 임시비라는 점에서 Contingency Allowance와 유사하나, 후자는 산출내역서에 기재되는 비용항목인데 비하여, 전자는 그 자체로 산출내역서에 기재되지 않고 순수한 우발적 지출에 충당한다는 점에서 차이가 있다. 이와 같은 특징에 의하여 Contingent Expenses는 Contingency Allowance의 부속개념이라고도 한다.

C-69 contingent expenses

임시비

'예비비'라고도 한다.
개념상 다소의 차이가 있기는 하나 Incidental Expenses도 임시비라 한다. Incidental Expenses는 임시비 외에 잡비(雜費)라고도 한다는 점에서 약간의 차이가 있기는 하다. 그러나 Contingent Expenses는 잡비의 개념이 아니다.

– 'Contingency Allowance' 항목 및 'Provisional Sum' 항목 참조 –

C-70 contingent fee

성공보수

일의 성공여부에 따라 보수(Fee)를 받기도 하고, 받지 못하기도 하는 불확정보수지급 방식이다. 보수를 지급하게 될 경우 이는 성공사례금이 된다.

계약을 성사시키는 조건으로 수수(授受)하는 금품으로서 이를테면, 사례금(Commission), 소개료(Brokerage), 수수료(Percentage), 또는 기타의 보수(Other Fee)를 포함하는 광범위의 개념이다. 통상 성공보수를 수수한 사실이 밝혀질 경우 발주처는 해당계약을 무효로 하거나, 성공보수에 상당하는 금액을 계약금액에서 감액하기도 한다.
이 보수는 Contingent Expenses(임시비)와는 확연히 구분되는 개념이므로 유의하여야 한다.

C-71 contingent liability

불확정책임

장래에 사건이 발생함에 따라 확정되는 책임. 장래에 사건이 발생하지 않을 경우에는 책임을 물을 수 없다.
우발채무(偶發債務) 또는 우발부채(偶發負債)라고도 하며, 잠재적 부채이다.

C-72 continued portion of the contract

계약의 계속부분

계약이 전부해제가 아닌 일부해제의 경우 해제되지 않고 이행을 계속하여야 하는 부분

C-73 contract action

계약행위

어떤 행위가 하나의 계약으로 귀결되는 행위이다. 우리의 계약개념에서는 다소 생소한 용어라고 할 수 있다.
이 계약행위에는 추가적인 공사나 추가적인 납품 등과 같은 계약변경 등을 포함하지만, 계약의 범위 내에서 이루어지면서 계약조건상 설계변경조항에 의하여 이루어지는 계약변경이나 관리적인 변경 등은 이 계약행위에서 제외된다.

C-74 contract award

낙찰 또는 계약체결

미국건축사협회(AIA)의 「건설용어해설」(Glossary of Construction Industry Terms)에서는 당해 Contract Award를 아래와 같이 정의하고 있다.

"A communication from an Owner accepting a bid or negotiated proposal."
(입찰서 또는 협의된 제안서를 승낙한다는 발주처의 의사표시)

동의어 Contract Award
: Acceptance

C-75 contract bond

계약보증

우리말로는 '계약보증' 또는 '이행보증'이 일반적이지만, 아래의 용어도 표현만 다를 뿐 모두 같은 개념이다.

동의어 Contract Bond 계약보증
; Performance Security 이행보증
; Final Security 최종보증
; Completion Bond 완성보증
; Performance Bond 이행보증
; Construction Bond 공사보증

-'Bond', 'Guarantee' 또는 'Security' 항목 참조 -

C-76 contract data

계약자료, 계약개요

어떤 계약의 주요내용을 요약한 자료이다. 이 점에서는 '계약개요'라는 표현이 정확할지도 모른다. FIDIC의 경우 특수조건 Part A가 그 내용이다.
여타의 계약에서는 Briefs라고도 한다.

–'Particular Conditions' 항목 참조 –

C-77 contract date

계약일

일반적으로 계약서 중 Agreement에 계약당사자가 서명날인한 날 즉 계약체결일을 말한다. Agreement Date 또는 Date of Agreement라고도 한다.

동의어 contract date
: Agreement Date
: Date of Agreement

비교어 Contract Time[Period] 계약기간

주 개찰일 : Opening of Bid[Tender] Date
: Letting of Bid[Tender] Date

C-78 contract document

계약문서

그냥 Contract라 표기하기도 한다. 아래 예문에서 보는 바와 같이 계약문서는 Contract라 하고, 계약서는 Contract Agreement라 함을 유의해야 한다. 물론 Contract Agreement는 단순히 Agreement라 하기도 한다.

예문 **FIDIC「공사계약일반조건」 제1.1.10조**

"'Contract' means the Contract Agreement, the Letter of Acceptance, the Letter of Tender, any addenda referred to in the Contract Agreement, these Conditions, the Specifications, the Drawings, the Schedules, the Contractor's Proposal. the JV Undertaking (if applicable) and the further documents(if any) which are listed in the Contract Agreement or in the Letter of Acceptance."

계약문서라 함은 계약서, 낙찰서, 입찰서, 계약서에 명시된 부록, 당해 계약조건, 시방서, 도면, 내역서, 시공자의 제안서, JV협정서(적용할 수 있는 경우), 및 계약서 또는 낙찰서에 첨부된 기타 문서(있는 경우)를 말한다.

위의 내용을 정리하면 FIDIC「공사계약일반조건」의 계약문서는 아래와 같다.

(1) Contract Agreement(계약서)
(2) Letter of Acceptance(낙찰서)
(3) Letter of Tender(입찰서)
(4) any Addenda referred to in the Contract Agreement(계약서에 명시된 부록)
(5) Conditions of Contract(계약조건)
(6) Specifications(시방서)
(7) Drawings(도면)
(8) Schedules(내역서)
(9) Contractor's Proposal(시공자의 제안서)
(10) JV Undertaking (if applicable)(공동계약협정서)
(11) 기타 계약서 또는 낙찰서에 명시된 서류

C-79 contract drawing

계약도면

Working Drawing 또는 Construction Drawing이라고도 한다.

동의어 Contract Drawing
: Working Drawing
: Construction Drawing

C-80 contract financing payment

계약금융지급

원래 대가는 완성된 목적물을 인수받고 지급하는 것이라는 전제하에, 완성 또는 인수 이전에 대가를 지급하는 것은 대가의 지급(Payment)이라기보다 계약상대자의 재정을 지원하는 것이라는 관점에서 이를 'Financing Payment'라고 한다.
본항의 '계약금융지급'은 발주처가 계약목적물 또는 성과품을 인수하기 전에 계약상대자에게 이루어지는 지출금으로서 통상 아래의 사항을 포함한다.

(1) 선금
(2) 이행기초지급(Performance-Based Payment)
(3) 중간기성(Interim Payment) (Progress Payment)

한편, 아래의 경우는 당해 계약금융지급에 포함되지 않는다(「FAR」 32.001 참조)

(a) 송장지급(Invoice Payments); 계약에 따라 발주처가 계약상대자에게 지급하는 지출금을 말함(계약상대자의 청구에 따른 지급)
(b) 부분적인 인도에 대한 지급
(c) 리스 및 렌탈료의 지급

C-81 contracting officer (CO)

계약관

우리나라의 계약담당공무원에 해당

C-82 contracting officer's representative (COR)

계약관의 대리인

당해 COR은 직역할 경우 위의 번역처럼 '계약관의 대리인'이지만, 우리나라의 공사감독관과 대동소이하다.
계약관(CO)에 의하여 임명되고 기술사항의 점검 및 계약관리를 보조하지만, 금액, 품질, 수량, 인도, 또는 계약조건에 영향을 끼치는 합의 및 변경에 대한 권한은 없으며, 계약상대자 또는 하수급자에게 계약조건과 상충되는 지시를 할 권한은 없다. 「연방조달규정(FAR)」 제1.602-2 참조
다만, 우리나라처럼 '공사감독'에만 한정되는 것이 아니라, 계약 전반에 걸쳐 계약관을 대리하는 것이기 때문에 '계약감독관'이라 함이 정확할 것이리라 생각한다.

C-83 contract line

현장경계선

공사현장의 외곽경계선. Perimeter Line이라고도 한다.

동의어 Contract Line
: Perimeter Line

C-84 contract modification

계약변경

계약조건의 문서상의 변경(any written change in the terms of a contract).
광의의 Change 또는 Variation에는 이 변경도 포함한다.

비교어 Modification Contract
변경계약. Contract Modification(계약변경)으로 인한 변경된 계약

C-85 contractor

시공자

공사계약에서는 시공자(Constructor)이지만, 설계계약에서는 설계자(Architect 또는 Designer), 납품계약에서는 납품자·공급자(Supplier)가 된다. 이렇게 볼 때 당해 Contractor는 발주처의 계약상대자를 포괄적으로 나타낸다.

C-86 contractor-acquired property

시공자조달자재

계약의 이행을 위하여 시공자가 구매·생산 등으로 조달한 자재를 말한다.
Contractor-Supplied Property 또는 Contractor-Furnished Property라고도 한다.
일반적인 공사자재는 모두 당해 시공자조달자재이다. '사급자재'라고도 한다.
이에 대하여 발주처가 조달한 자재는 '관급자재' 또는 '발주처조달자재'라고 한다.

C-87 contractor-initiated change

시공자제안설계변경

설계변경은 발주처의 고유권한이다. 따라서 시공자에게는 설계변경권이 있을 수 없다. 그러나 현대의 공사관리에 있어서 시공자는 설계변경과 관련하여 다음과 같은 중요한 권한을 보유함이 일반적이다. 즉, 첫째, 발주처가 지시하는 설계변경에 대하여 그 수행가능성여부를 검토하여 동의하거나 거부할 수 있는 권한, 둘째, 스스로 설계변경을 발주처에 제안할 수 있는 권한이 그것이다.
다만, 둘째의 경우에 있어서 시공자의 제안을 발주처가 수락하느냐의 여부는 발주처의 고유권한이다. 이 둘째의 경우를 영문으로 Contractor-Initiated Change[Variation] 또는 Contractor-Originated Change[Variation]라고 한다.

동의어 Contractor-Initiated Change[Variation]
: Contractor-Originated Change[Variation]

C-88 contractor inventory

시공자의 재고품

(1) 계약에 따라 시공자 또는 하수급자가 조달하거나 소유한 자재 즉, 사급자재로서, 전체계약의 완성에 소요되는 물량을 초과하는 자재, 또는
(2) 발주처조달자재(Government-Furnished Property) 즉 관급자재로서, 전체계약의 완성에 소요되는 물량을 초과하는 관급자재를 말한다.

잉여자재(Residual Property 또는 Residue)와 같다.

C-89 contractor-originated change

시공자제안설계변경

- 'Contractor-Initiated Change[Variation]' 항목 참조-

C-90 contractor's affidavit

시공자선서

시공자의 부채(負債)나 클레임, 또는 기타 저당권으로부터 발주처를 보호하기 위하여 시공자가 제공하는 확인서.
이와 유사한 용어로 Non-Collusion Affidavit는 입찰자의 부정입찰(예: 부정행위 또는 타인과의 담합)을 방지하기 위한 서약서이다. 우리나라는 「청렴계약특수조건」의 형식으로 운용되고 있다.

affidavit [æ̀fədéivət] 선서, 진술서

C-91 contractor's all risks (CAR) insurance

시공자제(諸)위험보험

공사보험의 한 유형으로서, 특정사고를 제외한 모든 사고를 보상의 대상으로 하는 보험. 이 보험에서 특별히 주의할 점은 제위험(諸危險) 즉 All Risks라 하여 실제로 모든 위험을 뜻하는 것이 아니라, 특정위험을 제외한 모든 위험을 보험의 대상으로 한다는 점이다. 보상에서 제외되는 위험을 Exclusions라 한다.
현업에서 Contractor's All Risks는 CAR로 줄여서 통용된다.

C-92 contractor's estimate

이에는 아래와 같은 두 가지의 개념이 있다.

(1) 확정금액에 대립되는 개념으로서 공사비(Construction Cost)에 대한 시공자의 추정치

(2) 시공자의 기성신청
이 경우에는 아래와 같은 개념정리가 가능하다.
Contractor's Estimate
: Request for Interim Payment
: Application for Interim Payment

C-93 contractor's option

시공자 옵션

계약금액의 변경없이 시공자가 자신의 재량으로 특정 자재나, 공법 또는 시스템을 선택할 수 있는 계약조항

C-94 contractor-supplied material

시공자조달(調達)자재

자재(Material)는 조달주체에 따라 발주처지급자재와 시공자조달자재로 구분할 수 있는데 후자의 자재를 말한다.
일반적으로 자재(Material)라고 할 때에는 당해 시공자조달자재를 뜻하며, 특별히 발주처가 지급하는 자재가 있을 경우에는 Owner-Supplied Material이라고 한다.

- 'Employer-Supplied Material' 항목 참조 -

C-95 contract period

계약기간

Contract Time 또는 Term of Contract도 같은 의미

C-96 contract time

계약기간

Contract Time은 통상 계약서에 명시되며, 이에 비하여 공사기간(Construction Period)은 착공지시서(Notice to Proceed: NTP)에 명시됨이 일반적이다.
'Time'이라고 하여 시점(時點)개념의 '계약시간'이 아니라, 기간(期間)개념임을 유의해야 한다.

동의어 Contract Time
: Completion Time
: Contract Period
: Term of Contract

주 계약일 또는 계약체결일 즉 Contract Date와 혼동하지 말 것

C-97 correction certificate

하자보수확인서

미국식 공사관리에서 주로 사용하는 하자보수확인서의 표기. 원문대로 번역할 경우 보수확인서가 되지만 그 내용이 하자에 대한 보수를 뜻하므로 하자보수확인서라 번역하는 것이 맞다.
이 의미에는 Correction Certificate 외에 Maintenance Certificate, Defects Liability Certificate 등 아래와 같은 표기가 있으며, 이들은 발주처에 따라 적의 선택되어 사용되기에 모두 기억해 두는 것이 좋다. 특히 FIDIC은 Performance Certificate라 한다.

동의어 Correction Certificate
: Maintenance Certificate (하자보수확인서)
: Final Completion Certificate (최종완공확인서)
: Final Acceptance Certificate (최종인수확인서)
: Defects Liability Certificate (하자보수확인서)
: Performance Certificate (이행확인서)

- 'Defects Liability Certificate' 항목 참조 -

C-98 correction of work

(하자있는) 공사의 보수

미국식 계약관리에서 주로 사용하는 하자보수의 개념.
이의 구체적 표기는 Correction of Defective Work이지만, 단순하게 Correction이라 하여도 무방하다.
또한 Maintenance 또는 Remedying Defects와 같은 개념이다.

동의어 Correction of Work
: Correction of Defective Work
: Correction
: Maintenance
: Remedying Defects

C-99 correction period

하자보수기간

하자보수기간에 대한 영문표기는 본항의 Correction Period 외에도 다음과 같이 다양하게 사용되고 있다. 즉, Maintenance Period, Defects Liability Period, Remedying Defects Period, Defects Notification Period 등

동의어 Correction Period
: Maintenance Period
: Defects Liability Period
: Remedying Defects Period
: Defects Notification Period

C-100 corresponding contract unit price

동등계약단가(同等契約單價)

계약단가 즉, 산출내역서상의 단가와 상응(相應)하는 단가를 말한다.

참조문 If the Contractor's applicable established price is increased after the contract date, the corresponding contract unit price shall be increased, upon the Contractor's written request to the Contracting Office.
시공자가 적용할 수 있도록 정해진 금액이 계약일 이후에 증액된다면, 그에 상응하는 계약단가(; 동등계약단가)는 시공자가 계약관에게 요청하는 즉시 증액되어야 한다.

C-101 cost accounting standards (CAS)

원가산정기준(原價算定基準)

정부계약에 적용되는 직접 및 간접비용이 일관성과 적절성을 가지도록 하기 위하여 원가산정기준위원회(Cost Accounting Standards Board: CASB)에 의해 제정된 요구조건이다. 다시 말하면, 금액이 2,000,000달러를 초과하는 미국연방정부와의 계약 또는 금액조정에서 요구되는 원가관리의 기본요건.

주 위의 '2,000,000달러'는 2018.6.30.일 이후에 이루어지는 계약 또는 금액조정의 대상이며, 그 이전에는 750,000달러였다.

계약상대자는 (1)당해 CAS의 내용을 준수하여야 하고, (2)자신이 운용하고 있는 원가산정지침(Cost Accounting Practices)을 공개하여야 하며, (3)그 지침에 일관되게 따라야 한다. (4)공개된 지침에는 직접비와 간접비를 구별하는 방법, 및 간접비를 배분하는 근거를 함께 포함하고 있어야 한다.
CAS를 적용하는 계약은 협상에 의한 계약(Negotiated Contract)이며, 이 계약에서 계약금액 또는 분쟁해결금액의 산정시 의무적으로 적용된다.

위 내용과 다소 중복되지만, 미국 「연방조달규정(FAR)」에서는 계약금액이 2,000,000달러 초과 5천만 달러 이하이고, 제안자가 CAS에 적합하다고 확인하는 경우에는 「연방조달규정(FAR)」 52.230-3조의 'Disclosure and Consistency of Cost Accounting Practices'(원가계산지침의 공개 및 일관성)를 의무적으로 준수하고 그 내용을 계약조건으로 채택하도록 규정하고 있다.
CAS는 모두 19개 기준(19 Standards)으로 구성되어 있으며, 연방회계관리국(Cognizant Federal Agency)이 모든 계약에 대한 CAS를 관리하고 있다(FAR 2.201). 이 19개 기준은 1980년 원가산정기준위원회(Cost Accounting Standards

Board ; CASB)에 의해 제정되었으며, 현재 CASB는 연방조달정책국(Office of Federal Procurement Policy: OFPP)에 소속되어 있다.
이 기준의 적용이 면제되는 경우는 아래와 같다.

(1) 종전에 7,500,000달러 이상인 CAS적용대상계약을 체결한 적이 없는 업체가 7,500,000달러 이하인 계약을 체결하는 경우
(2) 상업적 생산품 또는 상업적 용역(Commercial Product or Commercial Service)에 대한 계약

주 '상업적 생산품 또는 상업적 용역(Commercial Product or Commercial Service)'은 종전에는 '상업적 물품(Commercial Items)'으로 되어 있었으나, 2018,8월에 현재처럼 개정되었으며, 이 개정된 내용은 2020.1.1.일부터 적용되기 시작했다. 따라서 2019.12.31.일까지는 '상업적 물품(Commercial Items)'이 면제대상이었다.

(3) 확인된 원가 또는 가격산출자료(Certified Cost or Pricing Data)를 제출하지 않고 가격경쟁방식으로 낙찰된 정액계약의 경우
(4) 법령에 정해진 가격을 근거로 협의하여 체결한 계약의 경우
(5) 계약금액이 1억 달러 이하인 계약에서 발주처의 장(長)이 당해 기준의 적용을 유보하기로 결정한 계약의 경우

주 당해 '1억 달러'는 종전에 50백만 달러였으나, 2016년에 1억달러로 상향조정되었으며, 이 상향조정된 금액은 2018.10.1.일부터 적용되고 있다.

우리나라의 경우 기획재정부 계약예규 「예정가격작성기준」과 각 부서의 대가기준이 당해 CAS와 유사하다.

C-102 cost breakdown

원가내역서

미국식 산출내역서. Price Breakdown 또는 Schedule of Values라고도 하며, 후자에서 Values는 Prices 또는 Costs, Rates와 차이가 없다.

동의어 Cost Breakdown
: Price Breakdown
: Schedule of Values
: Schedule of Prices
: Schedule of Costs
: Schedule of Rates

C-103 cost contract

원가계약

일종의 실비정산계약(Cost-Reimbursement Contract)이기는 하되, 보수(Fee)를 받지 않는다.
이 계약은 연구·개발계약 특히 이윤을 고려하지 않는 교육기관과의 계약에 적합하다. 「연방조달규정(FAR)」 16.302 참조

비교어 Cost-Sharing Contract(원가배분계약) : 보수(Fee)를 받지 않고 단지 원가 중 협의된 부분에 대하여 실비로 정산받는 계약이다. 「연방조달규정(FAR)」 16.303 참조

C-104 cost or pricing data

원가 또는 금액산출자료

우리나라의 입찰금액사유서와 유사하다.

비교어 Historical Accounting Data 회계실적자료

C-105 cost-plus contract

원가가산계약

'실비정산계약(Cost Reimbursement Contract)'의 한 유형이면서, 그 자체로 실비정산계약과 동일시하기도 한다.
총액계약(Lump Sum)에 대립하는 개념으로서, 계약시 계약액을 미리 확정하지 않고 실제 발생한 비용(직접비와 간접비, 시공자의 보수)을 정산하는 방식이다.
Cost-Plus-Fee Contract라고도 한다.
실제공사비 중 시공자의 보수(Service Fee)가 어떻게 결정되는가에 따라 이 계약 Cost-plus Contract는 아래와 같이 세분된다.

(1) Cost-Plus-Percentage of Cost Contract ; **원가가산원가비례계약**
시공자의 보수는 직접공사비의 일정 비율로 결정된다. 이 경우에는 공사규모가 크면 클수록 시공자의 보수도 증가한다.

(2) Cost-Plus-Fixed-Fee Contract ; **원가가산고정보수계약**
시공자의 보수(Fee)는 계약당시에 협의된 금액으로 고정되어 있다. 그러므로 실제적인 원가가 어떠하냐에 따라 변경되지 않는다. 다만, 설계변경 등에 의한 계약금액의 조정시에는 그에 따라 당해 보수도 조정된다.

(3) Cost-Plus-Sliding Fee Contract ; **원가가산변동보수계약**
공사규모를 정확히 예측할 수 없을 때, 이 유형은 실익이 있으며 공사비가 초기예상금액을 초과할 때 초과분에 비례하여 시공자의 보수가 비례적으로 증가된다. 즉, '기본보수+변동보수'체계이다.

(4) Cost-Plus-Incentive-Fee Contract ; **원가가산동기부여보수계약**
계약당시의 보수를 총목표원가에 대한 총허용가능원가에 기초한 산식으로 조정하여 지급하는 실비정산계약이다.

(5) Cost-Plus-Award-Fee Contract ; **원가가산이행보수계약**
여기에서 보수(Fee)는 기초금액(계약당시에 정해지며, 통상 0)과 발주처의 사정(査定)을 기초로 정해지는 이행금액(Award Amount)으로 구성된다. 후자의 이행금액은 원활한 계약의 이행을 위한 동기부여에 충분하다고 판단되는 금액으로 결정함이 일반적이다.

미국식 계약체계에서는 중요한 계약유형이다. 그러나 상업적 물품이나 상업적 생산품 및 용역에는 적용을 금지하고 있다(「FAR」 16.301-3 참조).

C-106 cost realism analysis

원가실제성분석

본항 'Cost Realism Analysis'를 논의하기에 앞서 'Cost Realism'을 먼저 살펴보면, 이는 입찰서상의 원가가 (1)수행될 공사에 대하여 사실적·실제적이며, (2)발주처의 요구사항을 명확하게 이해하고 그 내용을 반영하였으며, (3)입찰자의 기술적인 제안에 대한 다양한 요소와 부합한다는 것을 전제로 한다.

원가실제성분석(Cost Realism Analysis)은 각 입찰자가 추산하여 제안한 원가의 특정 요소를 독립적으로 검토하고 평가하는 과정을 말한다. 추산된 제안원가요소가 수행될 공사에 현실적인지, 발주처요구사항을 명확하게 반영하고 있는지, 입찰자의 기술제안서상의 고유한 수행방법 및 자재와 일치하는지 여부를 결정하기 위하여 검토 및 평가를 실시한다.

이 분석은 주로 실비정산계약(Cost-Reimbursement Contract)에서 개산원가(概算原價)를 결정하기 위하여 실시한다.

이 분석이 수행되면, 자원선정기관은 수행 또는 계획위험을 평가함에 있어서 원가현실성을 고려할 수 있다.(If a cost realism analysis is performed, cost realism may be considered by the source selection authority in evaluating performance or schedule risk. -「FAR」 52.215-1-

우리나라도 이에 대한 연구·분석 및 관련분야에의 도입 여부를 신중히 검토할 필요가 있다고 본다.

C-107 cost reimbursement contract

실비정산계약

- 'Cost-plus Contract' 항목 참조 -

C-108 cost-sharing contract

원가배분계약, 비용배분계약

원가 또는 비용을 배분하는 당사자는 당연히 발주처와 계약상대자이다. 계약당시에 합의된 방식 또는 비율에 따라 쌍방간에 원가(비용)를 'sharing(배분)'한다.
계약상대자는 발주처에게 배분된 부분까지 모두 수행하여야 하나, 비용은 발주처에게 배분된 부분에 한하여 청구할 수 있음에 유의하여야 한다.

전체공사비 = 발주처배분분 + 계약상대자배분분
기성청구가능금액 ; 발주처배분분

C-109 COTS item

상업적으로 유용한 기성품(旣成品)

COTS Item는 'Commercially Available Off-the-Shelf Item'의 준말로서, 아래의 공급물품(공사자재 포함)을 말한다.

(1) 상업적인 물품(Commercial Item)
(2) 상업적인 시장(Commercial Marketplace)에서 실제적인 수량으로 거래되는 물품
(3) 상업적 시장에서 거래되는 형태 그대로 변경을 가하지 않고 계약에 따라 발주처에 제안되는 물품

그러나 농산품, 또는 석유제품 등과 같은 벌크 화물(貨物)(Bulk Cargo)은 제외한다.

주 2018년 「미국법전(USC)」의 개정에 의하여, 상기 (1)항 '상업적인 물품(Commercial Item)'은 2020.1.1.일부터 '상업적인 생산품 또는 상업적인 용역(Commercial Product or Commercial Services)'으로 변경될 것임을 예고하였다. - 「미국법전(USC)」 〈41 USC Subchapter 15〉 참조 -

- 'Cost Accounting Standards (CAS)' 항목 참조 -

C-110 covered area

대상지역(對象地域)

해당계약의 입찰안내서 또는 유의서 등에서 명시하고 있는 지역으로서, '적용지역(適用地域)'이라 하여도 무방하다.
공사의 경우 현장이 위치한 지역이다.

C-111 covered-dish supper

음식지참저녁식사

하루의 식사를 〈아침-점심-저녁〉 세 끼를 기준으로 할 때, 아침은 Breakfast, 점심은 Lunch, 저녁은 Dinner임이 일반적이다. 그런데 우리나라식으로 세 끼를 꼭 먹어야 하는 관행에서 벗어나, 소위 서양 또는 중동의 일부국가에서 보이는 바와 같이, Dinner는 우리나라식 저녁이 아니라, 하루 중 가장 잘 차린 식사 또는 가장 중요한 식사를 이른다. 이 경우 점심과 저녁을 합하여 정찬(正餐)으로 하고, 그 뒤에 예컨대 밤 10시경 우리나라식 저녁식사를 하는데 이를 Supper라 하는 경향이 있다.
이 Supper를 다른 가족 또는 친지들과 함께 할 때 외부 참석자들은 종종 음식을 지참하여 주최자의 수고를 덜어주기도 하는데 이를 Covered-Dish Supper라 한다.
음식지참회식이라고도 한다. 이는 비록 공사 또는 계약용어는 아니나, 해외공사를 수행할 때 접할 수 있는 상황이기에 기억해 두는 것이 좋을 것이다.

C-112 critical date schedule

주(主)공정계획

Milestone Schedule과 같다.

동의어 Critical Date Schedule
: Milestone Schedule

C-113 curbstone

경계석, 갓돌

차도와 인도, 또는 도로와 완충지대를 구분짓기 위하여 설치하는 장방형 석재를 지칭하지만, 모조석 또는 콘크리트제품도 있다.
Kerbstone이라고도 하고, 그냥 Curb 또는 Kerb라고도 한다.

동의어 Curbstone
: Kerbstone
: Curb
: Kerb

주 Curb는 Curve(곡선)와 혼동하지 않도록 주의를 요한다.

C-114 current contract price

현재의 계약금액

일반적으로 계약금액이라 할 때에는 현재의 계약금액을 지칭하지만, 과거 어떤 시점의 계약금액 즉 당시의 계약금액(Then-Current Contract Price)과 비교해야 할 경우에는 이처럼 표기를 구분하기도 한다.
예컨대 시공자가 공사의 수행 중 기성대가를 신청할 때에는 산출내역서에 기재된 단가에 따라 산출한 금액을 기준으로 하지만, 기성금액의 산출대상이 되는 특정기간의 금액이 조정되어 현재의 금액으로 변경되어 양자의 금액이 차이가 날 때에는 위와 같은 금액개념의 구분이 필요로 한다.

(1) 당초(계약당시)의 계약금액 ; Initial or Original Contract Price(당초계약금액)
(2) 기성신청당시의 계약금액 ; Then-Current Contract Price(당시의 계약금액)
(3) 현재의 계약금액 ; Current Contract Price(현재의 계약금액)
(4) 현재의 계약금액과 (1) 또는 (2)와의 차액 ; Adjusted Amount(조정금액)
(5) 기성청구금액 ; Billing Price

비교어 Then-Current Contract Price 당시의 계약금액

C-115 custom-built

현장제작의

기성제품이 아닌 공사현장에서 직접 제작하는 공법. 예를 들면, 콘크리트의 현장혼합 및 타설, 창호의 현장제작, 콘크리트 구조물의 현장제작 등
유사개념으로 In-situ와 In-place가 있다.

비교어 Factory-built 공장제작의
Prefabricated 조립식의
Precast 사전에 제작된(PC)

C-116 customs clearance

통관

세관을 나타낼 때는 반드시 Custom(단수형)이 아닌 Customs(복수형)를 쓴다.

비교어 Customs Duties 관세

C-117 cut-off date

기준일

예컨대, 기성대가의 산정에 있어서 산정기간의 초일 또는 말일을 뜻한다.
영국 「주택하자법(Housing Defects Act, 1984)」에서는 당해 Cut-Off Date를 '인지일(認知日)'로 정의하고 있으나, 그렇다고 하더라도 기준일의 개념에서 벗어나지 않는다.

예문 **영국 「주택하자법(Housing Defects Act, 1984)」 제1(2)조**
"(b) 'the cut-off date' means the date by which the circumstances mentioned in subsection (1)(a) above became generally known."
{cut-off date라 함은 위 제(1)(a)항에서 언급된 상황이 일반적으로 알려진 날짜를 말한다.}

주 「주택하자법(Housing Defects Act, 1984)」 제1(2)조(b)항에서 말하는 "the circumstances mentioned in subsection (1)(a) above"{제(1)(a)항에서 언급된 상황}이라 함은 "buildings in the proposed class are defective by reason of their design or construction" 즉 "어떤 등급에 속하는 빌딩이 설계나 시공상의 사유로 하자가 있는 경우"를 말한다.

영문공사용어350선 개정증보판

영문공사용어 완결본 820

D

Korean Glossary of English Terms 820

All-In Edition

D-1 DAAB

분쟁방지·재결위원회

'Dispute Avoidance/Adjudication Board'의 약자.
FIDIC에서 채택하고 있는 분쟁해결의 예비기구이다.
계약당사자는 쟁점(爭點)이나 미합의사항이 있을 경우 DAAB 즉 분쟁방지·재결위원회에 분쟁해결을 위한 도움이나 협의(비공식협의)를 요청할 수 있으며, 이에 대하여 DAAB는 해당사안(事案)에 대한 결정을 제시하거나 당사자들과 협의를 실시한다.
분쟁당사자가 DAAB의 결정에 동의할 경우에는 재판상 화해와 같은 효력이 있으나, 동의하지 않을 경우 DAAB의 결정은 효력이 없으며, 이 경우에는 국제상업회의소(ICC: International Chamber of Commerce)의 분쟁위원회(DB: Dispute Board)에 중재(Arbitration)를 요청하여야 한다. ICC의 중재결정은 분쟁당사자간에 종국적(終局的) 효력을 갖는다.

주 FIDIC의 종전 분쟁해결기구는 DAB(Dispute Adjudication Board)였으나, 2017년 공사계약조건의 개정시 현재처럼 DAAB로 변경하였다. DAAB는 종전 DAB에 분쟁방지역할 즉 Avoidance기능이 추가되었다고 보면 된다.

D-2 daily billing basis

날일정산방식

공사수행비용을 1일 단위(날일)로 청구하는 방식. 주로 날일작업(Daywork)에서 공사비를 청구할 때 사용한다. 양자의 기능은 대동소이하다.

D-3 Davis-Bacon Act

데이비스 베이컨법

1931.3.3일에 제정된 근로자임금에 관한 미국의 법률. 2002.8월 이 법률명칭이 폐지되었고, 현재에는 「미국법전(USC)」에 통합되어 〈40 USC Subchapter IV〉 'Wage Rate Requirements' (임금지침) 제하(題下)로 규정되어 있다,

– 'Construction Wage Rate Requirements' 항목 참조 –

D-4 daywork basis

날일작업방식

주로 경미한 작업이나 예상하지 못한 작업을 수행하는 방식이다. 이 경우 FIDIC은 기존의 산출내역서를 기초로 하여 작업을 수행하거나 공사비를 산정하지 않고, 1일의 작업을 기준으로 하루하루씩 정산하는 방식을 취하는 것으로 규정하고 있다.
이는 총액방식으로서, FIDIC이 기본적으로 지향하는 단가계약에 대한 일종의 변형이라고 할 수 있다.

예문 FIDIC「공사계약일반조건」 제13.5조

"……

For work of a minor or incidental nature, the Engineer may instruct that a Variation shall be executed on a daywork basis. The work shall then be valued in accordance with the Daywork Schedule…….
Unless otherwise stated in the Daywork Schedule, the rates and prices in the Daywork Schedule shall be deemed to include taxes, overheads, and profit.

경미하거나 우발적인 성격의 작업에 있어서, 감독관은 설계변경을 날일방식으로 수행하도록 지시할 수 있다. 그 다음 작업은 날일작업계획서에 따라 사정(査定)된다.....(중략)......만약 날일작업계획서에 달리 규정되지 않았다면, 날일작업계획서상의 요율이나 단가에는 세금, 간접비 및 이윤을 포함한 것으로 간주된다.

D-5 dead load

사하중(死荷重)

건축물이나 공작물의 구조체 자체의 무게나 구조물의 존재기간 중 지속적으로 작용하는 수직하중. 엘리베이터나 차량 등에 짐이나 사람을 싣지 않은 그 자체의 무게도 사하중이라 한다.
고정하중이라고도 한다.

비교어 Live Load 활하중(活荷重)
Base Load 기초하중

D-6 deductive change

감액변경

설계변경 중에서 수량이 감소되어 계약금액이 감액되는 설계변경

비교어 Additive Change 증액변경

D-7 deductible

자기부담금

보험사고가 발생하였을 때, 전체피해액 중에서 보험자(the Insurer)가 공제하는 즉 피보험자(the Insured)가 부담하는 금액. 원문에 따를 때 감액이라고 하여야 할 것이나 우리나라에서는 이를 자기부담금이라 하기에 그에 맞추어 번역하였다.

D-8 default

계약의무의 불이행, 채무불이행

D-9 defective work

하자 또는 하자있는 공사

하자있는 공사에 대한 가장 보편적인 개념은 설계서와 일치하지 않는 시공상태이다.

D-10 defects liability certificate

하자보수확인서

완공 후 시공자가 일정기간 동안 하자보수를 완료하였을 때 발주처 또는 감독관이 발급하는 확인서로서, 공사를 최종 승인하는 수단이 된다.
본항의 Defects Liability Certificate (DLC)를 영문 그대로 번역하면 '하자책임확인서'가 되나, 일반적인 의미로 하자보수확인서라 한다.

전통적인 표현으로 Maintenance Certificate(하자보수확인서) 또는 Final Acceptance Certificate (FAC: 최종인수확인서) 등이 있다.
또한 FIDIC은 Performance Certificate라 하고, 미국은 주로 Correction Certificate라 하기에 유의해야 한다.

동의어 Defects Liability Certificate
: Maintenance Certificate (하자보수확인서)
: Final Completion Certificate (최종완공확인서)
: Final Acceptance Certificate (최종인수확인서)
: Correction Certificate (하자보수확인서)
: Performance Certificate (이행확인서)

여기서 주의할 점은 발주처나 시공자 모두 DLC의 발급시점에 잔존했던 미수행된 계약의무사항은 DLC의 발급과 관계없이 그에 대한 수행책임이 있다는 점이다. 이와 같은 책임을 잠재적 하자에 대한 책임(Potential Defects Liability)이라고 하며, 비록 계약기간이 종료한 후에 발생한 하자라고 하더라도, 그 하자의 원인이 계약기간 종료 이전에 잠재하고 있었다면 그 하자는 원인에 대하여 책임이 있는 자의 책임사항이라는 해석이다. 시공자의 경우 비록 하자검사에 통과하였다고 하더라도 이 잠재적 하자에 대하여 책임이 있다.

D-11 defects liability period

하자보수기간 또는 하자담보책임기간

공사가 실제적으로 완공(Substantial Completion)되어 준공검사(Tests on Completion)를 통과한 경우, 시공자는 발주처 또는 감독관에게 현장인수확인서(Taking-Over Certificate 또는 Acceptance Certificate)의 발급을 요청한다.

이 경우 발주처 또는 감독관은 실제적인 완공일을 명시한 현장인수확인서를 발급하게 되는데, 이 실제적인 완공일로부터 계약서 또는 입찰서 추보(Appendix to Tender)에서 정해진 기간 동안 시공자는 공사상 하자에 대한 보수책임이 있으며, 이 책임을 하자보수책임(Defects Liability 또는 Remedying Defects Liability), 그 기간을 하자보수책임기간(Defects Liability Period 또는 Defects Notification Period, Maintenance Period 등)이라고 한다.

동의어 Defects Liability Period
: Maintenance Period
: Correction Period
: Remedying Defects Period
: Defects Notification Period

외국의 경우 이 기간은 국가 및 발주처에 따라 차이가 있으나, 일반적인 경우 1년이며, 이 기간에 더하여 품질보증기간을 추가로 지정하는 경우도 있다. 우리나라의 하자보수기간은 후자의 품질보증개념에 유사하다고 할 수 있다.

D-12 defects notification period

하자통지기간

FIDIC「공사계약조건」에서 사용하고 있는 하자보수기간의 영문표기. 내용상 Defects Liability Period(하자보수기간)와 같다.

동의어 Defects Notification Period
: Maintenance Period
: Defects Liability Period
: Remedying Defects Period
: Correction Period

D-13 definite certificate of substantial completion

실제적인 확정준공확인서

공사가 실제적으로 준공되었을 때 감독관이 1차로 발급하는 실제적 예비준공확인서(Tentative Certificate of Substantial Completion)에 대하여 발주처가 동의할 때 확정적으로 발급하는 실제적인 준공확인서이다.

- 'Certificate of Completion' 항목 참조 -

D-14 definite-quantity contract

확정수량계약

발주처가 내역서(Schedule)에 명시된 물품의 공급 또는 용역의 수행을 지시하면 계약상대자는 그에 따라 공급하는 아주 일반적인 수행형태이다. 여기에서 유의할 점은 지시횟수나 납품장소는 한 번 또는 한 곳으로 정해져 있는 것이 아니라, 수회(數回) 또는 여러 곳으로 다원화할 수 있다는 특징이 있다.
미국 「연방조달규정(FAR)」의 경우 이 계약유형은 주로 납품 또는 용역계약에 활용하며, 불확정수량계약(Indefinite-Quantity Contract)과 함께 1995년10월 개정본에 나타난다.

D-15 delay cost

지체비용

광의로는 공정이 지체됨으로 인하여 계약당사자 일방에게 발생한 비용이라고 할 수 있으나, 협의로는 시공자가 자신의 유책사유로 완공이 지체되었을 때 발주처에 대하여 부담하여야 하는 일종의 벌과금이다.
Delay Damages 또는 Delay Penalty라고도 한다. 가장 일반적인 표기는 Liquidated Damages이다.

동의어 Delay Cost
: Liquidated Damages
: Delay Damages
: Delay Penalty

반대로, 발주처의 유책사유로 완공이 지체되어 계약기간을 연장 하였을 때에는 발주처가 시공자에게 연장비용(Extension Cost)을 부담한다.

D-16 delay damages

지체상금

당해 Delay Damages는 FIDIC「공사계약일반조건」에서 규정하고 있는 표기이다. 가장 일반적인 표기는 Liquidated Damages이다.

D-17 desalinization plant

담수화설비

바닷물의 염분을 제거하여 담수(淡水, 민물)로 만드는 설비.
Seawater Desalinization Plant 또는 Desalting Plant라고도 한다.

동의어 Desalinization Plant
: Seawater(해수海水) Desalinization Plant
: Desalting Plant

비교어 Fresh Water : 민물, 담수(淡水)

주 어떤 자료에서 Fresh Water를 '신선한 물'이라 번역한 것을 본 적이 있는데, Fresh Water에 신선한 물이라는 의미가 없는 것은 아니나, 그 자료에서는 '담수'를 지칭하고 있었음에 본서에서 바로 잡아 드린다. 관련예문은 아래와 같다.

Today, the demand for fresh water is greater than the supply in roughly eighty countries around the world.
(자료상의 번역문: 오늘날 신선한 물의 수요는 세계의 약 80 국가에 공급량보다 많다.)
(본서에서 수정한 번역문: 오늘날 담수에 대한 수요량은 대략 세계 80여 국가에서, 공급량보다 훨씬 많다.)

D-18 descriptive literature

설명자료

시공방법을 나타내거나 구조물의 운용방법을 설명하는 자료로서, 시공자가 제출하는 도해, 삽화, 도면, 소개책자(Brochure) 등을 가리킨다.
이 자료는 단지 낙찰평가자료만 포함될 뿐, 실제적인 유지(Maintenance) 또는 운용(Operation)자료는 제외된다. 즉 시공자가 제시한 어떤 설비 또는 시공방법이 발주처에 의하여 채택될 수 있을 것인가를 평가하기 위한 자료이다. 따라서 발주처는 이 자료가 적기에 제출되지 않거나, 청약서의 요구사항과 부합한다는 사실을 나타내지 못할 경우에는 입찰을 기각할 것이다.

D-19 designated country

지정국가

미국이 바이 아메리칸 규제(規制) (Buy American Restrictions) 등을 적용하지 않고 관대하게 취급하는 아래의 국가로서, Buy American 원칙에 있어서 일종의 화이트 리스트(White List) 국가라고 할 수 있다.
(1) WTO정부조달협정국가 (WTO GPA Country)
(2) 자유무역협정국가 (FTA Country)
(3) 최저개발국가 (Least Developed Country)
(4) 캐리비아만(灣)국가 (Caribbean Basin Country)

예문 "Designated country construction material" means a construction material that is a WTO GPA country construction material, an FTA country construction material, a least developed country construction material, or a Caribbean Basin country construction material.
지정국가건설자재라 함은 WTO정부조달협정국가, 자유무역협정국가, 최저개발국가, 또는 캐리비아만(灣)국가의 건설자재를 말한다.

D-20 design-build(DB) contract

설계·시공일괄계약

설계와 시공을 분리하는 전통적인 공사수행방식에 대하여. 이를 일괄하여 한 시공자에게 발주하는 계약방식. 이 경우의 시공자는 설계와 시공을 함께 수행한다는 의미에서 통상적인 Contractor가 아닌 Design-Builder 즉 설계·시공자라 한다.
Design-Build Contract는 Design-Construct Contract 또는 All-In Contract, Package Contract라고도 한다.
또한 Turnkey Contract는 Engineering, Procurement and Construction (EPC) Contract라고도 하므로 당해 계약유형의 범주에 포함시킬 수도 있다.

동의어 Design-Build Contract
: Design-Construct Contract
: All-In Contract
: Package Contract
: Turnkey Contract
: Engineering, Procurement and Construction(EPC) Contract

FIDIC은 「설계·시공일괄계약 및 턴키계약조건」(Conditions of Contract for Design-Build and Turnkey)의 서문에서 본항의 설계·시공일괄계약(Design-Build Contract)과 턴키계약(Turnkey Contract)을 구분하고 있다. 전자는 Design-Builder 즉 설계·시공자가 설계와 시공에 대하여 총체적으로 책임을 지는 방식이고, 후자는 전자의 설계 및 시공책임에 더하여, 공사목적물의 즉각적인 가동이 가능하도록 관련 설비의 공급책임도 함께 지고, 또한 시공자가 공사재원을 주선하는 경우가 많다는 점에서 차이가 난다고 한다.
그러나 당해 Design-Build이나 Turnkey Contract의 개념에 대하여는 견해가 일치되지 않음을 아래와 같이 기술하고 있다.

예문 **FIDIC「설계·시공일괄계약 및 턴키계약조건」 서문**
"........There are no universally-accepted definitions of the terms 'design-build' and 'turnkey', except that both involve the Contractor's total liability for design........"
양자 모두 시공자가 설계에 대하여 총체적 책임을 진다는 것 외에는 'Design-Build'이나 'Turnkey'의 개념에 대하여 일반적으로 합의된 것은 아무 것도 없다.

D-21 design change notice (DCN)

설계변경통지

설계를 변경할 필요가 있을 때 발주처(또는 감독관)가 시공자에게 그 사실을 알리는 통지로서, 시공자가 설계변경을 요청할 경우에 이를 수용함으로써 이루어지기도 하고, 발주처가 자체적으로 결정하여 시공자에게 통지하는 경우도 있다.

그러나 설계변경통지의 통상적인 영문은 Change Order 또는 Variation Order, 또는 Change Directive이며, 본항의 Design Change Notice (DCN)는 일반화된 표현은 아니다. 왜냐 하면, 설계의 영문이 Design이라고 하더라도, 설계변경이라고 할 때에는 굳이 Design Change라고 하기보다 그냥 Change 또는 Variation으로 하거나 Construction Change로 함이 일반적이며, 또한 광의로 설계변경통지가 Notice(통지)에 포함되는 것이 사실이나, 설계변경의 경우에 있어서는 특별히 명령 또는 지시의 뜻을 함축하는 Order 또는 Directive로 함이 일반적이기 때문이다.

주 '설계변경요청'을 나타내는 영문용어
- Request for Change
- Application for Change
- Change Proposal
- Construction Change Proposal

- 'Change Order' 항목 참조 -

D-22 design-construct contract

설계·시공일괄계약

- 'Design-Build Contract' 항목 참조 -

D-23 design specifications

설계시방서

특정자재 또는 설비의 종류, 유형, 규격, 설치방법 등을 구체적으로 명시하는 시방서를 말하며, 시공자가 이 시방사항에 일치하여 공사를 수행하였을 때에는 그 성능이나 결과에 대하여 책임이 없다.
이 시방서의 동의어는 아래와 같다.

동의어 Design Specifications
: Materials and Workmanship Specifications (자재·시공시방서)
: Method and Materials Specifications (공법·자재시방서)
: Prescriptive Specifications (규범시방서)

내용상 Performance Specifications(성능시방서)와 대립된다.

D-24 design-to-cost (DTC)

원가대비설계

생애주기비용, 계약의 이행, 계획 등의 상호간에 최선의 균형을 달성하기 위한 관리목표로서의 원가요소를 정립하는 개념이다. 이 개념 하에서 원가(Cost)는 설계단계 동안 설계의 방향을 제시하고, 공사목적물의 완성과 운용 전(全) 과정의 관리지침이 된다. 당해 원가대비설계 개념은 시공성(Constructibility)과 함께 기획설계 또는 계획의 수립에 있어서 기본지침이 된다.

D-25 de'tour

우회로

주 Access 접근로 ; Access Road 또는 Access Route

D-26 development

부지정지(敷地整地)

구체적인 표현으로는 Site Development 또는 Site Improvement라고 한다.

주 Site Development Work 부지정지작업

D-27 differing site conditions

현장여건의 상이 또는 상이한 현장여건

지질, 용수, 지하매설물 등 공사현장의 상태가 설계서와 다른 경우로서 설계변경의 대상이 된다.

아래의 표현 참조

(1) Adverse Physical Conditions (이질적인 물리적 여건)
(2) Unknown Physical Conditions (알려지지 않은 물리적 여건)
(3) Latent Physical Conditions (잠재적인 물리적 여건)
(4) Unforeseeable Physical Condition (예측할 수 없었던 물리적 여건)

D-28 direct acquisition

직접조달

수요기관(需要機關)이 공사를 직접 발주하여 계약하거나, 필요한 물품을 구매하는 조달방식을 말한다. Direct Procurement라고도 한다.
우리나라의 경우 조달사업법령에 의하면, 중앙정부의 공사는 조달청이 계약을 대행하도록 되어 있는데, 추정가격이 30억원(전문공사, 전기·정보통신·소방공사의 경우에는 3억원) 미만인 공사의 경우 수요기관이 직접 공사를 발주하고 계약을 체결할 수 있다. 그 중앙정부기관을 수요기관(需要機關)이라 하며, 조달청을 '대행기관(代行機關)' 또는 '지원기관(支援機關)'이라 한다.
다소 반복적이기는 하지만, 본항 Direct Acquisition은 대행기관(代行機關) 또는 지원기관(支援機關)을 거치지 않고 수요기관(需要機關)이 직접 조달하는 방식이다.

주 수요기관 Requesting Agency
대행기관 Servicing Agency

D-29 direct costs

직접비

우리나라 계약예규 「예정가격작성기준」에서는 예정가격의 작성방식을 원가계산방식과 표준시장단가방식으로 규정하고 있으며, 직·간접비의 구분은 후자의 방식에서만 규정하고, 전자의 경우에는 직·간접비를 규정하고 있지도 구분하고 있지도 않다.

주 표준시장단가에 의한 예정가격은 직접공사비, 간접공사비, 일반관리비, 이윤, 공사손해보험료 및 부가가치세의 합계액으로 한다.

표준시장단가방식에서 규정하는 직접공사비는 아래의 비용항목으로 구성되고 있다.

(1) 재료비
(2) 직접노무비
(3) 직접공사경비(공사의 시공을 위하여 소요되는 기계경비, 운반비, 전력비, 가설비, 지급임차료, 보관비, 외주가공비, 특허권사용료, 기술료, 보상비, 연구·개발비, 품질관리비, 폐기물처리비 및 안전점검비를 말함)

그러나 해외공사에서 직접비는 일반적으로 아래와 같은 비용항목으로 이루어져 우리나라와 다소의 차이가 있다.

(가) 인건비[노무비]
(나) 자재 및 장비비
(다) 하도급비
(라) 이들 비목과 연관된 비용

D-30 direct personnel expense

직접노무비

현장에 투입된 근로자의 임금, 특별수당, 복지비 등 전체노무비.
이에 대하여 우리나라는 직접노무요원 즉 시공에 직접 참여한 인력에 대한 비용으로 한정하고 있음에 주의를 요한다. 따라서 현장에 투입된 인력이라고 하더라도 시공에 직접 참여하지 않은 인력, 예컨대 현장소장, 공무요원, 청소원, 경비원, 총무·자재요원 등의 비용은 직접노무비가 아닌 간접노무비에 해당한다.

D-31 direct procurement

직접조달

-'Direct Acquisition' 항목 참조 -

D-32 direct salary expense

직접임금

현장에 투입된 근로자의 직접노무비(Direct Personnel Expense)에서 특별수당, 복지비 등을 제외한 순수급여만을 뜻한다.

Direct Salary Expense =
Direct Personnel Expense - (특별수당, 복리비 등)

D-33 disbursement

경비(經費)

영국 컨설팅엔지니어협회(ACE)의 계약조건(Conditions of Engagement)에는 용역비를 기본업무 및 추가업무에 대한 보수와 경비의 합산액으로 산정하는데, 보수를 Fee라 하고, 경비를 Disbursement라 한다. 「Agreement A(1)」 〈Appendix II〉 참조

D-34 disclaimer clause

클레임포기조항

예컨대, 공사의 수행 중 현장여건이 설계서와 상이(相異)할 때에는 이를 즉시 발주처(감독관)에 통지하여야 추가비용을 청구할 수 있는데, 이 통지를 하지 않을 경우 시공자로 하여금 클레임을 청구할 수 없도록 하는 계약조항이 있다면, 시공자가 관련통지를 하지 않고 해당지장물을 제거하고 공사를 수행할 경우, 객관적으로 볼 때, 시공자가 클레임청구권을 포기하였다고 할 수 있다. 이처럼 클레임을 청구할 수 없도록 한 조항이 바로 당해 Disclaimer Clause이다.
Waiver of Claim Clause라고도 한다.

동의어 Disclaimer Clause ; Waiver of Claim Clause

D-35 disclosure duty

(보험의) 고지(告知)의무

- 'Duty of Disclosure' 항목 참조 -

D-36 dispute adjudication board (DAB)

분쟁심사위원회

건설공사분쟁에 있어서 FIDIC이나 영국, 일본 등이 채택하고 있는 대표적인 재판외(外)분쟁해결(ADR)방식 중의 하나. 일본 「건설업법」에서는 '건설분쟁심사회'라 명명하고 있으며, 이 심사회는 알선, 조정 및 중재를 모두 포함하는 종합적인 처리기구라고 할 수 있으나, FIDIC이나 영국의 경우에는 중재는 DAB에 포함하고 있지 않다. 이렇게 볼 때 DAB의 심사범위에 대하여는 명확한 경계가 없다고 할 수 있다.
당해 DAB를 '분쟁심사위원회'라고 번역하였으나, '분쟁사정(査定)위원회' 또는 '분쟁재결(裁決)위원회'라 하여도 무방하다. 그러나 이를 '분쟁조정위원회'라고 하는 것은, 조정을 일반적으로 Mediation이라 한다는 점에서, 정확하다고 보기는 어렵다. Mediation(조정)과 Adjudication(사정·심사 또는 재결)은 차이가 있다.

-'DAAB' 항목 참조 -

D-37 disruption cost

공정차질비용

도면의 불완전 또는 부정확, 설계변경, 발주처의 승인이나 회신 등의 지체로 인하여 당초의 계획 또는 방법대로 공사를 완성하는 것이 방해를 받음으로써 발생하는 비용을 뜻한다.

연장비용(Extension Cost, Prolongation Cost 또는 Delay Cost)에 비하여 Disruption Cost는 ① 계약기간의 연장 없이, ② 과외작업(Overtime Work)이나 공정의 수행대기(待機), 정상적인 순서의 변경 등으로 인한, ③ 생산성저하비용(Less Productivity)을 뜻한다는 점에서 차이가 있다. 이를 협의의 공정차질비용이라 한다.

그러나 광의의 개념으로 공정차질비용에는 상기 연장비용, 공사정지비용(Suspension Cost) 및 협의의 공정차질비용을 모두 포함하는 개념으로 인식되기도 한다.

Disruption Cost (공정차질비용)
- 협의의 공정차질비용: 과외작업비용, 생산성저하비용
- 광의의 공정차질비용: Prolongation Cost, Extension Cost, Suspension Cost

D-38 domestic construction material

내국산 건설자재

이 용어는 아래와 같이 상황에 따라 개념이 구분된다.

(1) 비제조(非製造) 건설자재(Unmanufactured Construction Material);
비록 해당국가에서 제조하지 않았다고 하더라도, 해당국내에서 채굴(採掘)하거나 생산한 자재는 통상 내국산 건설자재로 간주한다.

(2) 해당국내에서 제조한 건설자재(Manufactured Construction Material);
이 경우의 자재는 당연히 내국산 건설자재이다. 다만, 어느 범위까지의 제조를 내국에서의 제조라고 할 것인지에 대하여는 논란이 있을 것이기는 하나, 일반적인 경우 ① 자국 내에서 채굴, 생산, 또는 제조한 부재(部材)의 원가가 총(總) 부재원가의 50%를 초과하는 자재, 또는 ② 상업적으로 유용한 기성품(既成品) 즉 COTS Item (Commercially Available Off-the-Shelf Item)은 해당국내에서 제조한 건설자재로 간주한다.

- 'COTS Item' 항목 참조 -

D-39 draft final statement

최종명세서초안

국제컨설팅엔지니어연합(FIDIC)의 경우 Performance Certificate (이행확인서)가 발급되고 난 뒤 56일 이내에 시공자가 감독관에게 제출하는 일종의 예비명세서. Performance Certificate (이행확인서)는 하자보수확인서와 동일한 개념이다.
이 명세서에는 아래 사항을 기재하도록 되어 있는데, 이 내용에 관하여 감독관이 동의할 때 그 초안은 Final Statement (최종명세서)가 된다.

(1) 수행공사금액
(2) 계약상 시공자에게 지급되어져야 한다고 생각되는 기타 금액

통상 최종명세서의 제출 직후 시공자는 채무변제확인서 (Final Settlement Certificate)로 불리는 'Discharge'를 발주처에 제출한다.

D-40 drawing pen

제도용 펜

Ruling Pen 및 Technical Pen도 같은 의미

동의어 Drawing Pen
: Ruling Pen
: Technical Pen

D-41 dropped ceiling

천정

Drop Ceiling 또는 Suspended Ceiling이라고도 한다.

동의어 Dropped Ceiling
: Drop Ceiling
: Suspended Ceiling

주 천정(天井) vs 천장(天障)
본서에서 본항의 Dropped Ceiling을 '천정'이라 번역하였는데, Dropped Ceiling이 '천정'이냐, '천장'이냐 논란이 있다. 사전류를 보면 대체로 '천정'은 '천장'의 잘못이라 기술하고 있다. 즉 '천정'은 잘못된 표기라는 것이다.
여기서 생각해 볼 일은, 천정은 한자 '天井'을 이르며, 천장은 '天障'을 이른다. '天井'은 모양을 기초로, 즉 천정의 모양이 우물(井)과 같다하여 붙인 이름이고, '天障'은 의미를 기초로 하여 위쪽을 막았다[障] 하여 붙인 이름이다. 그렇다면, 모양은 안 되고, 의미만 된다는 격인데, 이 판단에는 심한 편견이 있다. 물건 값 등이 치솟을 때 '물가가 천정부지(天井不知)로 오른다.'고 한다. 그 '天井不知'도 잘못된 말이라고 할 것인가.
중국한자는 의미를 중시하고, 우리민족은 모양을 중시해 왔다. 필자는 '天井'을 선호하지만, '天障'을 병용(竝用)함에 반대하지는 않겠으나, '天井'이 '天障'의 잘못이라는 데에는 동의할 수 없음을 명백히 하고자 한다. 이 점에서 독자제위의 판단이 중요하다.

D-42 drug-free workplace

마약금지현장

통제 또는 규제약물(Controlled Substance)을 불법적으로 제조, 공급, 소지 또는 사용하는 근로자를 고용하지 못하도록 지정된 공사현장

D-43 dry construction

건식시공(乾式施工)

습식시공(濕式施工, Wet Construction)에 대칭되는 공법으로서, 철골구조를 현장에서 볼트만으로 연결하거나, 목재를 콘크리트나 흙반죽 등이 없이 기둥이나 마루로 시공하는 것과 같이 물기가 있는 재료를 사용하지 않는 공법을 말한다.

비교어 Wet Construction 습식시공

D-44 duty of disclosure

고지(告知)의무

주로 보험계약에서 보험사업자 즉 보험자(the Insurer)가 고객 즉 피보험자(the Insured)에게 주요보험약관을 설명하여 그 내용을 알려야 하는 의무를 말한다. 보험자가 이 의무를 위반하여 계약을 체결한 경우에는 해당약관을 계약의 내용으로 주장할 수 없음이 일반적이다. 그러나 계약의 성질상 설명하는 것이 현저하게 곤란한 경우에는 그러하지 않아도 된다.

우리나라는「약관법」에서 이 의무를 분명히 명시하고 있다(제3조 참조).

영문공사용어350선 개정증보판

영문공사용어 완결본 820

E

Korean Glossary of English Terms 820

All-In Edition

E-1 earned value (EV)

기성고, 기성금액

영문을 원문대로 번역할 경우 실적가치(實績價値) 또는 수입가치(收入價値)가 될 것이나, 건설공사에서는 그와 같은 용어보다 기성금액 또는 기성고로 익숙하여 있다.
이는 공사의 완성을 위하여 계획된 예산에 대하여, 완성에 실제로 투입된 비용 및 그 결과 도출된 향후비용을 비교할 수 있는 기능을 나타낸다. 현재 수행 중인 공사의 향후 비용의 예측기능을 강조한다는 점에서, 일반적인 '예산 대비 실제비용'모델과는 차이가 있다.
Earned Value는 Performance Measurement (실적검측), Management by Objectives (목표에 의한 관리), Budgeted Cost of Work Performed (수행공사의 예산비용, 「FAR」 52.234-2), Cost Schedule Control Systems (원가계획관리시스템)와 같거나 유사한 용어로 알려지고 있기도 하다.

동의어 Earned Value (EV)
: Performance Measurement (실적검측)
: Management by Objectives (MBO) (목표에 의한 관리)
: Budgeted Cost of Work Performed (수행공사의 예산비용)
: Cost Schedule Control Systems (원가계획관리시스템)

E-2 earned value management system (EVMS)

기성고관리기법

이는 최적의 사업계획과 관리를 위하여 사업의 수행범위와 비용, 계획 및 수행요소를 효율적으로 통합하는 사업관리장치(Project Management Tool)로서, 어떤 사업에서 계획(Work Planned)과 실적(Work Performed)을 비교하여 향후 비용 및 수익을 예측하는 기능을 한다.
1960년대 미국 방위성(Department of Defense: DoD)에서 도입한 이래 근래에는 그 가치가 새롭게 평가되어 범(凡)정부부처로 확산되고 있는 추세이다. 미국 「연방조달규정(FAR)」도 2006.7월부터 입찰자 및 계약상대자로 하여금 당해 Earned Value Management System (EVMS)의 적용을 의무화하고 있다(제52.234-2 내지 4조 참조).

예문 **미국 「연방조달규정(FAR)」 제52.234-4조 Earned Value Management System (May 2014)**
"(a) The Contractor shall use an earned value management system (EVMS) that has been determined by the Cognizant Federal Agency (CFA) to be compliant with the guidelines in Electronic Industries

Alliance Standard 748 (EIA-748) (current version at the time of award) to manage this contract....... The Contractor shall submit reports in accordance with the requirements of this contract.. (이하 생략)"
(a) 시공자는 전자산업기업연맹표준 748 (EIA-748)상의 가이드라인과 일치한다는 연방회계검사국의 판정을 받은 EVMS를 당해 계약의 관리를 위하여 운용하여야 한다.......시공자는 이 조에서 규정된 내용과 일치하여 보고서를 제출하여야 한다.)

주 한편, 입찰자로 하여금 제안된 EVMS가 전자산업기업연맹표준상의 가이드라인을 따르고 있다고 결정한 연방회계국이 발급한 서류를 제출하도록 의무화하고 있다.(52.232-2 참조)
'EIA Standard' 즉 전자산업기업연맹기준은 종전에 'ANSI/EIA Standard'이었으나, 2006.7월부터 현재처럼 개정되었다.

프로젝트 전반에 걸친 비용절감에 대한 긍정적인 효과에 대하여, 이를 현업에서 시행함에 소요되는 비용 및 노력이 과다하고, 그 시행으로부터 얻을 수 있는 실익(實益)이 제한적이라는 비판도 있다.
어쨌거나 원수급자에게 적용한 EVMS요구사항은 그의 하수급자에게도 동일한 방식으로 적용된다.

E-3 earthquake-proof structure

내진구조

내진(耐震)설계 또는 내진공법에 의하여 건설된 구조물

비교어 Earthquake-Proof Building 내진빌딩

E-4 easement

이 용어에는 아래와 같은 서로 다른 뜻이 있다.

(1) 통행권(Right-of-Way)이나 일조권(Free Access to Light and Air)과 같이 타인의 토지에서 취할 수 있는 권리
(2) 두 개의 부재(部材)에서 형성된 곡부(曲部)
(3) 수직면이 구부러진 계단 난간 부분

E-5 economic price adjustment

경제적인 금액조정

이에 해당하는 금액조정은 아래의 3개 유형이 있다.

(1) 정해진 가격을 기초로 하는 금액조정 ; 이 경우는 전체산업에 걸친 우발성에 한정되어야 함

주 정해진 가격(Established Prices)은 통상 산출내역서에 기재된 단가이며, 이는 결국 계약단가를 이른다.

(2) 실제적인 노무·자재비를 기초로 하는 금액조정 ; 이 경우는 계약상대자의 통제범위를 초월하는 우발성에 한정되어야 함

(3) 노무·자재의 원가지수를 기초로 하는 금액조정

- 'Fixed-Price Contract with Economic Price Adjustment' 항목 참조 -

E-6 8(a) contractor, 8(a) program

8(a) 계약상대자, 8(a) 프로그램

「미국법전(USC)」〈15 USC. 637(a)〉의 개정에 의하여 「중소기업법(Small Business Act)」 제8(a)조는 하나의 중요한 프로그램을 설정하게 되었는데, 즉, 중소기업청(SBA)으로 하여금,

첫째, 타 기관들과 모든 유형의 계약을 체결하는 원수급자로 하고,

둘째, 중소기업청에게 계획참여적합기업들과 당해 계약을 이행하기 위한 하도급계약을 체결할 수 있는 권한을 부여하는 것이 그것이다.

주 USC: United States Code
SBA: Small Business Administration

이 프로그램이 '8(a)기업개발프로그램'이며, 통상 '8(A)프로그램'으로 불리운다. '8(A)프로그램'을 수락한 중소기업을 '참여자(Participant)'라 하며, 중소기업청(SBA)의 하수급자를 '8(a)계약상대자{8(a)Contractors}'라 한다. 「FAR」 19.800

E-7 ejusdem generis rule

종속원칙(種屬原則)

Ejusdem Generis는 라틴어이며, 영어로는 'Of Same Kind', 우리말로는 '동종의, 같은 종류의'라는 뜻이다.

Ejusdem Generis Rule은 그러므로 동종(同種)의 원칙이 될 것이기는 하나, 그 내용으로 볼 때 종속원칙(種屬原則)이라 함이 적합하다. 계약문언(契約文言)의 해석에 있어서 중요한 규범 중의 하나이다.

사례1 어떤 계약조건에 불가항력의 사유는 '화산폭발, 바람, 홍수, 병충해 또는 이와 유사한 사유'로 예시되어 있었는데(1984년 미국), 시공자는 이 경우 목재의 도난은 '이와 유사한 사유'에 포함된다고 할 것이므로 그로 인한 손실에 대한 위험은 발주처도 공유하고 있다고 주장하였으나, 미국 육군계약항소위원회(Armed Services Board of Contract Appeals: ASBCA)는 위 계약조건의 해석상 '유사한 사유'는 자연재해나 화산폭발, 가뭄, 불개미의 습격 등과 같은 종속을 상정한 것이며, 이에 비하여 도난은 자연적인 사유가 아닌 인위적인 사유인 것이므로 이로 인한 손실은 모두 시공자의 책임이라고 판정하였다.

사례2 '자동차, 모터사이클 및 기타 동력운반체'라고 하는 집합은, 그에 대한 제한을 두지 않았다고 하더라도, 지상동력운반체가 아닌 것에는 적용되지 않으며, 비행기나 배는 비록 엔진이 부착되어 있다고 하더라도 이 집합에서 제외된다.

(For example, a list referring to 'cars, motorcycles and other motor vehicles', although not limiting, can not apply to anything other than land motor vehicles, which excludes planes and boats , even if they were equipped with engines. - Wikipedia -)

주 당해 Ejusdem Generis Rule을 우리나라의 대부분 자료에서 '동종제한의 원칙'이라 번역하고 있다. 언뜻 보면 그럴 듯하지만, 영문 Of Same Kind의 의미를 곱새겨 볼 필요가 있다. Of는 소유·소속의 의미이고, Same Kind는 동종(同種)이다. 양자를 합하면 동종의 소속이 된다. 이를 한문식으로 표기하면 종속(種屬)이 되는 것이다. 그리하여 본서에서는 Ejusdem Generis Rule을 종속원칙(種屬原則)이라 번역한 것이다.

더욱 이해할 수 없는 점은, 왜 제한이라는 말을 덧붙이는가. 자칫 동종을 제한한다는 의미로 오인할 수도 있다. 여자고등학교는 남학생을 두지 않는 고등학교인데 이를 굳이 여자제한고등학교라고 이름짓는 것과 다르지 않다. 제한 때문에 오히려 오해의 소지가 있다.

주 Ejusdem Generis Rule에 대한 자세한 내용은 졸저 「건설클레임분쟁론」(건설경제, 2015) 제17장 참조

E-8 elevation

입면도

비교어 Ground Plan 평면도
Perspective Plan 투시도

E-9 employer identification number

사용자(使用者)식별번호, 고용주식별번호

우리나라의 사업자등록번호와 같다.
미국의 경우 연방사회보장보험번호(Federal Social Security Number)를 말하며, 사업자가 3개월에 한 번씩 하는 세무신고시(時)에 사용한다.

E-10 employer-supplied material

발주처공급자재

발주처가 직접 구매하여 조달하는 공사용 자재. 이 자재의 결함이나 품질미달로 인하여 발생하는 공사목적물의 하자에 대하여 시공자는 하자보수책임이 없음이 일반적이다. 그러나 시공자가 자재의 결함이나 품질미달을 알고 그 사실을 발주처에 통지하지 않은 경우에는 하자보수책임이 면제되지 않는다.
발주처의 영문표기가 다양한 것과 같이 이 영문표기 또한 아래와 같이 다양함에 유의하여야 한다.

동의어 Employer-Supplied Material
: Employer-Furnished Material
: Owner-Furnished Material, Owner-Supplied Material
: Government-Supplied Material, Government-Supplied Material
: Client-Supplied Material, Client-Furnished Material
: Authority-Furnished Material, Authority-Supplied Material
: First Party-Furnished Material, First Party-Supplied Material

E-11 end loading

후기단계비용배분

사업계획이나 공사비책정에 있어서 초기단계에는 비용의 투입을 줄이고 후기 또는 종국(終局)단계에 투입을 집중하는 기법. 계절적 요인이나 인력·자재의 조달여건 또는 예산사정을 감안하여 초기단계에 비용투입을 집중할 것인지 종국단계에 집중할 것인지를 판단하여야 할 것이다.
반대의 방식은 Front Loading(초기단계비용배분)이라 한다. Front Loading과 End Loading을 합하여 비균형배분 즉 Unbalancing이라 한다.

- 'Balancing' 항목 참조 -

E-12 end product

최종생산품

E-13 end-result specifications

성능시방서

- 'Performance Specifications' 항목 참조 -

E-14 endurance limit

내구한계(耐久限界), 피로(疲勞)한계, 인장(引仗)한계

Fatigue Limit라고도 한다.

동의어 Endurance Limit
: Fatigue Limit

E-15 endurance test

내구성(耐久性)시험

Fatigue Test라고도 한다.

동의어 Endurance Test
: Fatigue Test

E-16 energy-efficient product

에너지효율화제품

당해 제품의 인정요건은 국가에 따라 차이가 있을 수 있으나, 미국의 경우에는 첫째, "Energy Star"상표의 사용에 대한 에너지부(Department of Energy: DOE) 및 환경보호국(Environmental Protection Agency: EPA)의 기준에 부합하고, 둘째, 연방에너지관리프로그램에서 지정한 모든 유사제품 중에서 효율등급 상위 25% 이내에 속하여야 한다.
Green Energy Product(녹색에너지제품)라고 하는 경우도 있다.

E-17 engineer

이 용어는 아래와 같이 두 가지의 중요한 의미로 사용된다.

(1) "기술자"
일반적인 의미로 기술자, 기사 등. Civil Engineer(토목기사), Mechanical Engineer(기계기사), Electrical Engineer(전기기사), Acoustic Engineer(음향기사) 등

(2) "감독관"
감독관 또는 감리자를 나타내기도 한다. Resident Engineer(현장주재감독관), Owner's[Employer's] Engineer(발주처 감독관) 등.
이 경우에는 Supervisor 또는 Representative로 표기하기도 한다.

E-18 engineering change proposal

설계변경제안

설계변경은 Change라고 하는 외에 Engineering Change 또는 Construction Change로 구체화하여 표기하기도 하므로 본항의 Engineering Change Proposal은 Construction Change Proposal, Change Proposal, Request for Change, Application for Change 등 다양하게 표기된다.

동의어 Engineering Change Proposal
: Construction Change Proposal
: Change Proposal
: Request for Change
: Application for Change

E-19 engineering survey

기술조사, 공학적 조사

공사의 계획 또는 공사비의 분석 및 추산을 위한 자료를 얻기 위한 조사이다.
이는 곧 설계 또는 공사의 수행을 위한 기술 또는 공학적 조사이다.
미국의 Cyril Harris는 'Construction Survey'(시공조사)와 동일시하고 있다.

동의어 Engineering Survey
: Construction Survey

주 본항 'Engineering Survey'는 종전에 '기술조사'라고만 번역하였는데, 모 독자분의 조언에 따라 '공학적 조사'를 추가하였다. 그리고 보니 원어의 의미에 한층 가까워졌다고 생각된다. 당해 지면을 통하여 조언에 감사드린다.

E-20 English basement

영국식 지층(地層)

주거용 건물의 바닥층으로서, 지면보다 부분적으로는 낮고, 또 부분적으로는 높다. 이 레벨에 건물의 주(主) 입구가 없다는 점에서 미국식 지층(American Basement)과 차이가 있다.

비교어 American Basement 미국식 지층

E-21 environment impact statement

환경영향평가

이는 1969년 미국의 「국가환경정책법」(National Environmental Policy Act)에 의하여 요구되기 시작했다.

E-22 EPA-designated materials

에너지·환경성지정자재

특히 공공공사계약에서 시공자로 하여금 아래의 경우를 제외하고는 당해 제품을 최대한 사용하도록 요구하고 있는 추세이다.
즉, 당해 자재를 사용할 경우; -

① 공정계획에 부합할 수 없는 경우
② 성능에 부합되지 않는 경우
③ 합리적인 가격으로 구입할 수 없을 경우

주 Affirmative Procurement of EPA-Designated Products Under Construction Contracts : EPA지정제품의 적극적인 조달

주 EPA : Environmental Protection Agency 환경보호국
(Department of Energy and Environmental Protection Agency)

- 'Energy-Efficient Materials' 항목 참조 -

E-23 EPC

엔지니어링, 조달 및 시공

Engineering, Procurement and Construction의 약자.
설계·시공일괄방식 또는 턴키방식의 또 다른 표현이라고 할 수 있다. 즉 Design-Build나 Turnkey를 실무적으로 나타내면 Engineering, Procurement and Construction (EPC)이 된다고 할 수 있다.

E-24 equal low bids

최저가동등입찰

미국 공공계약상의 제도로서, 입찰금액이 같을 때(in case of tie bids) 입찰자 중에 노동초과지역(Labor Surplus Area : LSA) 기업이 있다면 그에게 낙찰권을 부여하는 제도이다. 특성상 이 특혜를 받을 수 있는 기업은 소상공인에 한정된다.
이 지역 즉 LSA에서 제조 또는 생산되는 금액이 계약금액의 50% 이상을 점유하여야 한다.

E-25 escalation clause

물가조정조항

우리나라의 '물가변동으로 인한 계약금액의 조정' 중 물가상승으로 인한 계약금액의 증액조정조항에 해당한다. 만약 물가상승과 하락 양자 모든 의미로 물가변동을 나타내고자 할 경우에는 Price Fluctuation Clause라 한다.
어쨌건 ① 이를 계약조항으로 명시적으로 채택하고 있는 경우는 우리나라의 「공사계약일반조건」 및 일본의 「공공공사청부계약약관」이며, ② 영·미 등의 경우에는 계약조항으로 하지 않고 클레임사항으로 하고 있으며, ③ 국제컨설팅엔지니어연합(FIDIC)이나 싱가포르의 경우에는 특수조건(Particular Conditions) 또는 선택조항(Option Module)으로 하고 있다.
Escalation Clause와 유사한 표기는 아래와 같이 다양하다.

동의어 Escalation Clause
: Escalator Clause
: ES Clause
: Price Fluctuation Clause
: Sliding Clause

E-26

escrow

조건부날인증서

한 조건이 성취된 경우에 증서로서 효력을 발생하는 것으로, 제3자에게 보관되는 특징이 있다. 이 의미를 살려 '기탁증서' 또는 '제3자기탁증서'라고도 한다.
미국의 경우 공사계약에서 원수급자는 하도급대가의 지급보증으로 금융기관에 자신의 기탁계정 즉 에스크로계정(寄託計定, Escrow Account)을 개설하고, 그 증서 및 기탁계정협약서(Escrow Agreement)를 발주처에 제출하기도 하는데, 이로써 지급보증(Payment Bond)을 대신하게 된다. 발주처는 공사대금을 원수급자에게 지급하지 않고, 기탁계정으로 입금하며, 에스크로계정을 발급한 금융기관(에스크로중개인: Escrow Agent)이 당해 대금을 원수급자 및 하수급자·납품업자에게 적의 배분한다.

참조어 Evidence of Escrow Account 기탁계정증서
Escrow Agent 기탁계정주선인
Escrow Agreement 기탁계약, 조건부지불계약

- 'Tripartite Escrow Agreement' 항목 참조 -

E-27

established price

확정가격

이 가격은 두 가지의 의미를 갖는다.
첫째, 일반 공중(公衆)에게 실제수량으로 판매된 상품에 대한 카탈로그상의 가격 또는 시장가격을 뜻하기도 하고,
둘째, 시공자에 의하여 제공된 표준거래할인을 적용하고 난 뒤의 실제가격(實際價格)을 뜻하기도 한다.

참조어 Established Catalog Price 정립된 카탈로그 가격
Established Market Price 정립된 시장가격

주 Established Catalog Price는 카탈로그라고 이름붙여진 자료의 가격 즉 협의의 카탈로그 가격만이 아니라, 제조자 또는 제안자가 정기적으로 관리하는 가격목록, 내역서, 기타 양식에 기재된 가격(a price included in a catalog, price list, schedule, or other form that is regularly maintained by the manufacturer or the offeror)까지 포함하는 광의의 카탈로그 가격임을 유의하여야 한다.

E-28 estimated cost to complete

완공예상비용

어떤 특정시점에서 향후 잔여공사의 완성에 소요되는 비용에 대한 현재의 추산치(推算值)를 말한다.

E-29 estimated final cost

예상최종비용

공사의 완성에 소요되는 총예상비용으로서, 현재까지 투입된 비용과 향후 잔여공사를 완공하는데 소요될 추산비용의 합계이다.

예상최종비용 = 현재까지 투입된 비용 + 잔여부분의 완공을 위하여 향후 투입될 비용

E-30 estimated value

추정가격

우리나라 국가계약법령에서 규정하고 있는 '추정가격(推定價格)'과 동일개념이다. 'Estimated Price'라 하여도 된다.

예문 This paragraph applies to any portion of the contract that has an estimated value that exceeds $500,000.
이 절(節)은 500,000달러를 초과하는 추정가격을 갖는 계약의 모든 부분에 적용된다.

E-31 estoppel

금반언(禁反言), 금반언(禁反言)원칙

타인에게 한 번 행한 언행(言行)은 성실하게 지켜져야 하며, 그에 반대되는 언행을 금지한다는 원칙.
계약에서 매우 중요한 기본정신이다. 법에서는 일사부재리(一事不再理)원칙으로 적용된다.

영미권에서 이 금반언은 이전에 어떤 권리나 주장을 행사할 기회가 있었는데도 불구하고 이를 행사하지 않은 사람이 지금에 와서 그것을 주장하는 것을 금지하기도 한다. 이를 특별히 'Estoppel by Silence or Acquiescence' (침묵 또는 묵인에 의한 금반언)라고 한다. Aspex Eyewear vs Clariti Eyewear (2010.5.27.) Federal Circuit 판례 참조

주 Estoppel은 Promissory Estoppel(약속의 금반언)과 Proprietary Estoppel(소유의 금반언)로 분류되기도 한다.

참조어 Estoppel by Silence or Acquiescence 침묵·묵인에 의한 금반언

E-32 Euro form

유로폼

이처럼 영문 그대로 유로폼이라 함이 일반적이지만, 굳이 우리말로 옮기면 유럽식 거푸집이라 할 수도 있고, 강제틀(鋼製-) 합판거푸집이라 할 수도 있다.
이 거푸집은 ①합판을 일정규격으로 재단하여, ② 표면을 특수재료로 코팅하고, ③ 그 면판의 뒷면에 철강재 등으로 보강하고, ④ 면판 외곽을 다시 철강재로 보강하여 완성한다.
공사현장에서 흔히 볼 수 있다.

주 거푸집을 Form이라 함에 대하여, 비계·발판은 Scaffold 또는 Scaffolding이라 한다.

E-33 excepted risks

예외적인 위험

Force Majeure(불가항력)를 나타내는 또 다른 표현. Special Risks(특별한 위험)도 같다.

- 'Force Majeure' 항목 참조 -

E-34 exceptional events

예외적인 상황

FIDIC「공사계약일반조건」에서 종전의 Force Majeure(불가항력) 대신 2017년 개정 시 채택한 영문표기. '특별한 상황'이라 하여도 된다.

- 'Force Majeure' 항목 참조 -

E-35 exceptional services

특별업무

설계자나 감리자 등 용역수행자의 업무 중에서 과업내용서에 기재되지 않은 새로운 업무를 말한다. 과업내용서에 기재된 업무의 추가는 Additional Services(추가업무)라 한다.
Extra Services라 하기도 한다.

동의어 Exceptional Services
: Extra Services

E-36 excess costs of repurchase

재조달초과비용

계약이 해제되면 발주처는 자신이 직접 또는 제3의 시공자를 다시 고용하여 잔여공사를 완성하게 되는데, 이 경우 당초계약금액보다 더 많은 비용이 발생하였을 경우 그 추가투입비용을 재조달초과비용이라 한다.

우리나라는 이에 대한 규정을 두고 있지 않으나, 미국의 경우에는 이 비용을 당초의 계약상대자가 부담하도록 되어 있다.

미국 「연방조달규정(FAR)」의 아래 [참조문]은 우리에게 시사하는 바가 크다.

참조문 **「연방조달규정(FAR)」 52.211-12**

If the Government terminates the Contractor's right to proceed, liquidated damages will continue to accrue until the work is completed. These liquidated damages are in addition to excess costs of repurchase under the Termination clause.

발주처가 계약상대자의 공사수행권을 해제할 경우 지체상금은 공사가 완공될 때까지 계속 발생한다. 이 지체상금은 해제조항에 따라 재조달초과비용에 부가(附加)하여 존재한다.

E-37 excess insurance

초과보험

당초보험(Underlying Primary Insurance)의 보상한도를 초과하는 책임부분을 보상하는 보험

-'Umbrella Insurance' 항목 참조 -

E-38 excessive pass-through charge

과다 통과(또는 경유)수수료

원도급계약 또는 하도급계약에서 자신은 직접 부가가치를 창출하지 않으면서 자신의 몫을 발주처(정부)에게 청구하는 추가금액.
특히 원수급자가 하도급공사에 대하여 자신은 공사를 수행하지 않으면서도 하수급자의 공사비에 추가하는 금액 즉, 하도급공사의 간접비 또는 이윤·보수 등을 말한다. 이는 마치 통과수수료와 유사하다하여 Pass-Through Charge라 한다. 당해 'Excessive Pass-Through Charge'는 영문의 어의 그대로 과도한 Pass-Through Charge를 가리킨다.
이 수수료는 하도급관리에 대한 비용이나 여타의 적용가능한 간접비 및 이들 비용에 근거한 이윤·보수 등과는 다르다.

E-39 exclusions

보상제외사항

일반영문으로는 제외 또는 해제의 뜻이나, 보험용어로서는 보상제외사항을 나타낸다.
참고로, 시공자제(諸)위험보험 즉 Contractor's All Risk (CAR)보험이라고 할 때의 제위험 즉 All Risk는 실제적인 모든 사고가 아닌 당해 Exclusions(보상제외사항)을 제외한 제위험임을 유의하여야 한다.

E-40 excusable delay

양해할 수 있는 지체

시공자에게 책임없는 사유로 인한 완공의 지체. 계약기간의 연장대상이 되는 지체로서 연장비용을 발주처가 부담한다.
이와 같이 발주처가 연장비용을 부담하는 지체를 Compensable Delay(보상받을 수 있는 지체)라고 한다.

비교어 Unexcusable Delay 양해할 수 없는 지체

E-41 exemplary damages

징벌적(懲罰的) 손해배상

손해배상에는 두 가지 유형이 있는데,

(1) 남에게 끼친 실제적 손해를 물어주는 보상적(補償的) 또는 전보적(塡補的) 손해배상과

(2) 그 실제적 손해액보다 더 많은 금액을 물어주는 징벌적 손해배상이 그것이다.

(1) 의 손해배상을 'Compensatory Damages'라 하고, (2)의 손해배상을 'Exemplary Damages'라 한다.

당해 'Exemplary Damages'는 Punitive Damage라고도 한다. 가해자의 행위가 악의적이고 반사회적일 경우 그에게 부과하는 제도이다.

동의어 Exemplary Damages
; Punitive Damages

비교어 Compensatory Damages 보상적 또는 전보적 손해배상

참고로, 미국의 경우 시공자가 해당계약과 관련하여 발주처 또는 감독관에게 뇌물 또는 향응을 제안하거나 베풀었을 경우 발주처는 계약을 해제할 수 있는데, 이 경우 뇌물액의 3배 이상 10배 이하의 범위에서 발주처의 장(長)이 정하는 금액의 징벌적 손해배상을 하도록 하고 있다.「연방조달규정(FAR)」52.203-3 참조

E-42 ex gratia

호의로

법 또는 계약조건상으로는 책임이 없으나, 도의적으로 또는 호의로 행하는 것을 의미하는 라틴어. 주로 보험에서 사용하는 용어. 이를 영문으로 나타내면 from [by] favour 또는 without legal duty이다.

동의어 ex gratia [èks gréiʃə]
: from[by] favour
: without legal duty

예문 The insurer did not accept responsibility for the accident but paid the insured USD 5,000 on the ex gratia basis.
(보험사는 사고책임을 수락하지는 않았지만, 피보험자에게 호의로 USD 5,000을 지불했다.)

E-43 explanation to prospective bidders

질의응답서

원문을 따를 경우 '입찰예정자에 대한 설명'이 될 것이지만, 내용을 기준으로 하여 질의응답서라 번역하였다.
입찰예정자(Prospective Bidders)는 발주처가 배부한 청약서나 도면, 시방서 등의 자료에 대하여 질의사항이 있을 경우 그 내용을 문서로 제출하여야 하며, 발주처는 입찰예정자가 입찰서를 제출하기 전에 답변하여야 한다. 이 답변서를 Explanation to Prospective Bidders라 한다.

E-44 explanatory work

탐사작업(探査作業)

현장상태의 조사업무 중의 하나로, 주로 발주처가 실시한다. 발주처는 이 자료를 입찰 전에 입찰후보자에게 배부하지만, 그에 대한 해석이나 결론에 대하여는 전적으로 입찰자의 책임사항이다.

E-45 exposure hazard

노출위험

어떤 건물이 주변 또는 인접자산의 화재에 노출될 개연성을 나타내는 보험용어

E-46 extended price

합산금액(合算金額)

금액산출내역서(Bill of Quantities 또는 Schedules of Prices)는 품목, 규격, 단위, 수량, 단가 및 금액으로 구성되는데, 여기에서 금액은 수량에 단가를 곱하여(수량x단가) 산출한다.
이처럼 수량에 단가를 곱하여 도출되는 금액을 Extended Price라 하며, '총액' 또는 '합계' 즉, Sum이나 Amount 또는 Total에 해당한다.

동의어 Extended Price
: Sum: Amount: Total

예문 In case of discrepancy between a unit price and an extended price, the unit price will be presumed to be correct. - 미국 「연방조달규정(FAR)」 52.214-12(c) -
(단가와 총액 간에 불일치가 있는 경우 단가가 옳은 것으로 추정된다.)

E-47 extension of time

계약기간의 연장

Time Extension 또는 Prolongation of Time이라고도 한다.

E-48 extension cost

연장비용

당초의 계약기간이 연장됨으로 인하여 발생하는 추가비용. 이 비용은 시공자의 유책사유로 인하여 발생하는 경우도 있고, 발주처나 불가항력의 사유로 인하여 발생하는 경우도 있다.
전자의 경우에는 시공자가 지체상금을 부담하고, 후자의 경우에는 발주처가 연장기간 중의 추가비용을 시공자에게 보상하는 방식을 취한다. 본항 연장비용이라 함은 후자를 지칭한다.
Prolongation Cost라고도 한다.

E-49 extra services

특별업무

설계자나 감리자 등 용역수행자의 업무 중에서 과업내용서에 기재되지 않은 새로운 업무를 말한다. 과업내용서에 기재된 업무의 추가는 Additional Services(추가업무)라 한다.

Exceptional Services라 하기도 한다.

동의어 Extra Services
: Exceptional Services

– 'Additional Services' 및 'Basic Services' 항목 참조 –

E-50 extra work

추가공사

당초의 계약내용에 포함되지 않은 새로운 공사의 추가. 이와 함께 Additional Work도 '추가공사'로 이해되지만, 이는 당초 계약상의 공사 즉 계약공종에 대한 추가공사를 뜻한다.

통상 Additional Work에는 산출내역서상의 단가 즉 계약단가를 적용하지만, Extra Work은 추가공사의 지시당시 단가 즉 설계변경당시단가를 적용하여 공사비를 산정한다.

Additional Work vs Extra Work

구 분	Additional Work	Extra Work
대상공종	산출내역서에 있는 공종(계약공종)	산출내역서에 없는 공종(신규공종)
비용산출기준	산출내역서 단가(계약단가) 적용	설계변경당시단가(시가) 적용

영문공사용어350선 개정증보판

영문공사용어 완결본 820

F

Korean Glossary of English Terms 820

All-In Edition

F-1 face value

액면금액, 액면가

보험증권, 보증서, 어음, 수표 등에 기재된 표시금액

[예문] This promissory note has a face value of US$ 1,000.
(이 약속어음은 액면가가 US$ 1,000이다.)

[주] It is sometimes considered foolish to take one's remarks at his face value.
(사람의 말을 액면가대로 받아들이는 것은 간혹 어리석은 것으로 생각된다.)

F-2 fair market price

공정시장가격

정상적인 경쟁조건 하에서 합리적 비용에 근거하고, 최저가능비용에 근거하지 않은 가격(a price based on reasonable costs under normal competitive conditions and not on lowest possible cost)을 말한다.

F-3 fair wear and tear

정상적인 소모 및 마모

시공자는 하자보수기간 동안 공사목적물의 하자(Defects)에 대하여 책임이 있으나, 당해 'fair wear and tear'로 인한 경우는 책임이 없다.
fair를 붙이지 않고 그냥 wear and tear라 하여도 무방하다.

F-4 fast payment

조기지급(早期支給)

대가는 원칙적으로 발주처가 목적물을 인수하거나 승인 또는 검사한 후에 지급하는데, 사정상 이 절차를 적기에 실시할 수 없을 경우 계약상대자의 확인서 및 대가지급신청서만으로 대가를 먼저 지급하고 발주처의 검사 또는 확인을 나중에 실시하는 지급방식이다.
미국 「연방조달규정(FAR)」에 의하면, 이 지급방식은 주로 정액고정금액계약(Firm-Fixed-Price Contract)이나, 구매지시(Purchase Order), 인도지시(Delivery Order) 등에 적용된다(13.401 참조), 다만, 소규모계약 이를테면 1건 계약이 35,000달러 이하인 경우에 한하여 이 지급방식을 적용하고 있다.(발주처 장은 상황에 따라 이 상한금액을 상향조정할 수 있음)(13.402 참조)

한편, 「미국 조달청 조달지침(GSAM)」(General Services Administration Acquisition Manual)에 의하면 당해 '조기지급'절차는 급전(給電, 전기의 공급)대가의 지급시에만 적용하도록 규정하고 있다.

「조달지침 (GSAM)」 Subpart 513.4 - Fast Payment Procedure 513.401 General.
GSA contracting activities are authorized to use fast payment procedures solely for utility service payments.
조달청의 계약행위는 오직 급전(給電)대가의 지급에 한하여 조기지급절차를 적용하도록 되어 있다.

주 여기서 'Fast'의 개념은 'Fast Tract' 즉 조기착공방식이라고 할 때의 Fast와 유사하다.

비교어 Prompt Payment (신속지급)

F-5 fast track

조기착공방식 또는 설계·시공병행방식

설계를 완성한 후에 공사를 착공하는 전통적인 공사수행방식에 대하여, 전체설계를 완성하기 전에 공사를 부분적으로 착공하는 변형된 공사수행방식이다.
2019년 우리 국회에서는 느닷없이 이 Fast Track으로 촉발된 사건으로 온 나라가 시끌벅적한 적이 있다. Fast Track은 통상 FT라고 함이 일반적인데, 이를 패트(FAT)라고 우기면서.

F-6 feasibility study

타당성조사

공사의 발주시 발주처가 경제성·발주방식·공법 등을 연구·조사하거나, 입찰자가 입찰 참여이익을 조사·분석하는 행위.
Feasibility Study에는 예비타당성조사 과정을 두는 경우도 있다.

우리나라의 경우에도 특정한 공사의 발주시에는 기획재정부장관이 예비타당성조사를 실시한다(「국가재정법」 제38조 등 참조).
예비타당성조사의 대상은 총사업비가 500억원 이상이고, 국가의 재정지원규모가 300억원 이상인 신규사업 중 건설공사가 포함된 사업 등이다. 1999년에 도입하였다.
절차상 타당성조사는 당해 예비타당성조사 뒤에 실시하기는 하나 예비타당성조사에서 타당성이 있다고 판단한 경우 이를 번복할 수 없는 제도적 환경이어서, 이름만 '예비'이지 실제로는 '종국(終局)'타당성조사와 다름이 없는 모순이 있다.

F-7 fee floor

최저보수

실비정산계약(Cost Reimbursement Contract) 또는 원가가산보수계약(Cost-Plus-Fee Contract) 등에서 계약당사자간에 상호 합의하여 설정한 보수(Fee)의 최저하한액을 이른다. Minimum Fee라고도 한다.
당해 최저보수액은 발주처가 지급을 보장하는 내용으로 계약서에 기재되지만, 시공자가 불법·부당한 행위를 한 것으로 판단될 경우에는 이 하한에 관계없이 해당금액을 계약금액에서 감액한다. 「미국 연방조달규정(FAR)」 3.104 및 52.203-10(2014.5) 참조

비교어 Fee Ceiling : Maximum Fee

F-8 fidelity bond

피델리티 본드, 신용보증

비록 Bond 즉 보증으로 표기되고 있으나, 실제적으로는 보험에 해당하며, 아래의 두 가지 유형으로 구분된다.

첫째, 특정 개인(예; 주로 회사의 종업원)의 고의적인 사해행위(詐害行爲)로 인하여 입은 손실에 대하여 고용주 즉 사용자(使用者)를 보호하는 보증으로서, 이를 'First-Party Fidelity Bond(제1당사자 신용보증)'라 하고, 흔히 '신원보증보험'이라 한다.
둘째, 계약의 형태로 발주처를 위하여 일하는 자(예; 시공자)의 고의적인 사해행위로 인하여 입은 발주처의 손해를 보상하여주는 보증으로서, 이를 'Third-Party Fidelity Bond(제3자 신용보증)'라 한다.

Honesty Bond(신용보증), Fidelity Guarantee Insurance(신원보증보험) 또는 Employee Dishonesty Insurance(근로자부정행위보험) 등 다양하게 표현된다.

동의어 Fidelity Bond
; Honesty Bond 신용보증
; Fidelity Guarantee Insurance 신원보증보험
; Employee Dishonesty Insurance 근로자부정행위보험

F-9 FIDIC red book

FIDIC 홍서(紅書)

FIDIC이 제정하여 발간하는 '공사계약조건'의 책자. 이 책자의 표지가 붉은 색 무늬로 되어 있어서 붙여진 별칭(別稱)이다.
많은 사람들이 영문 그대로 '피딕 레드 북'으로 부르기도 한다.

FIDIC은 원래 프랑스어 'Federation Internationale des Inginieurs-Conseils'의 약자인데, 영어로는 International Federation of Consulting Engineers이다.
참고로, FIDIC은 3 종류의 공사관련 계약조건을 제정하고 있는데 아래와 같다.

(1) Red Book : Conditions of Contract for Construction (홍서: 공사계약조건)
(2) Yellow Book : Conditions of Contract for Plant and Design-Build (황서: 플랜트 및 설계·시공계약조건)
(3) Silver Book : Conditions of Contract for EPC/Turnkey Projects(은서: EPC 및 턴키계약조건)

주 EPC: Engineering, Procurement and Construction

F-10 field order

현장설계변경

감독관이 계약담당공무원의 승인 없이 자신의 재량으로 시공자에게 지시하는 설계변경. 통상 계약금액이나 계약기간의 조정을 수반하지 않는 사소한 설계변경 즉 경미한 설계변경(Minor Change)을 대상으로 한다.

F-11 final acceptance

최종인수

공사목적물에 대한 발주처의 최종인수행위를 뜻하며, 이 때 발급되는 확인서를 최종인수확인서 즉 Certificate for Final Acceptance 또는 하자보수확인서 즉 Maintenance Certificate 또는 Remedying Defects Certificate라 하며, FIDIC(국제컨설팅엔지니어연합)「공사계약일반조건」에서는 이행확인서 즉 Performance Certificate라 표기하고 있기도 하다.

완공이라 함은 실제적 완공 즉 Substantial Completion을 뜻하며, 이 때부터 하자보수(Maintenance 또는 Remedying Defects)가 시작된다. 이 경우 시공자는 공사목적물을 발주처에 인도하는데 이를 임시인도 또는 예비인도·잠정인도 즉 Provisional Hand-Over 또는 Initial Hand-Over라 하며, 하자보수가 종료된 후의 인도를 최종인도 즉 Final Hand-Over라 한다. 이 Final Hand-Over를 발주처에서 볼 때에는 최종인수 즉 Final Acceptance가 된다.

특별한 경우가 아닌 한 Final Acceptance는 발주처의 최종지불(Final Payment)과 이행보증의 반환(Release of Performance Bond)으로서 확인되며, 이로써 계약 쌍방간 모든 권리와 의무는 소멸한다.
Final Acceptance는 Final Take-Over와 같다.

동의어 Final Acceptance
: Final Take-Over

F-12 final application for payment

최종대가지급신청

Application for Final Payment와 동의어.

- 'Application for Payment' 항목 참조 -

F-13 final bond[guarantee]

최종보증

계약보증(Contract Guarantee) 또는 이행보증(Performance Guarantee)을 뜻하며, 입찰보증이 임시보증 또는 예비보증으로 불리기도 하므로, 그에 대하여 최종보증이라는 뜻이다.

- 'Bid Bond' 항목 참조 -

동의어 Final Guarantee[Bond, Deposit]
: Contract Guarantee[Bond, Deposit]
: Performance Guarantee[Bond, Deposit]

F-14 final completion

최종준공

공사의 실제적인 완공(Substantial Completion) 후 하자보수책임을 성공적으로 이행할 경우의 준공. 이 경우 시공자는 현장을 최종적으로 발주처에게 인도한다.

F-15

final hand-over

최종인도

하자보수의 완료 후 공사목적물을 발주처에게 최종적으로 인도하는 행위. 발주처의 입장에서는 Final Take-Over 또는 Final Acceptance(최종인수)가 된다.

- 'Final Acceptance' 항목 참조 -

F-16

final inspection

최종검사

하자보수기간이 종료되어 발주처가 공사목적물을 최종인수하기 위하여 실시하는 검사.

- 'Final Acceptance' 항목 참조 -

F-17

final payment

최종대가 또는 최종대가의 지불

공사의 완공 후 또는 하자보수의 완료 후에 지급하는 대가. 우리나라의 경우에는 준공대가라고 하여 전자의 경우에 해당하며, FIDIC의 경우에는 하자보수의 완료 후에 지급하는 것으로 규정하고 있어(FIDIC 「공사계약일반조건」 제14.13조 참조) 후자의 경우에 해당한다.

F-18 final settlement certificate

채무변제확인서

Settlement는 Discharge 또는 Final Discharge와 같은 뜻

동의어 Final Settlement Certificate
: Final Discharge Certificate
: Final Discharge Certificate

F-19 final statement

최종명세서

국제컨설팅엔지니어연합(FIDIC)의 경우 Performance Certificate(이행확인서)가 발급되고 난 뒤 56일 이내에 시공자는 아래 사항이 기재된 최종명세서 초안(Draft Final Statement)을 감독관에게 제출하도록 되어 있는데, 이 초안의 내용에 관하여 감독관이 동의할 때 그 초안은 Final Statement(최종명세서)가 된다.

(가) 수행공사금액
(나) 계약상 시공자에게 지급되어져야 한다고 생각되는 기타 금액

통상 최종명세서의 제출 직후 시공자는 채무변제확인서(Final Settlement Certificate)로 불리는 "Discharge"를 발주처에 제출한다.
FIDIC의 Performance Certificate(이행확인서)는 여타의 공사관리제도 하에서는 하자보수확인서(Maintenance Certificate 또는 Defects Liability Certificate)와 같은 개념이다.

F-20 final take-over

최종인수

- 'Final Acceptance' 항목 참조 -

F-21 financing payment

금융지급

대가는 원래 공사의 완공 후 또는 공사목적물의 인수 후에 지급함이 원칙인데, 그 이전에 발주처가 계약상대자에게 지급하는 것은 금융지급이라고 한다. 이렇게 볼 때 최종지급(Final Payment)을 제외한 지급 즉, 선수금(Advance Payment)이나 기성대가(Progress Payment, Interim Payment) 등은 모두 발주처에 의한 금융지급(Financing Payment)에 해당한다.

F-22 fireproof material

내화(耐火)자재, 내연(耐燃)자재, 방화(防火)자재, 비연소성(非燃燒性)자재

Nonflammable Material 또는 Fire-Resistant Material, Incombustible Material 등과 뜻이 같다.

동의어 Fireproof Material
: Nonflammable Material
: Fire-Resistant Material
: Incombustible Material

비교어 Inflammable Material 가연성 자재, 연소성 자재(Combustible Material)

F-23 firm-fixed-price contract

정액고정금액계약

일종의 고정금액계약(Fixed-Price Contract)이기는 하나, 미국 「연방조달규정(FAR)」 16.200조 등에서 규정하고 있는 'Firm-Fixed-Price Contract'는 통상 노무비 또는 자재비 등 실제적인 원가라고 하더라도 그 증감에 따라 가격조정이 이루어지지 않는 계약을 말한다. 이 계약은 시공자에게 비용 및 결과적인 이윤 또는 손실에 대한 최대의 위험과 모든 책임을 부과한다.
고정금액계약(Fixed-Price Contract)의 경우에는 계약문서에 정한 사유가 발생할 경우 가격조정이 이루어진다.

F-24 first cost

원가(原價)

원가를 나타내는 영문 표기는 아래와 같이 다양하다.

동의어 First Cost
: Prime Cost
: Initial Cost
: Cost Prime
: 그냥 Cost라고도 한다.

F-25 first party

발주처

이와 같이 발주처를 First Party라 할 때 그 상대방인 시공자는 Second Party라 함이 대칭성이 있고, 우리나라식 갑(甲) 및 을(乙)의 표기가 이에 가깝다.

- 'Authority' 항목 참조 -

F-26 first refusal of employment

고용의 선취득권(先取得權)

어떤 계약을 승계한 경우 전임계약상대자가 계약을 인계함으로써(넘겨줌으로써) 일이 없게 되어 해고하여야 하는 소속근로자 중에 후임계약상대자가 필요로 하는 특정근로자(: 자격있는 근로자)가 있다면, 그 근로자를 후임계약상대자가 우선적으로 지명하여 채용할 수 있는 권리를 말하며, 우선고용권(優先雇用權)이라 하여도 된다.

- 'Right of First Refusal of Employment' 항목 참조 -

F-27 first-tier subcontract

제1차하도급계약

그냥 하도급계약이라 할 때 이 하도급계약을 가리킨다. 즉, 원수급자와 제1차 하수급자와 하는 하도급계약이다. Prime Subcontract라고도 한다.
제1차 하수급자와 제2차 하수급자가 하는 하도급계약은 재하도급 또는 제2차 하도급이라 하며, 영문으로는 Second-tier Subcontract라 한다.

동의어 First-Tier Subcontract : Prime Subcontract

F-28 five FIDIC golden principles

FIDIC 5대 황금률(黃金律)

FIDIC은 공사계약에서, 일반조건을 상세히 제정하여 놓고 있으나, 특수조건은 「특수조건준비지침(Guidance for the Preparation of Particular Conditions)」만을 제시하고 구체적인 내용은 해당계약의 당사자가 작성하도록 유보하고 있다.
여기에서, 특수조건의 작성시 계약당사자가 유념해야 할 5대 원칙을 제시하고 있는데 이를 'Five FIDIC Golden Principles'이라 하며, 본서에서 'FIDIC 5대 황금률(黃金律)'로 번역하였다.
이들 5개 원칙 모두 소개하는 것은 본서의 취지와 맞지 않다고 보며, 다만, 그 세 번째 원칙 즉 GP3는 우리나라 국가계약상의 '계약의 원칙'규정과 아주 유사하기에 아래에 소개한다.

Five FIDIC Golden Principles
GP3: The Particular Conditions must not change the balance of risk/reward allocation provided for in the General Conditions.

FIDIC 5대 황금률(黃金律)
원칙3: 특수조건은 일반조건에서 규정된 위험 및 대가배분의 균형을 변경하여서는 아니 된다.

우리나라 「국가계약법 시행령」
제4조(계약의 원칙) 각 중앙관서의 장 또는 그 위임·위탁을 받은 공무원(이하 "계약담당공무원"이라 한다)은 계약을 체결함에 있어서 법, 이 영 및 관계법령에 규정된 계약상대자의 계약상 이익을 부당하게 제한하는 특약 또는 조건을 정하여서는 아니 된다.

우리나라 계약예규 「공사계약일반조건」

제3조(계약문서) ①~③ (생략)

④ 제3항에 의하여 정한 공사계약특수조건에 국가계약법령, 공사관계법령 및 이 조건에 의한 계약상대자의 계약상 이익을 제한하는 내용이 있는 경우에 특수조건의 해당내용은 효력이 인정되지 아니한다.

F-29 fixed-price contract

고정금액계약

이 계약은 정액(Firm Price)과 조정가능금액(Adjustable Price)으로 이루어진다. 후자 즉 조정가능금액의 경우 상한금액(Ceiling Price) 또는 목표금액(Target Price)을 포함하는데, 이들 금액은 계약상 금액조정규정이 있을 때에 한하여 그에 따라 조정될 수 있을 뿐이다.

이 계약은 아래의 경우를 뜻한다.

(1) 실제적인 노무 및 자재비에 의하여 계약금액조정이 이루어지는 고정금액계약 (Fixed-Price Contract)

(2) 정액고정금액계약 (Firm-Fixed-Price Contract)

(3) 이행보수고정금액계약 (Fixed-Price Contracts with Award Fees)

(4) 경제적 금액조정을 수반하는 고정금액계약 (Fixed-Price Contracts with Economic Price Adjustment)

(5) 고정금액동기부여계약 (Fixed-Price Incentive Contract)
계약금액이 실제적인 원가에 의하여 조정되지 않는 경우에 한함

(6) 시간·자재 및 노무·시간계약 (Time-Materials and Labor-Hours Contract)의 고정시간요율부분

F-30 fixed-price contract with economic price adjustment

경제적인 금액조정을 수반하는 고정금액계약

이 계약은 특별한 상황이 발생했을 때 계약금액을 증액 또는 감액하는 계약유형으로서, 계약의 연장기간 중에 시장 및 노동여건이 심각하게 불안정할 것이라고 예상되거나, 계약금액에 포함되었어야 하는 임시비가 계약문서에 별도로 구분되어 있을 경우에 적용될 수 있다.

그러나 이 계약은 (1) 계약상대자와 발주처를 노무·자재비의 중대한 변동으로부터 보호하기 위하여, 또는 (2) 계약상대자의 계약단가에 변경이 있는 경우에, 계약금액조정을 할 필요가 있다고 (3) 발주처(계약관)가 결정할 경우에만 적용된다(A fixed-price contract with economic price adjustment shall not be used unless the contracting officer determines that it is necessary either to protect the contractor and the Government against significant fluctuations in labor or material costs or to provide for contract price adjustment in the event of changes in the contractor's established prices).

- 'Economic Price Adjustment' 항목 참조 -

F-31 fixed-price incentive contracts

고정금액동기부여계약

정액고정금액계약(Firm-Fixed-Price Contract)을 적용하기가 적당하지 않을 경우에 적합한 계약유형으로서, 총 목표비용(Total Target Cost)에 대한 총 최종협상비용(Total Final Negotiated Cost)의 관계를 기초로 도출한 산식을 적용하여 최종계약금액을 결정하는 계약유형이다.

- 'Incentive Contract' 항목 참조 -

F-32 fixed-sum contract

고정금액계약

Fixed-Price Contract과 같다.

계약금액이 고정금액(Fixed-Sum 또는 Fixed-Price) 또는 총액(Lump Sum)으로 고정되어 있고, 산출내역서는 계약문서에 해당하지 않는 특징이 있다. 우리나라 공공공사계약의 경우에는 산출내역서가 계약문서에 해당하므로(계약예규「공사계약일반조건」 참조), 엄밀한 의미에서 이 계약유형을 적용하지 않고 있으나, 부분적으로는 1식단가라 하여 일부 공종의 단가가 세부공종별로 분류되지 않고 총계방식으로 작성하는 경우 등에서 인정하고 있다.

이 계약에서 유의할 점은 비록 계약금액이 정액 또는 총액이라고 하더라도 조정이 불가능한 것은 아니라는 점이다. 단지 계약금액이 세부공종별로 분해되지 않고 전체 또는 일부공종금액이 총액으로 묶여 있다는 점이 단가계약과 차이가 있다.

Lump Sum Contract 또는 Stipulated-Sum Contract(정액계약)와 내용상 차이가 없다.

동의어 Fixed Sum Contract

: Lump Sum Contract

: Stipulated Sum Contract

F-33 flexibly-priced contract

유동금액계약

고정금액계약(Fixed-Price Contract)에 대칭되는 계약이다. 따라서 '비(非)고정금액계약'이라 하여도 무방하고, 어쩌면 이해가 더 쉬우리라 생각되기도 한다.

이 계약의 대표적인 유형은 아래와 같다.

(1) 계약금액의 조정이 가능한 경우의 고정금액계약 (Fixed-Price Contract)

(2) 실비정산계약 (Cost-Reimbursement Contract)

(3) 동기부여계약 (Incentive Contract)

(4) 시간 및 자재계약에서의 자재부분 (Materials Portion of Time-and-Materials Contract)

F-34 floating coverage

이동조항

공사보험상의 용어로서, 공사장비가 부보현장에서 타현장 또는 현장외부로의 이동시, 또는 이동 후의 사고에 대비한 보험조항

F-35 f.o.b point

화물인도지점

발주처가 특히 외국자재 또는 물품을 발주처공급자재(Government-Furnished Property)의 형식으로 조달할 때에는 계약상대자가 지정하는 장소에 인도해야 하는데, 통상 해당발주국의 항구를 그 장소로 한다. 이 경우 지정된 항구가 바로 f.o.b Point(화물인도지점)이다.
f.o.b는 Free on Board 즉 본선인도(本船引渡). 화물이 지정된 배에 선적(船積)됨으로써 모든 부담은 매수인에게 이전된다.

참조어 CIF : Cost, Insurance and Freight 보험료·운임포함가격
FCA : Free Carrier 운송인인도조건 : 수출자가 물품을 수입자에게 인도할 때까지 책임을 부담
FAS : Free Alongside Ship 선측도(船側渡) : 화물이 적출항(積出港)에서부터 매수인이 지정한 도착항에 내려질 때까지의 책임은 수출자에게 있음

F-36 footing stone

주춧돌

F-37 force account contract

개산계약

계약금액(총액 또는 단가)에 대한 사전합의없이 공사의 수행이 지시된 경우의 계약형태로서 공사대금의 지불은 통상 실비정산방식 즉 Cost-Plus-Fee 방식을 취한다. 우리나라 국가계약법령상의 개산계약 또는 사후원가검토조건부계약과 유사한 점이 있다. Force Account Contract라 하지 않고 Force Account라고만 할 경우에는 개산방식 외에 직영방식의 의미도 있다.

F-38 force majeure

불가항력

불가항력을 나타내는 영문은 아래와 같이 다양하다. 이들 용어의 직접적인 뜻은 다소의 차이가 있다고 하더라도 현업에서는 모두 불가항력조항에 포함시키고 있다. 그와 같은 점에서 이들 모두 불가항력이라 번역하여도 무방하다.
FIDIC은 불가항력을 종전에는 당해 Force Majeure로 표기하였으나, 2017년 개정시 'Exceptional Events'(예외적인 상황)로 변경하였다.

동의어 Force Majeure
: Exceptional Events 예외적인 상황
: Special Risks 특별한 위험
: Accepted Risks 용인된 위험
: Excepted Risks 예외적인 위험

FIDIC「공사계약일반조건」에 의하면, 'Exceptional Events'(예외적인 상황)로 인하여 공사의 실제적인 진척이 계속하여 84일 이상 이루어지지 못 하거나, 전체 중단일수가 140일 이상이 될 경우 계약당사자 일방은 누구나 계약을 해지할 수 있으며, 이 경우 발주처는 아래의 비용을 시공자에게 지급하는 것으로 규정하고 있다(제18.5조 참조).

(1) the amounts payable for any wok carried out for which a price is stated in the Contract. 시공자가 수행한 공사의 미불금
(2) the cost of plant and materials ordered for the Works which have been delivered to Contractor, or of which the Contractor is liable to accept delivery.
이미 현장에 반입되었거나 시공자가 인도받을 책임이 있는 공사용 자재·장비비
(3) any other cost or liability which in the circumstances was reasonably incurred by the Contractor in the expectation of completing the works;
공사의 완공을 전제로 시공자에게 합리적으로 발생한 기타의 비용 또는 채무

(4) the cost removal of Temporary Works and Contractor's equipment from the Site and the return these items to the Contractor's works in his country (or to any other destination at no greater cost); and
현장에서 장비나 가설시설물을 자국으로 반출하는 비용 또는 자국으로 반출하는 비용을 초과하지 않는 범위 내에서 여타의 목적지로 반출하는 비용

(5) the cost of repatriation of the Contractor's staff and labour employed wholly in connection with the Works at the date of termination.
계약의 해제일 현재 당해 공사에 투입된 인력의 철수비용

주 (나)항의 인도받을 책임이 있는 자재 장비란 Force Majeure의 발생 이전에 Purchase Order(s)(구매지시서)가 발급된 자재를 뜻한다.

일반적으로 상기 (나)·(다)·(라)·(마)항을 'Termination Costs'(해제비용)라고 한다. 발주처의 지시나 Exceptional Events로 인한 Termination(계약의 해제)에서는 〈공사대금 + Termination Costs〉가 청구의 대상이 된다.

F-39 forward pricing rate

사전가격요율

이 Rate는 계약당사자간에 금액을 용이하게 추산할 수 없는 특정계약에서 특정기간 동안 계약금액이나 설계변경금액을 임시적으로 책정하여 계약을 이행하기 위하여 설정한 가격요율이며, 뒤에 가격이 확정될 때에 정산할 것임을 전제로 한다.

참조문 **"Forward pricing rate agreement"** means a written agreement negotiated between a contractor and the Government to make certain rates available during a specified period for use in pricing contracts or modifications. These rates represent reasonable projections of specific costs that are not easily estimated for a specific contract. These projections may include rates for such things as labor, indirect costs, material obsolescence and usage, spare parts provisioning, and material handling. -「FAR」 2.101-
'Forward pricing rate agreement'라 함은 계약금액이나 설계변경금액을 정함에 있어서 어떤 단가를 특정기간 동안 사용할 수 있도록 시공자와 발주처간에 협의된 합의서를 말한다. 이들 단가는 특정계약에서 쉽게 추산할 수 없는 특정비용의 합리적인 조합을 나타낸다. 이들 조합에는 노무비, 간접비, 자재노후화 및 사용, 스페어 파트의 공급, 자재의 취급 등을 포함한다.

F-40 fringe benefits

특별급여

근로자에 대한 특별 또는 추가급여로서, 연금이나 유급휴가, 건강보험에 대한 회사의 지원 등이 이에 해당한다. 일종의 은급(恩給)에 해당한다.

F-41 front loading

초기단계비용배분

End Loading과 대칭되는 공사비책정방식.

- 'Balancing' 항목 참조 -

F-42 full time wage

기준근로시간임금

Straight Time Wage 또는 Normal Time Wage와 같다.
여기서 Full Time은 Part Time에 대칭한다.

동의어 Full Time Wage
: Straight Time Wage
: Normal Time Wage

비교어 Part Time Wage 비정규시간임금

F-43 future contract savings

미래계약절감액

가치공학설계변경제안(VECP)에서 이 절감액은 미래단위원가감소분에 미래계약단위 수량을 곱하여 얻는 값이다. 당해 계약에서, 미래계약절감액은 VECP가 승인되고 난 뒤 설계변경, 선택조항의 실행, 추가주문(Additional Order) 등으로 인하여 증가된 물량에 대한 절감액을 말한다.

영문공사용어350선 개정증보판

영문공사용어 완결본 820

G

Korean Glossary
of English Terms 820

All-In Edition

G-1 general and administrative (G&A) expenses

일반관리비

우리나라의 경우 일반관리비는 기업의 유지를 위한 관리활동부문에서 발생하는 제비용으로서, 공사원가에 속하지 아니하는 모든 영업비용 중 판매비 등을 제외한 다음의 비용 즉, 임원급료, 사무실직원의 급료, 제수당, 퇴직급여충당금, 복리후생비, 여비, 교통·통신비, 수도·광열비, 세금과공과, 지급임차료, 감가상각비, 운반비, 차량비, 경상시험연구개발비, 보험료 등을 말하며 기업손익계산서를 기준하여 산정한다.
일반관리비는 G&A 외에 통상 Overheads로 나타내며, Overheads는 구체적으로 본사관리비(Head Office Overheads)와 지사관리비(Branch Office Overheads)로 구분된다.

– 'Construction Cost' 항목 참조 –

G-2 general conditions

일반조건

계약조건(Contract Conditions)에는 일반조건과 특수조건이 있는데 그 중 전자를 지칭. 이에 대하여 특수조건은 Special Conditions, Particular Conditions, Supplementary Conditions 등으로 표기한다.

G-3 general contractor

시공자, 원수급자

건설제도측면에서는 종합건설업자 또는 일반건설업자를 뜻하나, 건설계약에서는 원수급자를 뜻한다.
General과 Contractor의 합성어로서 GeneCon이라 부르기도 한다.
원수급자로서의 시공자를 나타낼 때에는 General Contractor 외에 Prime Contractor, Principal Contractor 또는 Main Contractor라고도 한다.

동의어 General Contractor
: Prime Contractor
: Main Contractor
: Principal Contractor

G-4 generally accepted principles

일반적으로 용인된 원칙

Generally Recognized Principles(일반적으로 인정된 원칙)라고도 한다.

유사어 Generally Accepted Contract Principles 일반적으로 용인된 계약의 원칙
Generally Recognized Contract Principles 일반적으로 인지된 계약의 원칙
Generally Accepted Accounting Principles 일반적으로 용인된 회계의 원칙
Generally Accepted Appraisal Principles 일반적으로 용인된 평가의 원칙

G-5 generally recognized principles

일반적으로 인지된 원칙

Generally Accepted Standards(일반적으로 용인된 원칙)라고도 한다.
공사계약에서 이 원칙의 예를 들면, 시공자의 성실시공의무·부정입찰금지, 발주처의 적기 공사대금의 지불 등의 원칙이 있다.

G-6 geotechnical investigation

지질조사

Subsurface Investigation이라고도 한다.

동의어 Geotechnical Investigation
: Subsurface Investigation

비교어 Topographic Survey 지표 및 지형조사

G-7 governing law

준거법(準據法)

국제계약에 있어서 계약의 이행과 관련하여 계약서 문언(文言)의 해석 또는 당사자의 권리·의무를 결정하는 기준이 되는 법규(法規)를 말한다.
준거법의 기준으로는 본국법, 이행지법, 현장소재지법 등 다양하게 있으나, 일반적인 경우 발주처국가의 법이 적용되며, 계약문서에서 이를 정한다. 우리나라의 경우에는 계약예규 「공사계약일반조건」 제2조에서 발주처국가의 법을 적용하도록 규정하고 있다. 즉 우리나라의 국가계약법령 및 일반조건을 적용한다.

참조어 Center of Gravity 이행지(履行地)

G-8 government-furnished material

관급자재

발주처가 '정부'일 경우 정부가 구매·조달하는 공사용 자재를 말하며, 이는 결국 Employer-Furnished Material 또는 Employer-Supplied Material (발주처공급자재)를 말한다. 즉, 시공자의 측면에서 발주처는 일반적으로 Employer 또는 Client라고 하나, 발주처가 정부일 경우 Government라고 한다.
Government-Supplied Material도 같은 말이다.
여기서 유의하여야 할 점은, 만약 실비정산계약 하에서 시공자조달자재가 발주처의 승인을 받아 현장에 반입되어 계속적으로 사용된다면 이는 관급자재 즉 발주처공급자재에 포함된다는 점이다.

- 'Employer-Supplied Material' 항목 참조 -

G-9 green energy product

녹색에너지제품

다른 말로 에너지효율화제품이다.

- 'Energy-Efficient Product' 항목 참조 -

G-10 green card

(근로)허가증, 영주권(永住權)

유사한 표현에 Working Permit도 있다. 작업 또는 근로허가증이다.

G-11 green light

허가

원래의 뜻은 '청신호(靑信號)'이나, 허가 또는 승인과 같은 뜻으로도 쓰인다. 현업에서 자주 쓰이는 용어이다.

비교어 Red Light; 적신호(赤信號)

G-12 green mortar

미양생(未養生) 몰타르

콘크리트나 회반죽(Plaster) 등을 타설하거나 바르기는 하였으나 아직 양생되지 않은 상태(mortar that has set but not dried or solidified).
Green Concrete라고도 한다.

주 Green에는 '미숙한, 덜 익은, 마르지 않은'의 뜻도 있다.

G-13 gross negligence

중대한 과실

현저하게 주의가 부족한 과실

비교어 Wilful Misconduct 고의적 불법행위

G-14

ground cover

지피(地被)식물

작은 관목(灌木) 또는 초훼류(草卉類: 풀·나무·꽃 종류)

G-15

ground floor

1층

영국식 지층(地層)을 말하며, 우리나라나 미국식으로는 1층(First Floor)에 해당한다.
영국식 1층은 우리나라나 미국식의 2층(Second Floor)과 같다.
결국 Ground Floor와 First Floor는 어느 나라의 관행이냐를 불문한다면 같은 층이다.

동의어 Ground Floor
: First Floor

G-16

ground plan

평면도

이 때의 Plan은 도면 즉 Drawing을 뜻한다.

비교어 Elevation 입면도
Perspective Plan 투시도

G-17

group award basis

총괄낙찰방식

- 'All-or-None Award' 항목 참조 -

G-18 guarantee

보증

이 보증에는 아래와 같은 두 가지의 의미가 있다.

(1) 품질보증

(2) 건설계약에서의 보증

(1) 의 경우 생산 또는 수행된 제품이나 건설공사의 품질 또는 내구성을 생산자나 시공자, 또는 제3자가 보증하는 것이며, (2)의 경우는 시공자의 계약의무이행에 대한 보증 즉, 완공공사에 대한 보증이 아니라 완공단계까지의 과정을 제3자가 보증한다는 점에서 양자 간 차이를 둔다. 따라서 (2)의 경우 보증인은 시공자를 대신하여 계약의무를 이행하거나 보증금액을 발주처에 지불하는 의무 즉 보증의무를 진다.
(1) 에서의 Guarantee는 Warranty라고도 하며,
(2) 의 경우에는 현업에서 Bond 또는 Security라고도 하나 통상 Bond의 형태로 발주처에 제출된다. 다시 말하면, Guarantee는 개념적인 용어로서, 보증 또는 담보를 뜻하며, Bond는 구체적인 용어로서, 보증서·채권 등을 뜻한다는 점에서 차이가 있다. 이 점에 있어서 Security는 Guarantee와 같다.
따라서 현금·수표 등과 같은 현금성 수단을 보증의 형식으로 제출할 경우에는 이는 Bond가 아니라 Guarantee라 한다. 즉, Guarantee에는 보증행위와 보증서 및 보증금의 양면적인 뜻이 있으나, Bond에는 보증서의 뜻으로만 사용되는 경우가 대부분이다.

예문 The bidder shall furnish a bid guarantee in the form of a firm commitment, e.g., bid bond supported by good and sufficient surety or sureties acceptable to the Government.....(중략)...... The Contracting Officer will return bid guarantees, other than bid bonds, to unsuccessful bidders as soon as practicable after the opening of bids.

입찰자는 정부가 수락할 수 있는 성실하고 충분한 보증인이 보증한 입찰보증서 등 확정수임(確定受任)의 형식으로 입찰보증을 제공하여야 한다. 계약관은 개찰 후 가능한 빨리 입찰보증서 이외의 입찰보증을 낙찰탈락자에게 반환하여야 한다.

G-19 guaranteed maximum cost

최대보증비용

발주처와 시공자간에 약정한 최대공사비. 주로 Cost-Plus-Fee계약 즉 실비정산계약에서 적용되는 비용개념이며, 시공자는 이 비용의 범위 내에서 공사를 완공하여야 한다. Ceiling Price 또는 Guaranteed Maximum Price (GMP)(최대보증가격), Limit of Construction Cost, Fixed Limit of Construction Cost라고도 하며, 종종 Upset Price라고 하는 경우도 있다(AIA의 「건설용어해설」 참조).

동의어 Guaranteed Maximum Cost
: Guaranteed Maximum Price
: Ceiling Price
: Limit of Construction Cost
: Fixed Limit of Construction Cost
: Upset Price

참고로, Upset Price는 원래 경매용어로서 최저경매가격을 나타내는 것이나, 건설공사에서는 이 가격을 최대가격으로 해석할 수도 있다.

영문공사용어350선 개정증보판

영문공사용어 완결본 820

H

Korean Glossary of English Terms 820

All-In Edition

H-1 half bath

간이욕실(簡易浴室)

욕조를 두지 않는 화장실. 기본적으로 세면기, 변기, 샤워기 등은 설치하며, 취향에 따라 시설을 다소 조정하기도 한다. 저급숙박시설의 화장실이 주로 이 구조를 취한다. 우리나라의 경우 오피스텔빌딩에는 욕조(浴槽)없이 Half Bath를 설치하도록 법령에서 규정하고 있다.

Pool 또는 Half Bath Room, Powder Room이라고도 한다.

동의어 Half Bath
: Half Bath Room
: Powder Room
: Pool

H-2 hand-over

인도(引渡)

원래는 물건이나 일을 타인에게 넘겨주는 행위를 뜻하나, 건설공사에서는 통상 시공자가 공사의 준공 후 공사현장 또는 공사목적물을 발주처에게 인수인계하는 행위를 뜻한다. Take-Over 또는 Taking-Over(인수)를 시공자측에서 보는 개념. Handing-Over라고 표기하여도 무방하다.

- 'Taking-Over Certificate' 항목 참조 -

H-3 hardware

철물류(鐵物類), 철물점

컴퓨터에서 Software에 대칭되는 개념이기는 하나, 건설자재로서는 철물류를 뜻한다. Ironmongery라고도 한다.

동의어 Hardware
: Ironmongery
: Ironmonger

H-4 head office overheads

본사관리비

Home Office Overheads라고도 하며, Branch Office Overheads(지사관리비)와 함께 일반관리비에 해당한다.

- 'Job Site Overheads' 항목 참조 -

비교어 General and Administrative (G&A) Expense ; 일반관리비

H-5 heavy equipment

중장비

특히 공사용 중장비로 나타내고자 할 경우에는 Construction Heavy Equipment라 한다.

유사어 Construction Equipment　공사용 기계·장비

H-6 historical accounting data

실적공사비자료

원어에 충실할 경우 과거회계자료 또는 과거회계정산자료 등으로 번역될 수 있을 것이나, 「FAR」에서 규정하고 있는 내용 또는 우리나라의 용어상 위와 같이 실적공사비자료라고 함이 맞다고 본다.

비교어 Cost or Pricing Data　원가 또는 금액산출자료

H-7 home office overheads

본사관리비

– 'Head Office Overheads' 항목 참조 –

영문공사용어350선 개정증보판

영문공사용어 완결본 820

I

Korean Glossary of English Terms 820

All-In Edition

I-1 ICC DB

국제상업회의소분쟁위원회

'International Chamber of Commerce Dispute Board'의 약자.
이 위원회는 아래와 같은 3종류의 소위원회를 두고 있다.

(1) Dispute Review Board (DRB) 분쟁검토위원회
(2) Dispute Adjudication Board (DAB) 분쟁재결위원회
(3) Combined Dispute Board (CDB) 쌍무분쟁위원회

I-2 IFB

입찰초청

Invitation for Bids의 약자. Invitation to Bid와 같은 내용이다.

I-3 imaging equipment

영상기기

예를 들면, 복사기(Copier), 디지털 복사기(Digital Duplicator), 팩스기(Facsimile Machine), 메일송신기기(Mailing Machine), 복합기(Multifunction Device: MFD), 프린트기(Printer), 스캐너(Scanner) 등.
이들 기기에 대하여는 특별히 요구하는 성능 또는 관리지침을 정하고 있는 발주처도 있기에 입찰 또는 계약체결 전 확인할 필요가 있다.

I-4 incentive contract

동기부여계약

'incentive'를 우리말로 옮기지 않고 영어의 의미를 살려 '인센티브계약'이라 하여도 좋을 것 같다.
이 계약의 기본적인 두 부류는 첫째, 정액동기부여계약이고, 둘째, 실비정산동기부여계약이다. 공사비에 대하여 계약상대자가 실제적인 책임과 위험을 적정한 범위에서 분

담하므로 첫째 정액동기부여계약은 공사비와 계약이행이 합리적으로 확정가능할 때 선호되는데 비하여, 둘째 실비정산동기부여계약의 적용에 있어서는 실비정산계약의 전반적인 제한이 따른다.
실비정산계약의 적용상의 제한은 아래와 같다.

(1) 아래의 요소가 고려되어야 한다.
- 가격경쟁력
- 가격분석
- 원가분석
- 발주처 요구사항의 유형 및 복합성
- 계약유형의 연계비교
- 요구사항의 긴급성
- 계약의 이행기간
- 계약상대자의 기술 및 재정 능력
- 계약상대자의 회계시스템의 적정성
- 병행되고 있는 계약
- 제안된 하도급의 범위 및 성격
- 계약수행실적

(2) 최소한 계약관보다 상위직급의 공무원이 수행계획을 서면승인하여야 한다.
(3) 계약상대자의 회계시스템이 공사비를 결정하기에 적합하여야 한다.
(4) 계약체결 전 발주처의 적정한 자원이 정액고정금액이 아닌 여타의 계약방식으로 관리될 수 있어야 한다. 여기에는 계약의 수행 중 효율적인 공사비관리가 이루어질 수 있는 발주처의 감독기능이 보장되어야 한다.

이 계약에서 말하는 동기부여 즉 인센티브는 아래와 같이 분류된다.
[a] 비용(Cost) 인센티브
[b] 계약이행(Performance) 인센티브
[c] 인도(引渡: Delivery) 인센티브

또한, 이 계약에는 아래와 같은 계약유형이 포함된다.

(A) 고정금액동기부여계약 (Fixed-Price Incentive Contract)
이 계약은 총 목표비용에 대한 총 협상비용의 관계를 기초로 정립한 산식을 적용함으로써 최종계약금액을 결정하는 일종의 정액계약유형에 해당한다. 최종계약금액은 계약당초에 협의된 상한금액에 좌우된다. 대가의 청구는 계약당사자의 요청에 의하여 조정될 수 있으나, 상한금액의 범위 내에서 이루어진다.
이 계약은 다시 아래의 두 계약유형으로 구분된다.
1) 고정금액동기부여(고정목표)계약{Fixed-Price Incentive (Firm Targets) Contract}
2) 고정금액동기부여(후속목표)계약{Fixed-Price Incentive (Successive Targets) Contract}

(B) 이행보수고정금액계약(Fixed-Price Contract with Award Fees)
발주처가 계약상대자에게 동기부여를 하고자 하나 다른 동기부여수단이 없을 경우에 활용하는 정액계약유형이다. 따라서 계약에서 계약상대자의 노력에 대한 대가를 정해두고, 계약이 만족스럽게 이행되었을 때 지급한다. 이행보수(Award Fee)는 그 대가에 추가하여 지급되는 방식이다.

(C) 실비정산동기부여계약(Cost-Reimbursement Incentive Contract)

이 계약 역시 아래의 두 계약유형으로 구분된다.

1) 원가가산동기부여보수계약(Cost-Plus-Incentive-Fee Contract)
2) 원가가산이행보수계약(Cost-Plus-Award-Fee Contract)

I-5 incorporation by reference rule

참조에 의한 포함원칙

계약조건이나 법령 등에서 해당조문 전체를 인용하지 않더라도 조문번호만 인용하여도 해당조문 전체를 인용하는 것과 같다는 원칙이다.

예문 The applicable published Labor Department minimum wage is incorporated by reference into this contract.
노동부가 공포한 적용가능한 최저임금은 '참조'함으로써 본 계약에 포함된다.

I-6 indefinite-quantity contract

불확정수량계약

납품계약 또는 용역계약에 적용되는 계약유형이기는 하나, 이에 대한 이해에 있어서 오류(誤謬)가 있기에 아래에 그 특징을 정리한다.

(1) 과업내역서(Schedule)에 물품과 용역의 종류 및 '기간'이 명시되어 있고, 계약상대자는 이 기간 동안 발주처의 지시서에 따라 납품 또는 용역을 수행한다.
(2) 과업내역서 상에 물품 또는 용역의 양이 명시되고 있기는 하나, 그것은 어디까지나 추산치일 뿐이고, 이 계약에 의하여 반드시 구매되어야 하는 것은 아니다.
(3) 계약문서에 납품 또는 수행량이 최대량(Maximum)과 최소량(Minimum)으로 정해져 있으며, 계약상대자는 최대량까지 납품하거나 수행할 의무가 있고, 발주처는 최소량 이상을 납품하거나 또는 수행하도록 지시하여야할 의무가 있다.
(4) 발주처의 납품 또는 수행지시서의 발급횟수는 제한이 없으며(no limit on the number of orders), 납품장소 또는 용역수행장소도 한 곳이 아닌 2 이상(delivery to multiple destinations or performance at multiple locations)이 되어도 무방하다.
(5) 미국에서 이 계약유형은 확정수량계약(Definite-Quantity Contract)과 함께 1995년10월에 도입된 개념이라고 한다. 「FAR」 52.216-22 참조

I-7 indirect costs

간접비

당해 간접비에 대한 개념상 대립이 있기는 하나, 외국의 경우에는 일반적으로 Overheads and Profit (O&P) 즉 일반관리비와 이윤을 통합한 개념이다.

I-8 indirect-labor employees

간접노무근로자

미국「연방조달규정(FAR)」에서는 관리요원, 안전요원, 수송요원, 유지관리요원, 설비보호대기요원, 편의시설운영요원, 회계요원 등을 간접노무근로자로 예시하고 있다. 「FAR」 52.222-2조 참조

I-9 inexcusable delay

양해할 수 없는 지체

지체의 책임이 시공자에게 있는 지체. 이 경우에는 당연히 발주처로부터 지체에 대한 보상 즉 지체비용 또는 연장비용(Extension Cost)을 보상받지 못하며, 도리어 지체상금(Liquidated Damages)을 발주처에 지불하여야 한다.
내용상 Noncompensable Delay와 같다.

동의어 Inexcusable Delay
: Noncompensable Delay

I-10 initial guarantee

입찰보증

이 보증은 입찰시에 제출하여 통상 아래의 시기에 입찰자에게 반환된다.
(1) 입찰 결과 낙찰되지 않았을 때
(2) 입찰이 낙찰되었을 경우에는 계약보증 또는 이행보증(Performance Bond)을 제출하였을 때

입찰보증을 나타내는 영문표기는 아래 [동의어]와 같이 다양하며, 어느 표기를 선택할 것인지는 발주처의 결정사항이다.

동의어 Initial Guarantee
: Bid Bond, Tender Bond
: Provisional Guarantee[Security]
: Temporary Guarantee[Security]

엄밀하게 말하면, 이 중에서 Bid Bond[Security]와 Tender Bond[Security]가 입찰보증의 의미이고, 그 외 Initial이나 Provisional 또는 Temporary로 시작되는 Guarantee나 Bond, Security 등은 임시보증 또는 예비보증의 의미이다. 그러나 이들 모두 입찰보증이라 하여도 틀리지 않다.

- 'Bid Guarantee' 항목 참조 -

I-11 initial hand-over (IHO)

임시인도 또는 예비인도

준공 즉 공사의 실제적인 완공(Substantial Completion) 후 발주처에게 현장(공사목적물)을 인도하는 행위이며, 이에 대하여 하자보수(Maintenance)의 완료 후에 인도하는 행위는 Final Hand-Over (FHO)(최종인도)가 된다.
임시인도의 영문표기는 아래와 같이 다양하다.

동의어 Initial Hand-Over
: Provisional Hand-Over [PHO]
: Temporary Hand-Over [THO]
: Preliminary Hand-Over [PHO]
: Preparatory Hand-Over [PHO]

IHO와 FHO를 구별하는 실익은 외국의 경우 IHO가 이루어짐으로써 ① 공사보험의 부보의무가 소멸하며, ② 완공증명서(Certificate for Completion)가 발급되므로 시공자에게는 지체상금의 부담에서 벗어날 수 있고, ③ 유보금이 있다면 이 시기에 일부 또는 전부가 환급(Release)된다.

I-12 initial point of entry to the Government infrastructure

정부 인프라[기간시설]의 초기진입점

참고로, 「FAR」 52.214-7조에 의하면, 입찰서의 마감시한을 경과하여 제출되었다고 하더라도, 해당입찰서를 수리(受理)하는 것이 ① 정부조달을 심각하게 지체시키지 않고(unduly delay), ② 전자입찰의 경우 입찰서 접수마감일 1일 전 오후 5시까지 정부통신설비의 초기진입점(Initial Point of Entry)에 접수가 된 경우 유효한 제출로 인정하고 있다.

I-13 in situ

원위치에, 현장에서

라틴어이며, 발음은 [in sáitu]라고도 하고 [in sítu]라고도 한다.

동의어 in situ
: in Place
: in Original Place
: Custom-Built

I-14 in situ concrete

현장타설콘크리트

현장에서 구조물에 직접 타설하는 콘크리트로서, Cast-in-situ Concrete라고도 한다.

동의어 in situ Concrete
: Cast-in-situ Concrete

이에 대하여 공장에서 제작된 부품·구조물을 현장에서 조립·설치하는 콘크리트는 Precast Concrete (PC)라 하며, 그렇게 시공하는 공법이 소위 PC공법(工法)이다.

I-15 inspection list

검사항목 또는 보수항목

이를 직역하면 검사목록이 될 터이지만, 이는 그러나 발주처 또는 감독관의 검사결과 보수 또는 완성하여야 할 미수행 또는 하자항목의 목록을 뜻하므로 일반적인 의미의 검사목록과는 의미상 차이가 있다.

동의어 Inspection List
: Punch List
: Snagging Item List
: Completion List

I-16 instant contract savings

당해계약절감액

이 절감액은 공사에 가치공학변경제안(VECP: Value Engineering Change Proposal)을 적용함으로써 절감되는 공사비를 말한다. 구체적으로는 VECP가 승인됨으로써 발생하는 공사비의 추정감소액에서 시공자 및 하수급자의 개발·시행비용을 공제한 값이다.

당해계약절감액 = 시공자의 수행원가추정감소분 – 시공자 및 하수급자의 개발·시행비용

참고로, 'Instant Contract'이라고 할 때의 Instant는 This와 같은 의미로서, 'Instant Contract'은 달리 말하면 'This Contract'이다. 즉석계약 또는 즉시계약이 아니다.
종전에는 이 Instant의 의미에 대하여 상당한 논란이 있었으나, 2010년 미국 「연방조달규정(FAR)」에서 그 의미를 위와 같이 구체화하였고, 최근에는 2015년 10월 공사관련 VE조항을 개정하면서 그 내용을 계승하여 현재에 이르고 있다.
'당해계약(當該契約)'은 '이 계약'이다.

주 Instant는 원래 라틴어인데 '이달(의)'라는 뜻. 다음달은 Proximo, 지난달은 Ultimo.

I-17 instruction to bidders

입찰유의서

우리나라의 경우 입찰관련문서이자 계약문서에 해당한다.
영국식 영어로는 Instruction to Tenderers이다.

I-18 insurable interest

보험이익

보험목적물에 보험사고가 발생하였을 때 피보험자가 받게 되는 이익. 다시 말하면, 주택에 대한 화재보험에서, 보험사고 즉 주택에 화재가 발생했을 때 보험회사(the Insurer)가 고객 즉 피보험자(the Insured)에게 지급해야 하는 보험금액을 말한다.
우리나라는 주로 '피보험이익'이라 호칭한다. 그러나 보험은 피보험자의 위험을 대비하는 보장장치이므로, 보험약관상의 손해나 이익에 대하여 굳이 '피(被)보험.......'이라 하지 않아도 무방하다.

I-19 insurable value

보험가액(保險價額)

피보험자산 예를 들면, 부동산, 보석 등을 보험에 가입하는 가액.
반드시 실제가치나 시장가격과 일치하는 것은 아니다. 따라서 거래가격이 1억5천만원인 주택을 1억원에 부보(付保)하였다면, 당해 주택의 보험가액은 1억5천만원이 아니라 1억원이다.

주 **Insurable Interest vs Insurable Value**
이견(異見)이 있을 수 있으나, 양자는 아래와 같이 구분지을 수 있다.
① Insurable Interest 보험사고로 인한 손해금액(損害金額)
② Insurable Value 보험에 가입한 금액 즉 부보금액(付保金額)

어떤 주택을 1억원의 화재보험에 가입하였을 때 이 1억원은 Insurable Value(보험가액)이며, 화재가 발생하여 입은 손해가 2천만원이라면 이는 Insurable Interest(보험이익)이고 이 금액을 보험사로부터 지급받는다.

I-20

insurance policy

보험약관

보험계약조건.
공사보험의 대상이 되는 공사에서는 착공시 이 약관을 Insurance Certificate(보험증권)와 함께 발주처에 제출하는 것이 일반적이다.

I-21

insurance premium

보험료

보험을 얘기할 때에는 그냥 단순하게 Premium이라고 하여도 무방하다.

I-22

interest penalty

이자벌칙

비록 '이자벌칙'이라 번역하였지만, 현업적으로는 '지연이자(遲延利子)'이다. 어떤 금전을 지불하여야 할 의무가 있는 자가 지불기한 내에 지불하지 않을 경우 그에 따른 벌칙이 여럿 있을 수 있는데 그 중에서 지체금액에 대한 지연이자로 지급하는 벌칙을 말한다. 이 추가금전을 지불지연이자(支拂遲延利子) 또는 지불지체이자(支拂遲滯利子)라 한다. 이를테면, 지급지연벌칙(Late Payment Penalty)에 해당한다.
미국 「연방조달규정(FAR)」의 경우 공사기성대가는 계약상대자로부터 기성지급신청서를 접수한 날로부터 14일 이내에 지급하도록 되어 있으며, 최종대가는 계약상대자로부터 최종대가지급신청서를 접수한 날 또는 공사목적물을 인수한 날 중 나중의 날부터 30일 이내에 지급하여야 한다. 이 지급기한을 초과할 경우 초과한 일수에 대하여 법정(法定)의 이자를 지급한다.
우리나라도 지급조건과 지급기한만 차이가 날 뿐 미국처럼 지연이자를 지급하고 있다. 다만 미국의 경우에는 계약상대자의 지연이자지급신청이 없이 자동적으로 발주처가 이를 지급하여야하나 우리나라는 계약상대자의 신청에 의하여 지급한다는 차이점이 있다.

I-23 interim payment

중간기성 또는 중간지불

우리나라식 표현으로는 기성대가 또는 기성대가의 지급에 해당한다. Advance Payment(선금) 또는 Final Payment(최종기성, 준공대가)에 대하여 중간 또는 임시·예비지불이라는 뜻에서 Interim(중간) Payment라고 한다.
통상 중간지불은 공정률에 따라 지불하므로 Progress Payment(공정기성, 공사진척기성)라고도 하고, 대가의 일부만을 지불한다고 하여 Partial Payment(부분지불)라고도 한다.

동의어 Interim Payment (IP) (중간지불)
: Progress Payment (공정기성, 공사진척기성)
: Partial Payment (부분지불)

I-24 inverted domestic corporation

전환된 내국기업

어떤 계약의 이행 중 내국기업으로 전환되거나, 내국기업의 계열기업이 된 외국기업을 말한다.
미국의 경우 원칙적으로 당해 전환기업과는 계약의 체결을 금지하며, 내국기업으로 전환된 경우에는 전환된 시점부터 이행부분에 대한 대가를 지급하지 않는다(「FAR」 52.209-10, 2015.11 참조).

I-25 investor-state dispute settlement (ISDS)

투자자-국가간 분쟁해결제도

이 제도는 외국의 투자자가 투자대상국가의 법령이나 정책 등으로 이익을 침해당했을 때 투자자가 대상국가를 세계은행(World Bank) 산하의 국제투자분쟁해결센터(ICSID) 혹은 유엔국제무역법위원회(UNCITRAL) 등에 분쟁의 해결을 신청할 수 있는 제도이다.

주 ① ICSID; International Centre for Settlement of Investment Disputes
1966년 국가와 다른 국가의 국민간 투자분쟁의 해결에 관한 협약(Convention on the Settlement of Investment Disputes between States and Nationals of Other States; ICSID Convention)에 따라 설립된 국제기구로 본부는 미국 워싱턴DC에 있다.
국가와 개인간의 투자분쟁 해결에 필요한 여러가지 편의를 제공하고자 하는 목적으로 만들어졌다. 운영위원회, 사무국, 조정위원회 및 중재위원단으로 구성되어 있다. 우리나라는 1967년에 가입하였다.
② UNCITRAL; United Nations Commission on International Trade Law

I-26 invitation to bid

입찰초청장

주로 지명경쟁입찰에서 사용하는 방식이며, 봉함입찰(Sealed Bid)의 형식을 취한다. 이에 비하여, 공개 또는 제한경쟁입찰에서는 입찰공고(Advertisement for Bids, Announcement for Bids)의 형식을 취한다.

영국식으로는 Invitation to Tender라고 한다. Invitation to Bid[Tender]에 의하여 초청된 입찰자를 Invited Bidders[Tenderers]라고 한다.

-'Solicitation' 항목 참조 -

I-27 ironmongery

철물류, 철물점

Hardware라고도 한다.

동의어 Ironmongery
: Hardware
: Ironmonger

I-28 irrevocable letter of credit (ILC)

취소불능신용장

원래 신용장(Letter of Credit: LC)이라 함은 문서의 만기일까지, 수혜자(공사계약에서는 발주처)가 지불요구서(Written Demand)를 제시함과 동시에 문서를 발급한 금융기관이 액면금액의 일부 또는 전부를 수혜자에게 지불한다는 확인문서인데, 취소불능신용장 즉, Irrevocable Letter of Credit (ILC)은 신용장발급금융기관이나 입찰자 및 계약상대자 모두 위임계약을 취소하거나 여하한 조건을 붙일 수 없는 신용장을 말한다.

미국의 경우 신용장발급금융기관의 전년도 신용장발급실적이 25백만 달러에 미치지 못할 경우에는 5백만 달러를 초과하는 보증금액에 대하여는 다른 유자격금융기관이 확인하도록 되어 있다.

영문공사용어350선 개정증보판
영문공사용어 완결본 820

J

Korean Glossary
of English Terms 820
All-In Edition

J-1 job action

준법투쟁

근로자들이, 역설적으로, 근로규정 및 취업규칙을 철저하게 준수하면서 항의하는 노동쟁의. 정시에 출근하고 정시에 퇴근하거나, 근무시간 중이라고 하더라도 작업은 계속하지만 작업능률은 고려하지 않는 태업(怠業) 등.

J-2 job site

공사현장

Work Site, Construction Site, Project Site 또는 그냥 Site라고도 한다.

동의어 Job Site
: Work Site
: Construction Site
: Project Site
: Site

주 Job Site Office 또는 Site Office : 현장사무소

J-3 job site overheads

현장관리비

현장에서 발생하는 경비 또는 간접비(Overheads)로서 줄여서 Site Overheads라고 도 한다.
이에 대하여 본사 또는 지사에서 발생하는 경비 또는 간접비는 Head Office Overheads 및 Branch Office Overheads라 한다.

경비 또는 간접비(Overheads)의 분류

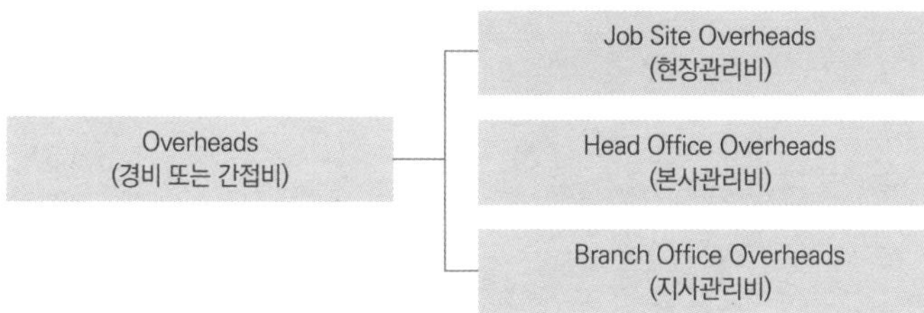

Head Office Overheads와 Branch Office Overheads를 합하여 General and Administrative (G&A) Expense 즉 일반관리비라 하기도 한다.
우리나라에는 현장관리비를 별도로 구분하지 않고 경비항목에 포함시키고 있으나, 일본은 이를 독립항목으로 설정하고 있어서 대조적이다.

– 'Branch Office' 항목 참조 –

J-4 joint venture (JV)

공동시공, 공동기업체

2 이상의 개인 또는 조직이 하나의 시공자로 활동하는 시공형태 또는 그 조직체인데, 일본은 '공동기업체'라 한다.

유사한 형태로서 Consortium이 있으나, 이는 구성원이 각자 독립된 개체로서 시공에 참여한다는 점에서 개념상 차이가 난다. 즉, JV는 공동체의 구성단계에서 참여자간 업무가 구분되기는 하나, 계약수행에 있어서 그 구분을 두지 않지만, Consortium은 구성단계에서 참여자간 시공부문이 분할되며, 각기 분담된 공사를 독립적으로 수행한다. 그러나 이와 같은 양자의 개념이 절대적이라 할 수는 없고, 간혹 그 반대로 운용되기도 한다. 또한, 국가에 따라서는 양자간 형태나 내용상의 구분을 두지 않고, 자국인과의 합작은 모두 JV로 정의하고 있는 경우도 있다(예 : 사우디아라비아).
미국 건축사협회(AIA)의 「용어해설서」에 의하면, JV는 구성원의 법적 성격이 조합(Partnership)과 유사한 것으로 설명하고 있다.

J-5 JV undertaking

공동기업협정서

우리나라의 '공동수급협정서'와 같다. 이 협정서는 공동계약에 있어서 공동수급체구성원 상호간의 권리·의무 등 공동계약의 수행에 관한 중요사항을 규정한 계약서이다. JV Agreement라고도 한다.

영문공사용어350선 개정증보판

영문공사용어 완결본 820

K

Korean Glossary
of English Terms 820

All-In Edition

K-1 kerbstone

경계석, 갓돌

- 'Curbstone' 항목 참조 -

K-2 key plan

축도면(軸圖面)

공사계획상의 기본구조에 대한 배치를 나타내는 도면. 이 때의 Plan은 도면 즉 Drawing을 뜻한다.

K-3 kick-off meeting

착수회의

공사 또는 계약의 개시시에 개최하는 회의. 공사에서는 Pre-Construction Meeting 이라고 함이 더 구체적이다.

동의어 Kick-Off Meeting
: Pre-Construction Meeting
: Starting Meeting

K-4 known defect rule

알려진 하자 원칙

원래 이 원칙은 중고차를 팔 때, 그 차의 고장부분이나 결함을 구입자에게 문서 등으로 사전에 통고하도록 판매업자에게 의무화시킨 미국의 법률 소위 「하자통고의무법」(「Known Defect Law」)에서 유래한 것인데, 건설공사의 경우 시공자는 그가 인지하고 있는 하자사항을, 특히 공사목적물을 인도할 때에, 발주처(감독관)에게 즉시 통고하고 보수하여야 한다는 의무이다.

영문공사용어350선 개정증보판

영문공사용어 완결본 820

L

Korean Glossary of English Terms 820

All-In Edition

L-1 labor-hour contract

노무·시간계약

시간·자재계약(Time-and-Material Contract)의 한 변형으로서, 순수한 노무계약이라고 할 수 있다. 다시 말하면, 시간·자재계약에서 시공자는 인력과 자재를 제공함에 비하여, 이 계약에서는 노무만 제공하고, 자재는 공급하지 않는 차이가 있다.

- 'Time-and-Material Contract' 항목 참조 -

L-2 labour productivity

노동생산성

통상 단위기간 중의 임금 대비 매출액 즉 〈매출액 ÷ 임금〉에 의하여 산출. 작업계획의 작성에 있어서 매우 중요한 지표가 된다.

주 노동, 노무의 영어에서 Labor는 미국식, Labour는 영국식

L-3 landscaping work

조경공사

그냥 Landscape라 하여도 된다.

L-4 latent defect

잠재적 하자

미국 「연방조달규정(FAR)」은 이를 공사목적물의 "인수시에 존재하고 있으나, 합리적인 검사에 의하여 발견되지 않은 하자"(a defect that exists at the time of acceptance but cannot be discovered by a reasonable inspection)라고 명쾌하게 정의하고 있다.
이 경우 시공자에게 하자에 대한 책임이 있다.
Unknown Defect 즉 알려지지 않은 하자 또는 Potential Defect라고도 한다.

동의어 Latent Defect
: Unknown Defect
: Potential Defect

비교어 Patent Defect
현시적(顯示的) 하자 또는 밝혀진 하자. 즉 검사시에 밝혀진 하자

L-5 latent physical conditions

잠재적인 물리적 여건

공사의 입찰에 참여하기 위하여서는 향후 불의의 손해를 방지하기 위하여, 입찰 전에 설계서 등에 표기된 현장여건을 면밀히 확인하고, 현장을 직접 방문하여 조사하여야 한다.
입찰자가 이와 같은 의무를 다하였음에도 불구하고 공사의 수행 중 마주치는 현장상태의 상이(相異)를 '현장여건의 상이(Differing Site Conditions)'라고 하는데, 본항도 그 유형 중의 하나이다. 이를 미국 「연방조달규정(FAR)」에서는 '당해 계약서에서 표기된 여건과 중대하게 상이한 물리적 현장여건(physical conditions at the site which differ materially from those indicated in this contract)'이라 규정하고 있다.
이 여건에 대하여는 그 상이를 치유하기 위한 비용과 시간을 발주처가 추가로 부담하도록 하고 있다(52.236-2).

L-6 lavatory

[lǽvətəri] 화장실, 세면대

Lav으로 줄여서 사용되기도 하며, Toilet 또는 Water Closet (WC)과 같다. 공사현장에서 자주 쓰이는 용어이다.
다만, 야외의 임시화장실을 나타낼 때 Toilet라고 하는 경우가 많다.

비교어 Laboratory [ləbárətri] 또는 [lǽbərətɔ:ri]: '시험실'
역시 Lab으로 줄여 쓰기도 한다.

L-7 layout

배치(配置)

때에 따라 '배치도'. '배치설계' 등으로 사용되기도 한다.
시공자는 발주처가 설치한 기준선과 벤치마크에 따라 공사목적물을 배치하여야 한다.
이 기준선과 벤치마크는 당연히 공사도면에 표기되어 있다.

L-8 lead time

조달기간, 인도기간

자재나 장비 등을 생산자에게 주문하여 현장까지 조달하는데 걸리는 시간

참조문 「Longman」 'Lead Time'
The time taken in planning and producing a new product, before it is actually ready for sale.
「Longman」 사전의 'Lead Time'
신제품의 판매를 위하여 실제적으로 준비되기 전에 기획·생산에 소요된 시간

L-9 learning effect

학습효과

어떤 한 가지 일을 반복적으로 훈련하면 일의 능률이 높아지는 효과. 공사현장에서 근로자가 한 가지 일에 종사할 경우 그 일에 숙련되어 작업능률이 높아지는 것도 이 효과이다.

따라서 한 현장에 근무하는 근로자를 다른 현장으로 전배치(轉配置)할 경우 이 학습효과의 반대현상으로 인하여 새 임무에 익숙하여질 때까지 작업능률이 떨어지는 현상도 이 학습효과에서 도출될 수 있다.

한편, 한 가지 일에 지나치게 장시간 종사할 경우에는 부(負)의 학습효과(마이너스 학습효과)가 나타나서 작업능률이 떨어지게 되기도 한다(예: 기본작업시간에 비하여 추가작업시간에 노동생산성이 떨어지는 현상).

공사의 정지(Suspension) 또는 계약기간의 연장(Extension)으로 인한 간접비의 청구에 대한 중요한 논리적 근거가 된다.

L-10 less productivity cost

생산성저하비용(生産性低下費用)

비록 비용이라 표현하였지만, 실제로는 정상적인 생산성에 비하여 효율이 저하된 데 따른 손실 즉 Loss를 뜻한다. 따라서 생산성손실(Productivity Loss)이라고도 하고 구체적으로는 노동생산성손실(Labour Productivity Loss)이라고도 한다.

L-11 letter contract

서한계약

(1) 발주처가 계약조건을 작성하여 계약상대자에게 발송하면 계약상대자가 그에 동의할 경우 서명하여 다시 발주처에 제출하고, 발주처(계약관)가 그에 서명함으로써 성립하는 계약유형
(2) 계약상대자로 하여금 즉시 공급물의 제조 또는 용역의 수행을 시작할 수 있는 권한을 부여하기 위한 일종의 문서화한 예비계약문서이다. 쌍방간 충분한 시간을 부여하더라도 확정계약의 협의가 가능하지 않을 경우에 시행하는 방식이라고 할 수 있다.
(3) 발주처의 책임한계는 추산금액(: 예산이 확정되기 전에 계약상대자의 요구를 충족시키기 위하여 필요로 하는 금액)까지이며, 이는 확정계약추산금액의 50%를 초과할 수 없다.
(4) 불확정계약(Indefinitive Contract)의 대표적인 계약유형이다.
(5) 시공자는 매 2주마다 공정에 따라 기성대가를 청구할 수 있다.

L-12 letter of acceptance

낙찰서

낙찰자(Accepted Bidder 또는 Successful Bidder)에게 발주처가 계약체결의사를 통보하는 서한이며, Notice of Award라고도 한다.

예문 Contract price means the sum named in the Letter of Acceptance, subject to such additions thereto or deductions therefrom as may be made under the provisions hereinafter contained.
(계약금액은 낙찰서에 명시된 금액을 뜻하며 다음의 규정에 따라 취해질 증액이나 감액 등에 좌우된다.)

동의어 Letter of Acceptance
: Notice of Award

L-13 letter of intent (L/I)

의향서

발주처가 Lowest Qualified Bidder(최저가격제시적격입찰자)에게 계약체결의사를 통보하는 서한으로서 낙찰통지서(Notice of Award)와 같다.

L/I에는 착공일(Date of Commencement of the Work)과 계약의 개략적인 내용을 포함함이 일반적이다. 그러므로 L/I가 발급되는 경우에는 착공지시서(Notice to Proceed: NTP)가 생략됨이 보통이다.

L/I의 발급은 가계약(假契約)을 의미하지만, 시공자는 L/I상에 명시된 착공일에 공사를 착수할 수 있으며, 정식계약은 결국 착공 후 체결하게 되는 경우도 있다.

L-14 letter of tender

입찰서

반드시 Letter of Tender라고 하지 않더라도, Tender만으로도 입찰서의 뜻이 있다. 즉, Tender에는 상황에 따라 본항처럼 입찰서라는 물체적인 의미도 있고, 입찰이라는 행위적인 의미도 있음에 유의해야 한다. 이 점에서 Bid도 같다.

주 Tender Documents : 행위적인 의미의 (입찰)서류
Opening of Tender : 물체적인 의미의 (입찰서)의 개봉 즉 개찰

L-15 letting of bid[tender]

개찰(開札)

Opening of Bid[Tender]와 같다.

L-16 liability for no payment rule

미지급금에 대한 책임원칙

예컨대 계약이 해제되었을 경우, 비록 계약상대자의 의무불이행으로 인한 해제라고 하더라도, 발주처는 계약상대자에게 미지급한 대가가 있을 경우 그 대가를 지급할 책임이 있다는 원칙이다. 우리나라도 이 원칙을 적용하고 있다(기획재정부 계약예규 「공사계약일반조건」 제44조 참조).
이에 반하여, 발주처에게 지급책임을 부과하지 않는 나라도 있다. 영국 등.

L-17 lien on property

자산담보권

발주처가 계약상대자에게 선금(Advance Payment)을 지급할 때에는 계약상대자가 선금지급조건을 위반할 경우 지급한 선금을 환수하여야 하는데, 이 환수를 보장하기 위하여 (1)계약상대자에게 권한이 있는 은행의 특별계정에 담보권을 설정하거나, (2) 계약상의 자산에 대하여 담보권을 설정한다.
당해 자산담보권은 (2)항의 담보권을 가리킨다. 이 담보권은 계약상대자의 모든 자산에 대하여 설정하는 것이 아니라 해당계약의 대상자산에 한하여 설정되는데, 이 특징으로 인하여 특별히 '계약상의 자산담보권'(Lien on Property under Contract)이라 한다.
이 경우 발주처는 계약상대자가 계약의 이행을 위하여 취득한 자재나 기타의 자산에 대하여 다른 채권자의 담보권에 비하여 최우선적으로[Paramount to All Other Liens] 선금의 환수를 확보할 수 있는 담보권을 설정한 뒤에 선금을 지급한다.
참고로, '계약의 이행상' 취득하거나 할당받은 자산이므로, 성질상 부동산은 담보의 대상이 아님이 일반적이다.

비교어 Lien on Property under Contract 계약상의 자산담보권
Lien on Real Estate 부동산담보권

L-18 lien on real estate

부동산담보권

부동산에 대한 저당권을 이르며, 따라서 앞 항 'Lien on Property' 즉 계약상의 '자산담보권'과는 차이가 있다.

-'Recorded Lien on Real Estate' 항목 참조 -

L-19 lift stairs

에스컬레이터, 계단식 승강기

Escalator의 영국식 표현

참조어 Lift 영) : Elevator (미) : 승강기(昇降機)
Hoist : Hoister ; 권양기(捲楊機)

L-20 light equipment

경(輕)장비

Heavy Equipment(중장비)에 대칭되는 공사용 기계·장비.
광의로 공사용 기계는 (1)Tool(공구), (2)Light Equipment 및 (3)Heavy Equipment로 구분된다.

L-21 limit of construction cost

공사비상한

발주처와 시공자간에 합의된 공사비의 상한으로서, Guaranteed Maximum Cost 또는 Guaranteed Maximum Price, Ceiling Price라고도 한다. 또한 Limit 앞에 Fixed를 붙여 Fixed Limit of Construction Cost라 하기도 한다.

동의어 Limit of Construction Cost
: Guaranteed Maximum Cost
: Guaranteed Maximum Price
: Ceiling Price
: Fixed Limit of Construction Cost

L-22 line item

상품(商品), 항목(項目), 공종(工種)

(1)원래 상업용어로서 주문서나 송장(送狀, Invoice) 등에 기재되는 상품(商品)을 뜻하나, (2)공사용어로서는 Work Item과 같은 말로서 공종 또는 항목을 나타내기도 한다. 하위개념으로 Subline Item이 있다. 이 경우 Line Item은 주공종(主工種), Subline Item은 부공종(副工種)이 된다.

동의어 Line Item : Work Item

L-23 liquidated damages

지체상금(遲滯償金)

원래는 시공자가 자신의 유책사유로 완공을 지체하였을 때, 지체기간 만큼 발주처가 현장을 사용하지 못한 데에 대한 손실(Loss of Use)을 배상하는 것을 말하며, 거래질서상 필요하다고 할 것이다. 그와 같은 손해액은 발주처나 공사목적물의 특성에 따라 불확정상태에 있게 된다.
그런데, Liquidated Damages는 배상금액이나 비율을 사전에 확정적으로 약정한 것으로서, 반드시 발주처의 실제적 손해액이라고는 할 수 없고, 단지 '약정한' 손해액이다. 따라서 비록 발주처의 실제적인 손해액보다 Liquidated Damages가 적거나 많다고 하더라도 차액을 추가하거나 감액할 수 없다.

구체적으로는 Liquidated Damages for Delay(지체에 대한 확정손해)가 된다.
비록 전체공정이 완공되지 않았다고 하더라도 일부의 완공이 객관적으로 확인될 수 있는 경우에는 지체상금 총액에서 그에 상당하는 금액을 공제함이 일반적이다.
영국 토목엔지니어협회(Institution of Civil Engineers: ICE) 「공사계약조건」상의 Liquidated Damages에 관한 규정을 아래에 인용한다.

예문 If the Contractor shall fail to achieve completion of the Works within the time prescribed herein, then the Contractor shall pay to the Employer the sum stated in the Contract as liquidated damages for such default …….
If before the completion of the whole of the work any part or section of the Works has been certified by the Engineer as completed and occupied or used by the Employer the liquidated damages for delay shall ……… be reduced in the proportion which the value of the part or section so certified bears to the value of the whole of the Works.
시공자가 약정된 기간 내에 공사를 완공하지 못할 경우에는 그와 같은 채무불이행으로 인한 지체상금을 계약문서에 기재된 금액으로 발주처에 지불하여야 한다.
전체공사의 완공 이전에 공사의 일부가 완공된 것으로 감독관이 확인하였거나, 발주처가 사용하고 있는 경우에는 전체공사에 대한 지체상금 중에서 그 부분에 대한 금액을 공제한다.

한편, 미국 「연방조달규정(FAR)」의 아래 규정은 우리에게 시사하는 바가 있다.

「연방조달규정(FAR)」 52.211-12
If the Government terminates the Contractor's right to proceed, liquidated damages will continue to accrue until the work is completed. These liquidated damages are in addition to excess costs of repurchase under the Termination clause.
발주처가 계약상대자의 공사수행권을 해제할 경우 지체상금은 공사가 완공될 때까지 계속 발생한다. 이 지체상금은 해제조항에 따라 재조달초과비용에 부가(附加)하여 존재한다.

Liquidated Damages는 Delay Fine 또는 Delay Penalty, Delay Damages 등 다양하게 표기된다. FIDIC은 Delay Damages로 표기하고 있다.

동의어 Liquidated Damages
: Delay Fine
: Delay Penalty
: Delay Damages

비교어 Unliquidated Damages 불확정손해. Liquidated Damages 즉 확정적 손해에 대칭되는 개념

L-24 liquidation of progress payments

기성대가의 정산(精算)

기성대가의 지불이나 변제(辨濟)도 같은 의미이다.

L-25 live load

활하중(活荷重)

국토교통부의「건축물구조기준」제3장 설계하중에서 정의하고 있는 바에 의하면, Live Load(활하중)는 '건축물 및 공작물을 점유·사용함으로써 발생하는 하중'을 말한다. 좋은 예로 교량에 있어서 자동차의 하중 또는 건물에 있어서 건물 안에 있는 사람 및 집기·비품의 하중 등이 있다.

동하중(動荷重), 적재하중(積載荷重)이라고도 한다.

건축물에 부하되는 하중은 (1)건축물 자체의 중량을 일컫는 사하중(死荷重)과 (2)사람 및 가재도구·비품 등의 내부하중, (3)바람·눈·비 등 외부의 힘에 의한 하중으로 구분된다. 활하중은 점유 또는 사용함으로써 발생할 것으로 예상되는 최대의 하중으로 하여야 함이 원칙이다.

발음에 주의하자. Live Load에서 Live는 [리브]가 아니라 [라이브] 즉 [laiv]

비교어 Dead Load 사하중 또는 고정하중

L-26 long-lead items

장기조달품목, 조달지연품목

제품의 계획 및 설계에서 제작·조달에 이르는 시간이 장기적으로 소요되는 품목. 건설공사에서 자재나 장비 중에서 생산자에게 주문하여 현장에 조달하는데 장시간이 소요되는 품목.
또 다른 의미로는 조기에 조달될 것으로 계획했으나 조달이 지연되는 품목을 지칭하기도 한다.
이 품목은 공정계획의 수립이나 물가변동에 대한 공사비의 반영에 있어서 매우 중요한 요소 중의 하나이다.

주 Long-Lead Time
Long-Lead Items의 조달에 소요되는 기간

주 Near-Lead Item
Long-Lead Items에 비하여 가까운 장래에 조달되는 품목

주 Immediate-Lead Items
Near-Lead Items보다 더 빨리 조달되는 품목

L-27 long list

예비후보자명부

낙찰자를 선정할 때 전체입찰자 중에서 예비심사를 하고, 그렇게 선정된 후보자 중에서 다시 최종심사를 할 경우 예비후보자명부를 Long Lists라 하며, 최종후보자명부를 Short List라 한다. Short List 중의 1개 업체를 낙찰자로 선정한다. 이와 같은 낙찰자 선정방식을 Two Stage Selection Method(2단계 선정방식)라 한다.

비교어 Short List 최종후보자명부

L-28 long-term contract

장기계약

당초의 계약기간이 5년 이상인 계약을 말한다. 이 5년의 기간에는 선택조항(Options)의 수행으로 인한 기간을 포함하되, 계약기간이 연장됨으로써 5년이 초과하는 계약은 제외된다.
계약기간이 1년 이상 5년 이하의 계약인 Multi-Year Contract(다년계약)과 구별된다.

비교어 Multi-Year Contract (다년계약)

L-29 loss of use insurance

사용손해보험

피보험자의 위험(Perils) 즉 보험사고에 의하여 손상된 자산의 수리, 또는 교체기간 중의 금전적 손실을 보전받기 위한 보험이다.
'사용손해(Loss of Use)'라 함은 사용기회의 상실로 인한 손해를 가리킨다.

L-30 lowest qualified bidder

최저가제시적격입찰자

입찰평가(Examination of Bids) 결과 계약수행에 적격자로 판단되는 최저입찰자. 그러므로 최저입찰자(Lowest Bidder)라고 하여 반드시 Lowest Qualified Bidder인 것은 아니다.
Lowest Responsible Bidder라고도 한다.

동의어 Lowest Qualified Bidder
: Lowest Responsible Bidder

- 'Bona Fide Bidder' 항목 참조 -

L-31 lump sum contract

총액계약

계약금액이 총액(Lump Sum)으로 고정되어 있고, 산출내역서는 계약문서에 해당하지 않는 계약유형이다. 우리나라 공공공사계약의 경우에는 산출내역서가 계약문서에 해당하므로(계약예규 「공사계약일반조건」 참조), 엄밀한 의미에서 이 계약유형을 적용하지 않고 있으나, 부분적으로는 1식단가라 하여 일부 공종의 단가가 세부공종별로 분류되지 않고 총계방식으로 작성하는 경우를 인정하기도 한다.

이 계약에서 유의할 점은 비록 계약금액이 총액이라고 하더라도 조정(Adjustment)이 전혀 불가능한 것은 아니라는 점이다. 단지 계약금액이 세부공종별로 분해되지 않고 전체 또는 일부공종금액이 총액으로 묶여 있다는 점에서 단가계약과 차이가 있다.

Fixed Sum Contract 또는 Stipulated Sum Contract(고정금액계약)와 내용상 같다.

동의어 Lump Sum Contract
: Fixed Sum Contract
: Stipulated Sum Contract

영문공사용어350선 개정증보판
영문공사용어 완결본 820

M

Korean Glossary
of English Terms 820
All-In Edition

M-1 main contractor

원수급자(原受給者)

이를 원도급자로 번역한 것을 본 적이 있는데 도급(都給)을 수급(受給)으로 착각한 오류이다. 건설공사에서 도급자는 발주처이며, 수급자는 발주처의 계약상대자로서 이른바 시공자이다.

- 'Prime Contractor' 항목 참조 -

M-2 maintenance bond

하자보수보증

이 보증은 공사의 실제적 준공(Substantial Completion) 때에 발주처에 제출하며, 하자보수기간의 종료 후 일정기간까지 효력을 갖는다. 우리나라의 경우 시공자는 준공검사 후 준공대가의 지급 전까지 하자보수보증을 발주처에 제출하여야 하며, 발주처는 하자보수기간이 종료되어 하자보수완료확인서의 발급일까지 시공자에게 반환하도록 되어 있다.

FIDIC의 경우에는 당해 보증을 별도로 징구하지 않고, 이행보증(Performance Security)의 효력을 이행확인서(Performance Certificate)의 발급시까지 확장하여 유지하도록 함으로써 하자보수보증의 역할을 대신하고 있다.

M-3 maintenance certificate

하자보수확인서

하자보수기간의 종료 후 발주처의 최종검사(Final Inspection) 결과 이상이 없을 경우에 발급하는 확인서.
이 확인서와 동일한 의미를 갖는 영문표기는 본항의 Maintenance Certificate 외에 아래와 같은 다양한 표기가 있으며, 이들은 발주처에 따라 적의 선택되어 사용되기에 모두 기억해 두는 것이 좋다. 특히 FIDIC은 Performance Certificate라 한다.

동의어 Maintenance Certificate (하자보수확인서)
: Final Completion Certificate (최종완공확인서)
: Final Acceptance Certificate (최종인수확인서)
: Final Take-Over Certificate (최종인수확인서)
: Defects Liability Certificate (하자보수확인서)
: Performance Certificate (이행확인서)

- 'Defects Liability Certificate' 항목 참조 -

M-4 maintenance period

하자보수기간

이 기간은 공사의 완공일(Date of Completion of the Works)로부터 계약상 하자보수 의무가 있는 특정기간(예: 1년)을 뜻한다. FIDIC에서는 Defects Notification Period 라고 표기하고 있다.

동의어 Maintenance Period
; Defects Notification Period
; Defects Liability Period

- 'Defects Liability Period' 항목 참조 -

M-5 make-or-buy program

제조 또는 구매계획

시공자가 주(主)공종을 자신의 현장이나 설비에서 직접 생산 또는 수행할 것인지, 아니면 이를 하도급할 것인지에 대한 계획을 말한다.

참조문 Make-or-buy program means that part of a contractor's written plan for a contract identifying those major items to be produced or work efforts to be performed in the prime contractor's facilities and those to be subcontracted. -「FAR」2.101-

Make-or-buy program은 생산할 주공종, 또는 원수급자의 설비로 수행하거나, 하도급할 작업을 확인하는 시공자계획의 한 부분이다.

M-6 man-month

인·월(人月)

이의 개념에는 견해상 대립이 있기에 아래에 비교하여 본다.

첫째, 인력을 중심으로 하여 1개월간의 연인원(延人員)을 뜻한다는 개념(the person of input to a work for one month)
이 경우 10 Man-Months라 함은 한 달간 연투입 인력이 10명이라는 뜻이다.

둘째, 시간을 중심으로 하여 한 사람의 작업월을 뜻한다는 개념(the month of work done by one person)
이 경우 10 Man-Months라 함은 한 사람이 10개월간 작업하였다는 뜻이다. 즉, 1인을 기준으로 할 때, 10개월의 작업시간을 나타낸다.
이는 E. L. Thorndike와 Clarence L. Barnart의 개념으로 그들은 Man-Hour를 "hour of work by one person : used as a time unit in industry"(한 사람에 의한 작업의 시간; 산업체에서 기간단위로 사용)로 정의를 내리고 있다.

셋째, 작업을 중심으로 하여 한 사람이 1개월간 수행한 작업의 양을 뜻한다는 개념(the amount of work equal to the output of one person for one month)
이 경우 10 Man-Months라 함은 한 사람이 수행한 10개월간의 작업의 양을 나타낸다. 이 개념은 Cyril M. Harris나 Geoffrey Leech, Jenny Thomas, 또는 한국 내 대부분의 건설용어사전에서의 정의와 같다.

이 중 둘째와 셋째의 개념이 통용되고 있으나 상황에 따라 적용에 주의를 요한다.

즉, 시간의 단위와 작업량의 단위간의 구분은 쉽지 않다는 뜻이다.
통상 M/M 또는 m/m으로 줄여서 사용한다.

주 아래의 표현도 Man-Month에서 개념을 도출할 수 있을 것이다.

Man-Hour Man-Week
Man-Day Man-Year

M-7 master schedule

기본공정계획표

공사의 주요공종 및 그 공종의 공정 또는 공기를 나타내는 상위 레벨의 개략적인 공정계획표(An executive level summary schedule identifying the major components of a project, their sequence and durations)이다.

M-8 measurement

검측(檢測)

이미 수행한 공사에 대한 실제물량을 검사하여 산출하는 것을 일컫는다.
그러므로 Bill of Quantities (BOQ)(산출내역서)상의 물량은 추정치이며, Measurement에 의한 물량이 실제물량(the actual and correct quantities of the works)이 된다.
이 검측행위는 단가계약(Unit Price Contract 또는 Unit Cost Contract)의 유형을 결정짓는 중요한 요소 중의 하나이다.

예문 The Engineer shall, except as otherwise stated, ascertain and determine by measurement the value in terms of the contract of work done in accordance with the Contract.
감독관은 달리 규정된 경우를 제외하고, 계약문서에 따라 시공된 작업에 대한 금액을 계약규정상의 검측에 의하여 확인하여 결정하여야 한다.

주 Measurement와 Inspection을 동일시하거나 양자의 구분을 분명하게 하지 못하는 경우가 있는데, 전자는 수량에 대한 조사 및 확인행위임에 비하여, 후자 즉 Inspection은 품질에 대한 조사 및 확인행위라는 점에서 차이가 있다.

M-9 med-arb

조정중재

싱가포르조정센터(Singapore Mediation Centre: SMC)에서 채택하고 있는 재판외(外)분쟁해결방식(ADR) 중의 하나로서, Mediation(조정)과 Arbitration(중재)을 합성한 조어(造語).
이 센터(SMC)에 접수된 분쟁은 일차로 조정절차에 의하고, 분쟁당사자간에 조정안이 합의되지 않을 경우 중재절차에 따르는 조정·중재혼합방식이다.

M-10 mediation

조정

Arbitration(중재)과 함께 대표적인 재판외(外)분쟁해결방식(ADR) 중의 하나. 다만, Arbitration(중재)은 판정에 종국적인 효력이 있으나, 당해 Mediation(조정)은 분쟁당사자 중 일방이 조정안에 동의하지 않을 경우 조정은 성립하지 않는다(종국적인 효력이 없다)는 점에서 차이가 있다.

M-11 meeting of mind

의사(意思)의 합치(合致)

계약의 성립과정에서 한 당사자의 청약(請約)에 상대방이 동의하는 경우 의사의 합치가 있었다고 하며, 후속절차를 거쳐 계약은 성립한다. 이 의사의 합치를 Meeting of Mind라 한다.

M-12 memorandum

메모, 비망록 또는 각서

메모라는 말로 익숙해져 있으므로 인하여 원래의 발음에 주의를 요한다.
[memərǽndəm] 메머랜덤

이 용어는 아래와 같은 두 가지의 의미로 구분된다.

(가) "메모, 비망록"
이 경우는 통상 Memo로 줄여서 쓴다.

주 Site Memo
건설현장에서 시공자와 감독관, 또는 발주처간 간단한 업무내용이나 기술관련 설명을 위한 서식의 일종

(나) "각서"
이 경우는 Agreement의 성격이 있기는 하나, Memorandum은 Agreement에 비하여 구속력 또는 법적효력이 약하다는 차이점이 있다. 이와 같은 특징으로 인하여 Agreement의 체결 전 또는 후 일정내용에 대하여 합의하거나 변경할 경우에 Memorandum의 형식을 취하는 경우가 있다.

주 Memorandum of Understanding (MOU) : 양해각서

(다) 복수형은 Memoranda라 하여도 되고, Memorandums라 하여도 된다.

M-13 metes and bounds

경계, 구획

Boundaries와 같은 의미이다.

Mete [mi:t] 경계, 경계석

M-14 micro-purchase threshold

소량조달기준

미국 「연방조달규정(FAR)」 상 3,500달러 이하.
다만, 아래의 예외기준이 있다.

(1) 건설조달 : 2,000달러
(2) 용역조달 : 2,500달러
(3) 군사용 납품 또는 용역조달;
　-미국 영토 내 : 20,000달러
　-미국 영토 외 : 30,000달러

M-15 milestone schedule

주공정계획표

공사의 완공에 이르는 경로를 따라 이루어지는 주요 활동(Events)을 나타내는 공정계획표. 이 Schedule 중에서 특별히 중요한 것은 Major Schedule이다.
Critical Date Schedule이라고도 한다.

동의어 Milestone Schedule
: Critical Date Schedule

Master Schedule을 구체화하는 계획표라고 할 수도 있다.

M-16 Miller Act

밀러법

일명 「공사보증법」으로 일컬어지고 있는 종전 미국의 이행 및 지불보증법이다.
현재는 「미국법전(USC)」에 통합되어 〈40 USC Chapter 31〉로 규정되어 있으며, 그 요지는 아래와 같다.

(1) 계약금액이 150,000달러를 초과하는 공사계약의 경우 계약금액의 100%에 상당하는 이행 및 지급보증서(Performance and Payment Bond)를 발주처에 제출하여야 하며,

(2) 계약금액이 35,000달러를 초과하고 150.000달러 이하인 공사계약의 경우에는 아래의 5종류 중에서 발주처(계약관)가 ② 항의 신용장을 포함한 2개 이상의 종류를 1차 선정하면, 시공자는 그 중에서 하나를 선택하여 발주처에 제출한다.

① 계약금액의 100%에 상당하는 지불보증서(Payment Bond)
② 취소불능신용장(Irrevocable Letter of Credit: ILC)
③ 3자간 에스크로협약서(Tripartite Escrow Agreement)
④ 예금증서(Certificate of Deposit)
⑤ 정부채권·은행수표

M-17 minimum revenue guarantee (MRG)

최소수익보장

정부 또는 지방자치단체가 사회기반시설 등에서 민자사업을 시행할 때 민자사업참여자들이 시설을 완공하여 그 운영수입이 약정된 수입에 미치지 못할 경우 정부 또는 지방자치단체가가 손실액의 일부를 보전해 주는 보증제도. 수익형민자사업 즉, BTO사업(Build, Transfer, Operate)에서 볼 수 있는 보장제도이다.
예컨대 2008년도에 개통한 경상남도의 마창대교의 경우 예상통행량의 80%에 미치지 못할 때에는 개통 후 30년간 예상통행량에 대한 실제통행량의 부족분을 경상남도가 보전해주기로 참여자(맥쿼리사)와 협약하였는데, 2010년도의 경우 통행량이 예상통행량의 44%에 지나지 않아 부족분 56%(114억원)를 경상남도가 손실보전금조로 지급한 바 있다.
우리나라는 1998년도에 이 제도를 도입하여 시행하다가 부작용이 심하다는 여론에 따라, 2007년도부터 민간이 제안한 사업에는 이 제도를 폐지하고, 정부가 제안하는 사업(정부고시사업)에 한 해 75%까지만 보장하는 것으로 변경되었다고 한다.

M-18 minimum wage rate

최저임금(률)

비교어 Minimum Hourly Wage Rate 최저시급(最低時給)
Minimum Weekly Wage Rate 최저주급(最低週給)

미국은 정부계약에서 2015.1.1일부터 시급을 10.10달러로 정하여 시행하고 있다(「FAR」 52.222-55 참조).

M-19 minor change

경미한 변경

계약기간과 금액에 영향을 미치지 않는 설계변경. 설계변경은 원래 발주처의 고유권한이기는 하나, 당해 경미한 설계변경의 경우에는 발주처의 승인없이도 감독관이 행사할 수 있다.

M-20 minor modification

경미한 변경

개념상 'Minor Change'와 같다.
미국 「연방조달규정(FAR)」은 당해 Minor Modification을 아래와 같이 정의하고 있다.

미국 「연방조달규정(FAR)」 2.101(b)

Minor modifications means modifications that do not significantly alter the nongovernmental function or essential physical characteristics of an item or component, or change the purpose of a process. Factors to be considered in determining whether a modification is minor include the value and size of the modification and the comparative value and size of the final product.
경미한 변경이라 함은 어떤 품목이나 부재(部材)의 비(非)정부적 기능 또는 핵심적인 물리적 특성을 현저하게 변경하지 않거나, 공정목표를 변경하지 않는 변경을 말한다. 변경이 경미한지의 여부를 판단함에 있어서 고려되어야 할 요소에는 변경의 가액 및 규모와 최종목적물의 비교가액 및 규모가 포함된다.

주 위에서 인용한 「FAR」 중 'Modification'이나 'Alter' 또는 'Change'는 모두 '변경' 또는 '변경하다'로 번역된다. 그러므로 이들간에 차이를 두는 것이 쉽지 않다. 따라서 번역문에서는 이들을 구분하지 않고 '변경'으로 통일하였다.

주 '경미(Minor)'의 판단기준을 '가액과 규모(Value and Size)'로 하고 있음에 대하여, 공사계약에서는 일반적으로 공사비 및 공사기간을 판단기준으로 한다. 이를테면, 해당변경으로 인하여 공사비 및 공사기간에 영향이 없어야 경미한 변경이라 한다.

M-21 minutes of meeting

회의록

참고로, Minute는 발음에 따라 의미가 다르므로 주의해야 한다.

Minute [mi'nət] 분, 순간, 각서, 메모
Minute [mainjú':t] 미세한, 사소한

M-22 mixer plant

믹서 플랜트

콘크리트구성성분의 양을 측정하고 배합하는 설비 즉 구성성분의 양만을 측정하는 설비를 Batch Plant라 하는데 이 설비를 포함하여 배합기능까지 갖춘 설비를 말한다.
여기에서 배합이라 함은 콘크리트배합의 특성상 구성성분의 정량을 측정한 후에 배합하게 되는 것이므로 그 자체로 성분측정 즉 Batching기능을 포함하게 되는 의미이다.
따라서 당해 Mixer Plant는 굳이 '성분측정 및 배합설비'라 하지 않고 '배합설비'라 하는 것이다.
Concrete Mixer Plant라고도 한다.

– 'Batch Plant' 항목 참조 –

M-23 mock-up

샘플모형

공사세부사항의 연구나 외양의 결정 또는 작업수행계획을 검토하기 위하여 설계과정에서 실물크기로 제작하는 견양(見樣). 통상 샘플제작이라고 할 때의 샘플과 유사하다.

M-24 modification

계약사항의 변경, 설계변경

비록 계약사항의 변경이라 번역하였지만, Cyril M. Harris는 「Dictionary of Architecture and Construction」(건축 및 건설용어사전)에서 Modification을 아래와 같이 정의하고 있다.

(1) 쌍방간에 이미 체결된 계약문서의 수정
(A written amendment to the contract documents signed by both parties)

(2) 변경지시
(A change order)

(3) 감독관(Engineer)에 의하여 작성된 문서 또는 도면상의 해설
(A written or graphic interpretation issued by the Engineer)

(4) 상기 (1)항의 공사에서 감독관에 의하여 발급된 경미한 설계변경명령
(A written order for a minor change in the work (1) issued by the Engineer)

한편, 공사의 변경을 뜻하는 영문표기는 ① Modification, ② Variation, ③ Change가 있고, 또 협의로는 ④ Alteration, ⑤ Addition, ⑥ Cancellation, ⑦ Omission, ⑧ Deletion 등 상황에 따라 다양하게 표현되고 있다.
협의의 변경인 ⑤ 항 추가(Addition)와 ⑥ 항 및 ⑦ 항 삭제(Omission 또는 Deletion)는 상반되는 개념이라고 할 수 있으나, 광의의 변경인 ①②③④항은 상호간 구별이 쉽지도 않을 뿐만 아니라, 그만큼 개념의 대표성에 관한 논란이 없지 않은 것도 사실이다.
역시 Cyril M. Harris의 상동서에서는 Modification의 미국식 표현이 Change라고 하고 있으며, 미국의 영향을 많이 받은 한국건설업계에서는 공사의 변경은 일반적으로 Change Order (C/O)라 한다.
영국식 표현이 Variation이며, FIDIC도 영국식을 따르고 있기에 FIDIC 에서 규정하고 있는 설계변경의 종류를 아래에 소개한다(제13.1조). 내용을 꼭 기억해 두는 것이 좋다.

a. 계약상의 공사물량에 대한 증감
(changes to the quantities of any item of work included in the Contract)

b. 계약상의 특정공종에 대한 품질이나 성격의 변경
(changes to the quality and other characteristics of any item of work)

c. 어떤 공종에 대한 고저, 위치, 치수 등의 변경

(changes to the levels, positions and/or dimensions of any part of the Works)

d. 쌍방간의 합의없이는 타인에 의하여 시공되지 않는 조건으로 하는 여하한 공종의 삭제
(omission of any work unless it is to be carried out by others without the agreement of the Parties)

e. 공사목적물에 필요로 하는 추가공사, 설비, 자재 또는 용역의 추가(준공검사, 시추공 및 여타의 시험 또는 탐사작업 포함)
(any additional work, Plant, Materials or services necessary for the Permanent Works, including any associated Tests on Completion, boreholes and other testing and exploratory work)

f. 공정(工程)의 변경
(changes to the sequence or timing of the execution of the Works)

참고로, d항의 'by others'(타인에 의하여)는 1999년 개정때 규정되었는데 2017년 개정시에도 승계되어 현재에 이르고 있다. 1999년 이전에는 '발주처 또는 다른 시공자에 의하여'(by the Employer or by another contractor)로 구체화되어 있었다. 이렇게 볼 때 현재의 규정이 다소 추상적이기는 하나, 발주처 또는 다른 시공자 이외의 모든 제3자를 포함하는 광범위한 타인으로 확대되었다고 해석할 수도 있다.

M-25 modification contract

변경계약

설계나 기타 계약내용의 변경으로 인하여 계약금액이 증감될 경우에 하는 재계약 또는 추가계약이 대표적인 예에 해당한다.

비교어1 Novation Contract[Agreement]
Modification Contract처럼 변경계약으로 번역될 수 있으나, 계약사항의 변경이 아니라 당초의 시공자가 제3의 시공자로 변경되는 계약을 뜻한다는 점에서 차이가 있다. 시공자변경계약이라 함이 더 이해가 쉬울지 모른다.

비교어2 Change-of-Name Agreement
시공자가 변경되는 것은 아니고, 시공업체의 상호(商號)를 변경한 경우에 하는 시공자명의변경계약

비교어3 Contract Modification 계약변경

M-26 modular construction

기본단위시공, 모듈시공

어떤 하나의 정해진 단위 또는 칫수가 전체공정에서 반복적으로 사용되는 시공방법.
예: 수로공사에서 박스형 또는 원통형구조물의 계속적인 사용, 건물의 규격화된 창호 공사 등
발음유의 ['madjələ]

동의어 Modular Construction : Unit Construction

M-27 monthly installments

월별분할기성지급, 월별정액기성지급

전체 기성대가를 월별로 균등배분하여 지급하는 방식. 원래의 뜻은 월별분할지급이 맞으나, 이는 결국 월별 정액으로 지급하므로 월별정액지급과 같게 된다.

- 'Monthly Payment' 항목 참조 -

M-28 monthly payment

월별기성(지불)

기성대가를 매 월별로 지불하는 방식으로서, 매월별 일정액을 지급한다면 Monthly Installments가 될 것이고, 공정진척도에 따라 지급한다면 Monthly Progress Payment(월별공정진척기성)가 될 것이다.

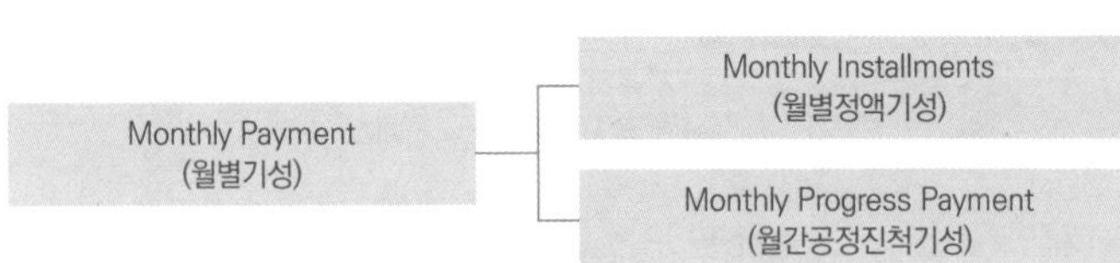

M-29 monthly progress payment

월별공정진척기성

- 'Monthly Payment' 항목 참조 -

비교어 Monthly Progress Meeting 월간공정회의

M-30 monthly statement

월별현황

시공자의 계약이행상황을 매월 발주처에 보고하는 문건.

본 Statement에는 개략적인 계약내용과 함께 공정현황, 인력, 자재 및 장비뿐만 아니라 기성수령현황, 발주처나 감독관의 대(對)시공자 미결사항 또는 클레임사항까지도 기재하는 것이 일반적이다.

그러므로 이는 발주처에게 계약의 현재위치를 알려주는 역할(시공자의 의무)과 시공자에게는 향후 Claim에 대한 근거로서의 역할(시공자의 권리), 이렇게 양면성을 띄고 있는 문건이다.

발주처도 이 현황을 기초로 하여 향후 공사관리 및 예산계획을 조정해 나간다.

비교어 Weekly Statement 주간현황
Monthly Account Statement 월간회계현황

M-31 multiple-award contract

복수도급계약

이 계약유형에는 미국의 경우 조달청(GSA)이 마련한 복수도급일정에 의한 계약, 복수과업지시계약, 복수인도지시계약, 그리고 하나의 입찰초청에 의하여 2 이상의 계약상대자와 체결하는 계약 등이 이에 해당한다.

M-32 multi-year contract

다년계약(多年契約)

영어표기 그대로는 다년계약(多年契約)이 되겠지만 우리나라 계약제도에 맞출 때 장기계속계약이라고 할 수 있다. 미국의 경우 1년 이상 6년 미만의 기간 동안 유지되는 계약이다.

2년차 이후의 계약은 해당년도의 예산여부에 따라 수행여부가 결정되며, 만약 예산을 배정받지 못할 경우에는 후속년도의 계약을 해제하기도 한다. 이 경우의 해제는 발주처의 편의에 의한 계약의 해제조항(Termination under the Termination for Convenience of the Government Clause)에 따라 처리한다.

예문 **[미육군계약항소위원회(ASBCA) 재결 13739, 70-1 BCA]**

A constructive termination for convenience has also been found where the Government failed to order work under a multi-year contract when funds were available.

편의에 의한 계약의 간접해제는, 장기계속계약에서 정부가 자금이 있을 때 공사수행지시를 하지 않는 경우에 찾아 볼 수 있다.

비교어 Long-Term Contract (장기계약)

M-33 mutatis mutandis

준용(準用)하여

어떤 내용을 수정없이 또는 일부의 내용을 제한적으로 수정하여 옮겨 오는 경우에 사용하는 라틴어. 발음에 주의 [mu:ta:tis mu:ta:ndis]

법률이나 계약조건 등의 경우 앞에서 규정된 내용을 해당조항에 뜻이 다르지 않게 인용하여 규정하고자 하는 경우에 자주 쓰인다.

아래에서 우리나라「공사계약일반조건」제18조제2항의 내용을 mutatis mutandis를 사용하여 번역하여 보기로 한다.

예문 **우리나라「공사계약일반조건」제18조**

"제18조(휴일 및 야간작업) ① 계약상대자는 계약담당공무원의 공기단축지시 및 발주기관의 부득이한 사유로 인하여 휴일 또는 야간작업을 지시하였을 때에는 추가비용을 청구할 수 있다.

② 제23조의 규정은 제1항의 경우에 이를 준용한다."

영문번역 예 ① (생 략)

② Clause 23 shall apply mutatis mutandis in case of Subclause 1.

M-34 mutual consent

합의

Mutual Agreement도 같은 뜻

M-35 mutual contract

쌍무계약(雙務契約)

계약상의 부담이 계약당사자간에 공평하게 배분되어 있는 계약. 상호계약(相互契約)이라고도 한다.

비교어 Unilateral Contract 편무계약(片務契約)

영문공사용어350선 개정증보판

영문공사용어 완결본 820

N

Korean Glossary of English Terms 820

All-In Edition

N-1 net acquisition savings

순(純)조달절감액

가치공학설계변경제안(VECP)으로 인하여 발생한 당해계약절감액(Instant Contract Savings), 결합계약절감액(Concurrent Contract Savings) 및 미래계약절감액(Future Contract Savings)의 합산액 즉 총(總)조달절감액(Total Acquisition Savings)에서 발주처비용(Government Costs)을 공제한 절감액을 말한다.

(1) Net Acquisition Savings = Total Acquisition Savings − Government Costs

(2) Total Acquisition Savings = Instant Contract Savings + Concurrent Contract Savings + Future Contract Savings

N-2 nominated subcontractor

지명하수급자

어떤 작업의 수행이나 설비, 자재 또는 용역의 제공에 있어서, 발주처가 선정한 하수급자로서, 시공자가 특정공종을 그에게 하도급하도록 강제된 하수급자를 뜻한다.
이들은 계약체결 이전에 지명되는 것이 일반적이지만, 시공자가 그들과의 하도급에 대하여 합리적인 반대사유를 제시할 때나, 하수급자 자신이 스스로 하도급계약을 포기할 때는 지명하수급자와의 계약의무에서 벗어날 수 있다. 후자의 경우 지정된 하도급부분(Nominated Subcontract Work)과 관련하여 발주처에 대한 원수급자인 시공자의 계약상 책임과 의무는 이를 포기한 하수급자 즉 Declined Subcontractor가 부담해야 한다.

이 하도급과 관련된 비용(① 하도급금액과 ② 하도급공사에 투입된 시공자의 인력에 대한 비용)은 계약사항의 변경(Modification) 관련규정이 적용되어 원도급계약금액이 그에 따라 조정된다.

N-3 nominated supplier

지명납품업자

지명하수급자(Nominated Subcontractor)를 광의로 볼 때에는 원수급자인 시공자에 대하여 공사의 하수급자나 설비, 자재 또는 용역의 제공자로 지정된 자를 뜻하지만, 협의로 볼 때에는 공사 또는 용역의 하수급자로 지정된 자만 뜻하고, 설비나 자재 등의 납품업자로 지정된 자는 본항의 Nominated Supplier라고 하여 구분한다.
내용은 지명하수급자(Nominated Subcontractor)의 경우와 같다.

N-4 non-collusion affidavit

타인과의 담합(談合) 없이 입찰서를 준비하였음을 나타내는 입찰자의 각서. 2000년대부터 우리나라에서 도입하고 있는 '청렴계약이행서약서'와 유사하다고 할 수 있다.

N-5 nondisplacement of qualified workers rule

적격근로자의 비배제(非排除)원칙

동일장소에서 동일 또는 유사용역의 수행을 위한 용역계약을 승계한 경우, 후임계약상대자로 하여금 전임계약상대자의 인력을 채용하도록 하는 원칙이다. 즉, (1) 전임계약(Predecessor Contract)에서 고용된 용역수행인력으로서, (2) 후임계약(Successor Contract)의 체결로 인하여 고용이 해제된 인력, (3) 계약상 해당보직에 적격하고 고용의 선취득권(Right of First Refusal of Employment)이 있는 인력의 채용을 배제하지 못하도록 하는 원칙이 그것이다.

미국 「연방조달규정(FAR)」의 경우 전임계약상대자(Predecessor Contractor)는 계약완료 30일 전까지 용역수행인력(제출일 현재 근무하는 자)의 명부를 발주처에 제출하도록 되어 있다. 이 명부를 용역수행인력확인명부(Certified Service Employee List)라 한다.
이 원칙은 2014년5월 미국 「연방조달규정(FAR)」에 도입되어 현재 용역계약에서 시행 중에 있다(22.1202조 및 52.222-17조 참조).

N-6 nonflammable material

내화(耐火)자재, 내연(耐燃)자재, 비연소성(非燃燒性) 자재

Fireproof Material 또는 Fire-Resistant Material, Incombustible Material 등과 뜻이 같다.

동의어 Nonflammable Material
: Fireproof Material
: Fire-Resistant Material
: Incombustible Material

비교어 Inflammable Material 가연성 자재, 연소성 자재(Combustible Material)

N-7 nonmanufacturer rule

비(非)제조자원칙

소기업을 위한 유보규정(Set-Aside) 하에서의 계약상대자는 (1)소기업기준에 부합하여야 하고, (2)자신이 직접 생산한 물품을 공급하거나, 또는 다른 내국소기업이 제조 또는 가공한 물품을 공급하여야 한다는 원칙을 말한다.
참고로, 미국 「연방조달규정(FAR)」에 의하면, 자신이 제조하지 않은 물품을 공급하고자 하는 입찰서나 제안서를 제출하는 기업은 근로자가 500인 이하인 경우 소기업이라 한다(단, 공사 및 용역계약 제외).

N-8 nonrecurring charges

비반복성비용, 비순환성비용

비용의 발생이 1회에 그치고 향후에 반복하여 발생하지 않는 비용. 예컨대 건설중장비의 수요가 2대인 어느 현장에서, 그 2대를 구입하여 사용한다면, 그 구입비용은 비반복성비용(Nonrecurring Charges)이며, 그렇지 않고 렌트하여 사용한다면 렌트료는 반복성비용(Recurring Charges)이다.

비교어 Recurring Charges 반복성비용, 순환성비용

N-9 no or negligible value

무(無)부가가치 또는 입증불능부가가치

정확하게는 '무가치(No Value)'와 '무시할 수 있는 가치(Negligible Value)'를 합한 말이다. 즉, 수행한 공사에 있어서 계약상대자가 자신의 노력으로 계약에 대한 가치를 증가하였음을 입증하지 못하는 가치를 말한다.

N-10 normal workweek

주당통상근로시간

이 근로시간은 개별 국가의 전통과 법률에 따라 정해지고 있으며, 우리나라를 포함하여 일반적인 국가에서는 주당 40시간으로 하고 있다.
이 근로시간을 초과하는 경우 '연장근로시간' 즉 'Overtime'이라 하며, 그에 대하여는 통상근로시간임금의 150%에 상당하는 임금을 지급한다. 예컨대, 어떤 주에 50시간을 근로하였다면, 전체유급근로시간은 55시간{=40+(10x1.5)}이 된다.

참조문 **「FAR」 22.403-3 Contract Work Hours and Safety Standards**

40 U.S.C. chapter 37, Contract Work Hours and Safety Standards, requires that certain contracts (see 22.305) contain a clause (see 52.222-4) specifying that no laborer or mechanic doing any part of the work contemplated by the contract shall be required or permitted to work more than 40 hours in any workweek unless paid for all additional hours at not less than 1 1/2 times the basic rate of pay (see 22.301).

「FAR」 22.403-3 계약작업시간 및 안전기준

「미국법전」 〈40 USC 37〉은 계약에 의하여 예측된 작업의 일부를 수행하는 근로자들이 추가근로에 대하여 기본임금의 1.5배 이상을 지급받지 못할 경우에는 주당통상근로시간에 40시간을 초과하여 근로하는 것을 요구받거나 허락되지 않을 것을 규정하고 있다.

N-11 notice of acceptance

낙찰통지서

- 'Notice of Award' 항목 참조 -

N-12 notice of award

낙찰통지서

'Notice of Acceptance'라고도 한다.
우리나라 계약예규 「공사입찰유의서」에 의하면 낙찰자는 낙찰통지를 받은 후 10일 이내에 계약을 체결하도록 규정하고 있다.

N-13 notice of dissatisfaction (NOD)

부동의(不同意)통지

분쟁사항에 대하여, 계약의 한 당사자가 감독관의 결정이나 DAAB(분쟁방지·재결위원회)의 결정에 동의하지 않을 경우 상대방에게 하는 통지를 말한다.

N-14 notice to correct

시정통지

시공자가 계약상의 의무를 이행하지 못할 경우 발주처(감독관)는 시한을 정하여 시공자에게 불이행사항을 이행하거나 치유(治癒)하도록 요구할 수 있는데 이 때의 시정통지를 Notice to Correct라 한다.
시공자가 이 통지서에 적시(摘示)된 사항을 이행하지 못할 경우 발주처는 계약을 해제할 수 있다.

- FIDIC 「공사계약일반조건」 제15조 참조 -

N-15 notice to proceed (NTP)

착수지시서, 수행지시서

이 지시서에 의하여 통상 착공일(Date of Commencement of the Works)이 통보되며, 그때부터 실제적인 공사기간이 개시된다.
Notice to Commence (NTC)라고도 하며, 미국식 계약관례에서는 NTP 대신 Letter of Intent (L/I)로 대신하는 경우도 있다.

동의어 Notice to Proceed (NTP)
: Notice to Commence (NTC)
: Letter of Intent (L/I)

주 Notice to Proceed (NTP)에서 공사기간의 개시일을 나타낸다면, 계약기간의 개시일은 통상 계약서에서 나타난다.
Construction Period 공사기간
Contract Time 또는 Contract Period 계약기간

공사의 수행 중 이루어진 설계변경공사부분에 대한 착공지시서는 'Notice to Proceed with the Change'라 한다.

예문 The Contracting Officer may accept the VECP, even though an agreement on price reduction has not been reached, by issuing the Contractor a notice to proceed with the change.
계약관은 비록 감액에 대한 합의가 이루어지지 않았더라도, 시공자에게 '설계변경착공지시서'를 발급함으로써 VECP를 승인할 수 있다.

N-16 notice to bidders[tenderers]

입찰안내서, 입찰유의서

이와 유사한 용어에는 Instructions to Bidders[Tenderers] 및 Information for Bidders[Tenderers]가 있으나, Instructions to Bidders[Tenderers]가 가장 통상적인 용어이다.

동의어 Notice to Bidders[Tenderers]
: Instructions to Bidders[Tenderers]
: Information for Bidders[Tenderers]

N-17 novation agreement

- 미국 「연방조달규정(FAR)」 제42.1204조 -

시공자변경계약, 양도계약

미국의 경우 원칙적으로 정부계약을 당초의 계약상대자(양도인: Transferor)에서 제3의 시공자(양수인: Transferee)에게 이전하는 것을 금지하고 있으나, 아래의 경우에는 이전이 가능하다. 이 경우 발주처, 양도인 및 양수인이 변경계약서에 기명·날인하여야 한다.

(1) 시공자의 모든 자산을 이전하는 경우

(2) 계약이행에 연루된 자산의 전체를 이전하는 경우(예 : 계약상의 책임을 양수하는 조건으로 자산을 매매하는 경우, 회사를 합병하는 경우, 1인기업 또는 조합을 법인화하거나 법인을 조합화하는 경우)

그러나 계약상대자로서의 법적 변화는 없이 주식매입의 결과 계약상대자의 소유권이 변경된 경우에는 당해 변경계약은 필요하지 않다.

비교어 Change-of-Name Agreement 명의변경계약
{예: 시공업체의 상호(商號) 변경시}
Modification Contract 계약사항의 변경계약

주 **입찰의 양도 및 양수**
입찰서를 제출하고 난 뒤, 개찰과 낙찰의 결정시점 사이에 입찰자의 모든 자산 또는 입찰과 관련된 부분이 양도된 경우 양수인은 입찰을 인수할 수 없다. 따라서 이 경우 계약관은 해당입찰을 무효로 처리한다. 다만, 회사의 합병이나 법률의 규정에 의하여, 또는 상법상 금지하고 있지 않은 여타의 방식에 의하여 양도가 이루어진 경우에는 예외적으로 입찰의 인수를 인정한다(「FAR」 제14.404-2조 참조).

O

Korean Glossary
of English Terms 820
All-In Edition

O-1 occupant load

점유하중(占有荷重)

건물이나 엘리베이터 등을 일시에 점유·탑재(搭載)할 수 있는 중량

비교어 Dead Load 사하중(死荷重)
Live Load 활하중(活荷重)
Base Load 기초하중(基礎荷重)

O-2 occurrence policy

발생기준약관

보험사고나 위험이 약관기간 안에 발생하거나 존재한 경우에는 보상청구시기에 관계없이 보상하여주는 보험약관.
따라서 약관기간 안에 보험사고가 발생한 경우에는 약관기간의 종료 후에 보상청구를 하여도 무방한 약관이다. 보험계약의 체결시 보험사고와 보상청구시기와의 관계를 반드시 확인하여 두는 것이 바람직하다.

비교어 Claims-Made Policy 청구기준약관

O-3 offer

제안(提案)

이 말이 가지는 다양한 의미 때문에 이 Offer를 우리말화(化)함에 있어서 적잖이 고심하였다.
예를 들어, 미국 「연방조달규정(FAR)」의 정의를 보면, 이 'Offer'를 (1) 청약에 대한 응답(a response to a solicitation)이라 하며, 그 응답이 승인될 경우 제안자(Offeror)로 하여금 그 결과계약(Resultant Contract)에 임하도록 하는 구속력을 가진다 하고 있다{아래 [참조문1]}. (2) 입찰초청(봉함입찰의 경우)에 대한 응답은 '입찰' 또는 '봉함입찰'이라고 불리우는 제안이며, (3) 제안요청(협상의 경우)에 대한 응답은 '제안'이라고 불리우는 응답이라 하고 있다. (4) 발주처의 청약이 없음에도 시공자가 하는 선도적·적극적인 제안 즉, 'Unsolicited Proposal (무청약제안)'을 하는 경우에도 '제안'이라 하며, (5) 위의 모든 경우에 있어서, 제안을 하는 자는 'Offeror(제안자)' 또는 'Bidder(입찰자)'라 하고 있다. 다만 (6) 견적요청(통합조달의 경우)에 대한 응답은 제안이라 하지 않고 '견적'이라 한다.

위의 내용을 종합하여 볼 때, Offer는 Offer, Bid, Proposal에 대하여 대표성을 가지게 됨을 알 수 있다. 따라서 당해 'Offer'를 '제안'이라 번역함이 합당하다고 본다. 물론 경우에 따라서는 'Bid'를 '입찰'이라 표기하여야 뜻이 더 분명할 것이기도 하다. 입찰도 제안의 범주에 포함됨은 물론이다.

주 결과계약: Resultant Contract
입찰초청: Invitations for Bid
봉함입찰: Sealed Bid
제안요청: Requests for Proposal
무청약제안: Unsolicited Proposal
견적요청: Requests for Quotation
통합조달: Simplified Acquisition

참조문1 "Offer" means a response to a solicitation that, if accepted, would bind the offeror to perform the resultant contract. -「FAR」2.201 참조 -
'Offer'(제안)라 함은 그것이 수락된 경우 제안자로 하여금 계약을 이행하도록 강제되는 응답을 말한다.

참조문2 In sealed bid solicitations "offer" and "offeror" mean "bid" and "bidder". -「FAR」SF 33 참조 -
봉함입찰의 청약에 있어서, 제안 및 제안자는 입찰 및 입찰자를 가리킨다.

O-4 on-cost

간접비

Overheads 또는 Indirect Cost를 그렇게 표현하기도 한다.

O-5 on-site meeting

현장회의

발주처, 감독관(감리자) 및 시공자간의 회의. Site Meeting이라고도 한다.

동의어 On-Site Meeting
: Site Meeting

0-6 open bidding

공개경쟁입찰

영문 그대로는 '공개입찰'이지만, 그것이 곧 공개경쟁입찰이다. 영국식 표기로는 Open Tendering이라고 한다.

0-7 option clause

선택조항

계약의 이행대상을 기본항목과 선택항목으로 구분하여, 기본항목은 의무적으로 수행하여야 하나, 선택항목은 발주처의 결정에 의하여 수행할 수도 있고 수행하지 않을 수도 있다.

이 선택조항(Option Clause)은 'Option Module'이라는 명칭으로 계약조건에 첨부되기도 하는데, 싱가포르 「공공공사표준계약조건(Standard Conditions of Contract for Public Construction Works)」이 그 예에 해당한다.

우리나라는 이 조항을 규정하고 있지 않다.

아래에서는 미국 「연방조달규정(FAR)」의 내용을 발췌하여 소개하고자 한다.

(1) 예컨대, A공급물품을 10톤 납품하도록 하는 기본계약이 있다면, 2톤을 추가납품하는 것을 선택조항으로 두는 것이 그것이며, 이 추가납품 2톤에 대한 납품지시 여부는 발주처의 고유권한이다. 만약 이 선택조항의 내용을 계약상대자에게 수행하도록 지시한다면, 선택권을 행사(Exercising the Option)하는 것이 된다.

(2) 이 선택조항은 장기계속계약에 포함시킬 때 이점이 있는 것으로 평가받고 있다.

(3) 이미 상환된 설비 및 장비에 대한 비용이나 기본계약에 포함된 비반복성 비용(Nonrecurring Charges)에는 적용되지 않는다.

(4) 「연방조달규정(FAR)」에는 제17.2조에서 관련규정을 두고 있는데, 이 규정들은 ① 빌딩, 교량, 도로, 기타 부동산의 시공, 개축, 보수 등을 포함하는 용역계약, ② A/E계약, ③ 연구·개발용역계약에는 적용되지 않는다. 그러나 개별발주처에서 자체규정에 따라 이들 업무에 대한 선택조항을 두는 것은 허용된다. 다시 말하면, 「연방조달규정(FAR)」의 선택조항은 범 정부차원에서 일괄적으로 적용하기는 하나, 개별발주처의 상황에 따른 예외를 인정하고 있다.

(5) 그러함에도 불구하고, 발주처는 다음의 경우에는 선택권을 행사할 수 없다(17.202).

(가) 계약상대자가 과도한 위험에 처할 경우. 예를 들면, 필요한 자재 또는 노무의 가격을 합리적으로 예측할 수 없는 경우 등

(나) 공급물이나 용역에 대한 시장가격이 실제적으로 변할 것으로 예상되는 경우

(다) 자금확보가 가능한 확정된 요구에 대한 선택권일 경우(기본수량이 학습용 또는 시험용수량이 아닐 경우, 또는 첫 계약이 체결되어도 옵션에 대한 경쟁이 불가능하지 않을 경우)

(6) 계약(Resulting Contract: 결과계약)에서 선택권을 행사하고자 하는 경우에는 입찰초청문에 관련 선택규정을 두어야 한다.
(7) 기본요구에 대한 단가와 다른 단가를 선택권의 제안에서 허용하는 입찰초청의 경우에는 선택권에 대한 다양한 가격을 제안할 수 있음을 명시하여야 한다. 이 경우 및 낙찰시점에 선택권을 행사하고자 하는 경우에는 선택권을 평가할 기준가격을 입찰초청장에 명시하여야 한다.
(8) 선택권은 계약체결의 목적을 위한 평가에는 포함시켜서는 아니 된다.
(9) 제안서의 평가는 계약체결의 목적을 위하여 실시하되, 전체선택권에 대한 총가격을 기본요구에 대한 총가격에 합산하여 평가한다.
(10) 발주처는 내역서에 기재된 공급물품의 양 또는 용역의 양을 당초계약의 단가로 하여 증가시킬 수 있다.
(11) 발주처는 계약서에 명시된 한계와 요율로 계약상대자로 하여금 용역의 수행을 계속하도록 요구할 수 있다. 이 요율은 노동부에서 정한 노무비요율을 개정하여야만 조정될 수 있다. 이 선택권규정은 1회 이상 실행할 수 있으나, 총(總)이행연장기간은 6개월을 초과할 수 없다.

O-8 option for increased quantity

증가물량에 대한 선택권

이에 대하여는 미국「연방조달규정(FAR)」의 내용을 소개하는 것으로 설명을 대신한다.

예문 **Option for Increased Quantity**

The Government may increase the quantity of supplies called for in the Schedule at the unit price specified. The Contracting Officer may exercise the option by written notice to the Contractor within [insert in the clause the period of time]. Delivery of the added items shall continue at the same rate as the like items called for under the contract, unless the parties otherwise agree. -「FAR」52.217-6 -

증가된 수량에 대한 선택권

발주처는 정해진 단가로 내역서에 기재된 공급물의 수량을 증가시킬 수 있다. 계약관은 oo(기간) 내에 시공자에게 문서로 통보함으로써 선택권을 행사한다. 증가된 수량의 공급에는, 다른 합의가 없는 한, 계약문서에 기재된 동종품목과 같은 가격을 계속 적용한다.

O-9 option module

선택사항

미국 또는 싱가포르의 공공계약조건에서 채택하고 있는 내용으로서, 계약의 이행 중 그에 규정하고 있는 사항이 필요로 할 경우에는 그 자체로 계약조건으로서의 효력이 생긴다.
통상적인 계약문서에 따르면 특수조건에 해당한다. 이를 FIDIC에서는 Particular Conditions, 미국은 Supplementary Conditions로 표기하고, 여타의 경우에는 Special Conditions라고 표기하기도 한다.

동의어 Option Module
: Particular Conditions
: Supplementary Conditions
: Special Conditions

-'Option Clause' 항목 참조 -

O-10 ordering

공급지시

이 Ordering은 원래 인도지시(Delivery Order) 또는 과업지시(Task Order)를 행하는 것을 의미하지만, 인도나 과업은 모두 '공급'하는 것이라고 개념지을 수 있으므로 본서에서 '공급지시'라고 통칭하였으니 오해 없으시기 바란다.
발주처가 Delivery Order 또는 Task Order를 발급함으로써 공급지시가 이루어지는 것은 당연하다.
미국의 경우 이 공급지시는 확정수량계약(Definite-Quantity Contract) 및 불확정수량계약(Indefinite-Quantity Contract)과 요구계약(Requirements Contract)에 적용되는 계약행위이다.
이 공급지시와 해당계약조건 사이에 불일치한 내용이 있을 경우에는 계약조건이 우선한다. 여기에서 중요한 지시기준을 도출할 수 있다. 즉, 공급지시는 관련계약규정이 정하는 바에 따라 실시되어야 한다는 것이 그것이다.

O-11 order of precedence

우선순위

통상 계약문서의 우선순위를 일컫는다. 계약문서 내에 불일치한 내용이 있을 때에는 이 우선순위에 따라 적용할 내용을 결정한다.
FIDIC 「공사계약일반조건」에서는 Priority of Documents로 나타내고 있다(1.5조).

O-12 or equal specifications

동등시방서

특정제조자의 특정제품을 정하고, 그 제품 또는 그와 동등한 제품으로 제한하는 시방서. 이는 Proprietary Specifications(전용시방서)의 변형이며, Closed Specifications(제한시방서)에 해당한다.

O-13 organizational conflict of interest

조직의 이해충돌

'이해의 충돌(Conflicts of Interest)'의 한 개념이며, 내용은 이러하다. 어떤 사람이 타인과의 관계나 해당계약과 다른 행위로 인하여, 이를테면, 발주처에게 공정한 지원이나 조언을 할 수 없게 되고, 계약의 이행에 있어서 객관성이 훼손되고, 또한 불공정한 경쟁이익을 얻는 것을 말한다.

- 'Conflicts of Interest' 항목 참조 -

O-14 original contract price

당초계약금액

'Original Contract Price'는 당해 번역에서처럼 '당초계약금액'이라 하지만, '원계약금액(原契約金額)'이라 하기도 한다. 이는 결국 (1) 낙찰금액이며, (2) 요구계약(Requirements Contract)의 경우 총(總)추산수량에 대한 지불가능금액을 말하며, (3) 불확정수량계약(Indefinite-Quantity Contract)의 경우에는 정해진 최소수량에 대한 지불가능금액을 말한다.
Initial Contract Price라고도 한다.

동의어 Initial Contract Price

비교어 Adjusted Contract Price 조정된 계약금액

O-15 outbuilding

별체(別體)

본건물과 분리된 부속건물. 예 : 저장실, 곳간, 옥외화장실, 경비실 등

O-16 out-of-sequence work

공정이탈작업

정상적인 절차에 의하지 않은 작업으로서, 만약에 이 작업이 발주처에 의하여 지시되었다면, 이는 특별히 Constructive Change(간접설계변경)에 해당한다.
설계자나 감리자의 업무일 경우에는 Out-of-Sequence Services라 한다.

O-17 outstanding work

미수행공사

준공시점에서 볼 때 수행되지 않았거나 완성되지 않은 부분을 뜻한다. 이에 비하여 하자(瑕疵, Defects)는 일단 수행하기는 하였으나 설계기준에 맞지 않은 상태를 뜻한다는 점에서 차이가 있다.

O-18 overhead expense

간접비

그냥 Overheads라고도 한다.
Overheads를 아래와 같이 분류할 때 그 뜻은 '관리비'에 해당한다. 그러나 우리나라식 공사비의 비용항목에는 관리비가 없으므로 본서에서는 이를 '간접비'로 번역하기로 한다. 물론 엄밀한 의미에서 간접비(Indirect Cost)에는 당해 관리비 즉 Overhead Expense 외에 이윤을 포함하여 Overheads and Profit (O&P)로 함이 일반적이다.

(1) Home[Head] Office Overheads: 본사관리비
(2) Local[Branch] Office Overheads: 지사관리비
(3) Jobsite[Work Site] Overheads: 현장관리비

위 항목 중 (1) 및 (2)항을 특별히 일반관리비라 한다.

- 'Branch Office' 항목 참조 -

동의어 On-Cost : Overheads의 또 다른 표기

O-19 oversight agency for audit

회계감독기관

참조문 The oversight agency for audit may assume all or some of the responsibilities normally performed by a cognizant agency for audit.
회계감독기관은 회계검사기관이 통상적으로 수행한 책임의 전부 또는 일부를 맡을 수 있다.

O-20 overtime premium

초과시간임금

정규근로시간 외에 초과근로시간에 대하여 할증하여 지급하는 임금이다.

Overtime Premium = 총임금 - 정규임금

O-21 overtime work

초과시간작업, 잔업(殘業)

규정된 정상작업시간을 초과하여 수행하는 작업. 연장작업·연장근로 등으로 불리우기도 한다. Overtime은 줄여서 통상 O/T라고 한다.
우리나라의 경우 종전에는 1주당(週當) 법정근로시간 40시간에, 연장근로 12시간과 휴일근로 16시간을 더해 최대근로시간이 68시간이었으나, 2018년 관련법령의 개정으로 근로자가 300인 이상인 사업장의 경우 법정근로시간 40시간, 연장근로 12시간, 이렇게 최대근로시간이 주(週) 52시간으로 축소되었다.
50인 이상 299인 이하인 사업장은 2020.1.1.일부터, 5인 이상 49인 이하인 사업장은 2021.7.1.일부터 시행하도록 되어 있었으나, 2019년 말 이의 시행시기를 연기하였다.
이에 비하여 미국의 경우에는

(1) 법정근로시간이 40시간인 점은 우리나라와 동일하나, 노·사간에 합의할 경우 연장근로시간에 대하여는 시간적인 제한이 없다. 다만, 연장근로에 대하여는 기본임금의 최소 1.5배의 임금을 지급하여야 한다. -「연방조달규정(FAR)」 52.222-4 참조-
(2) O/T는 정상적인 주간(週間) 작업시간을 초과한 작업시간을 뜻함에 유의를 요한다. 우리나라식 1일단위의 O/T와 개념상 차이가 있다.

비교어 Straight Time ; 규정된 정상근로시간. Overtime을 달리 표현하면, Straight Time을 초과하는 근로시간이다.

영문공사용어350선 개정증보판
영문공사용어 완결본 820

P

Korean Glossary
of English Terms 820
All-In Edition

P-1 paid sick leave

유급병가(有給病暇)

질병으로 인한 결근으로서, 유급(有給)인 경우를 일컫는다. Compensated Absence (유급결근)라고도 한다.
미국의 경우 정부계약에 종사하는 근로자(피용자)는 매(每) 30시간 근로에 대하여 1시간 이상의 당해 Paid Sick Leave(유급병가)를 부여받는다.

계약관리 또는 공사관리에 있어서 노무비의 산정시 중요한 요소가 된다. 예컨대 실제 작업시간 60시간이 소요되는 어떤 공종에 대한 공사비는 당해 Paid Sick Leave(유급병가)를 감안하여 62시간을 기준으로 산정하여야 한다.

동의어 Paid Sick Leave 유급병가
; Compensated Absence 유급결근

P-2 parcel post insurance

소포우편보험

자재 샘플 등 화물을 소포로 보낼 때 파손, 분실, 지연배달 등에 대한 손해를 보상받는 보험이다.
그러나 미국 「연방조달규정(FAR)」의 경우 공사비의 산정시 이 보험료가 제외됨을 유의하여야 한다. 「FAR」 제52.213-1(c)조 참조

P-3 parcel post zone

소포요금 동일지역

Parcel Post는 우리나라 우체국택배제도와 비슷하며, 무게와 거리, 포장형태에 따라 배달요금이 책정된다.

P-4 parent company guarantee

모기업보증

시공자가 그룹형기업의 계열회사인 경우 모기업(母企業: Parent Company)이 시공자의 계약의무이행을 보증하는 행위 또는 증서. 이 경우의 보증을 Letter of Guarantee라고도 하며, 제3자의 보증인 Bond와는 차이가 있다. FIDIC의 경우 'Annex A'에 당해 모기업보증의 양식을 예시하고 있다.
Guarantee에는 보증행위와 보증서 및 보증금의 양면적인 뜻이 있으나, Bond에는 보증서의 뜻으로만 사용되는 경우가 대부분이다.

P-5 partial hand-over

부분인도

전체공종의 완공(Completion of the Whole of the Works) 이전에 일부 완공된 부분을 발주처에 인도하여 사용토록 하는 것으로서, 이로 인한 발주처의 점유 또는 사용을 Partial Occupancy 또는 Partial Use라고 한다.
이렇게 Partial Hand-Over된 부분은 잔여부분에 관계없이 그 자체로 하자보수기간(Maintenance Period 또는 Defects Liability Period)이 개시되며 그에 상응하는 유보금이나 이행보증이 해제됨이 일반적이다.
발주처의 입장에서 보면 Partial Take-Over(부분인수) 또는 Partial Acceptance가 된다.

동의어 Partial Hand-Over
: Partial Take-Over
: Partial Acceptance
: (Partial Occupancy), (Partial Use)

P-6 partial occupancy

부분점유

- 'Partial Hand-Over' 항목 참조 -

P-7 partial payment

부분지불

중간지불 또는 기성대가의 지불에 해당한다.

- 'Interim Payment' 또는 'Progress Payment' 항목 참조 -

P-8 partial take-over

부분인수

Partial Acceptance와 같다.

동의어 Partial Take-Over
: Partial Acceptance

- 'Partial Hand-Over' 항목 참조 -

P-9 partial termination

부분해제 또는 해지

계약의 일반적인 전부해제에 대하여 일부만을 해제하는 것

P-10 partial use

부분사용

- 'Partial Hand-Over' 항목 참조 -

P-11 particular conditions

특수조건

FIDIC이 표기하고 있는 계약특수조건.
FIDIC은 2017년 개정본에서 당해 Particular Conditions을 아래와 같이 2원화하고 있다.

(1) Part A : Contract Data : 계약개요
(2) Part B : Special Conditions : 특수조건

- 'Special Conditions' 항목 참조 -

P-12 passive house

에너지절약형 주택

영문을 그대로 번역할 경우 '수동형 주택'이 될 것이지만, 내용으로 볼 때에는 '에너지보존형주택'이 된다. 즉, 이 주택은 집안의 열이 밖으로 유실되지 않도록 차단하여 실내온도를 유지하도록 설계된 주택을 말한다.
이에 비하여, 액티브 하우스(Active House)는 '능동형 주택'이라 할 수 있는데, 실외의 에너지를 실내로 끌어들여 실내온도를 높이도록 설계된 주택이다.
패시브 하우스나 액티브 하우스 모두 '에너지절약형 주택'이다. 다만, 공사비 측면에서 종래의 전통적인 주택보다 다소의 추가부담이 있다는 단점은 있다(독일의 경우 5%~8%, 영국의 경우 8%~10%, 미국의 경우 5%~10%의 추가공사비가 발생하는 것으로 나타남).
그러나 자원절약 측면을 고려하여 이 설계를 건축허가의 전제요건으로 하는 추세가 확산되고 있다.

P-13 pass-through charge

통과수수료

- 'Excessive Pass-Through Charge' 항목 참조 -

P-14 past performance

수행실적

완료한 공사의 실적을 의미

P-15 patent defects

현시적 하자(顯示的 瑕疵)

잠재적 하자(Potential Defects, Latent Defects, Unknown Defects)에 대칭되는 개념으로서 검사에서 발견된 하자. 간혹 '알려진 하자'라는 뜻으로 Revealed Defects 또는 Known Defects라고도 한다.

동의어 Patent Defects : Revealed Defects, Known Defects

P-16 payment bond

지급보증

시공자가 하수급자·납품업자 등에게 그들에 대한 하도급공사비 또는 자재비의 지급을 확인하는 보증.
참고로, 이 보증은 노무 또는 자재의 공급자를 보호하기 위한 장치이며, Performance Bond는 발주처를 보호하기 위한 장치이다. 시공자의 제출시한은 미국의 경우 양자 모두 착공지시서(Notice to Proceed)의 발급 이전까지이고(「FAR」 52.228-12), 우리나라는 계약체결일까지이다(「공사입찰유의서」 제21조).

「FAR」 29.102-2에 의하면, 지급보증금액은 이행보증금액보다 작으면 안된다(The amount of the payment bond must be no less than the amount of the performance bond).

비교어 Performance Bond 이행보증

- 'Miller Act' 항목 참조 -

P-17 payment certificate

지급확인서

시공자의 공사대금지급신청서(Application for Payment)에 대하여 감독관이 그 내용에 동의할 때 발급하는 확인서. 발주처는 이 확인서를 근거로 시공자에게 대가를 지급한다.

Certificate for Valuation이라고도 하며, Certificate for Payment라 하여도 된다.

동의어 Payment Certificate
: Certificate for Payment
: Certificate for Valuation

대가의 지급이 그러하듯이 지불확인서는 지급시기에 따라 기성대가지급확인서(Interim Payments Certificate: IPC)와 최종대가지급확인서(Final Payment Certificate: FPC) 등이 있고, 지급대상에 따라 다시 공사대가확인서(Payment Certificate for Construction)와 자재대가확인서(Payment Certificate for Materials) 등으로 구분된다. 그러나 지급확인서라고 할 때에는 통상 공사대가확인서를 지칭한다.

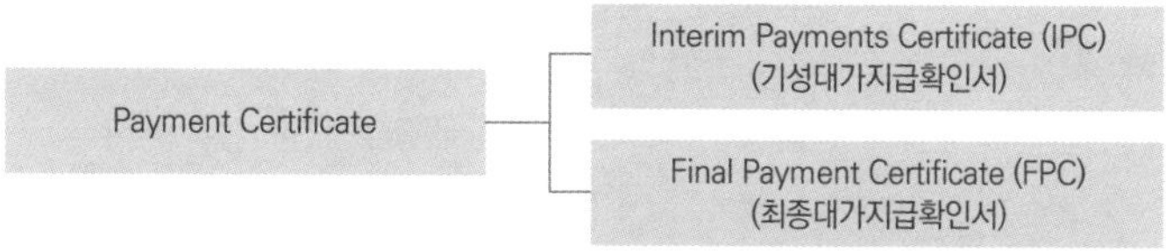

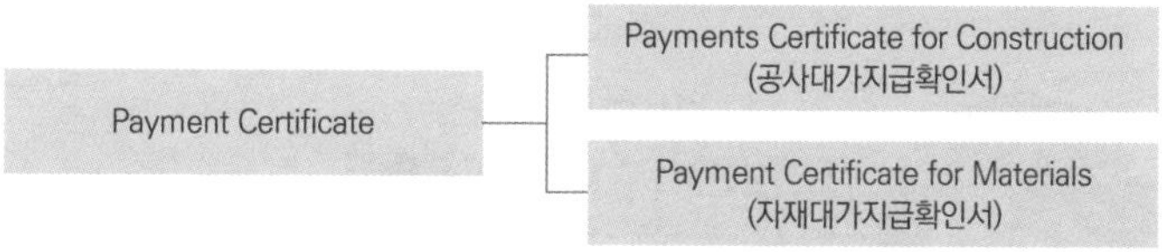

P-18 payment in kind (PIK)

현물지급

기성대가 등의 지급에 있어서 현금이 아닌 물품으로 지급하는 것. 중동에서 원유, 아프리카 일부국가에서의 목화 등이 현물지급의 예이다.

P-19 payments in installments

정액분할기성(지불)

기성대가를 일정기간마다 정액을 지불하는 방식으로서, 예를 들어, 2개월마다 계약금액의 10%를 정액으로 지급하기로 약정하는 경우 등이 그것이다. 또한, 매월별 일정액을 지급한다면 Monthly Installments가 될 것이다.
공정진척도에 따라 지급하는 방식인 Progress Payment와 대조적이다.

비교어 Progress Payment 공정진척기성

P-20 payment request

대가지급신청(서)

Request for Payment 또는 Application for Payment라고도 한다.

– 'Application for Payment' 항목 참조 –

P-21 payroll ; pay sheet

임금지급대장

우리나라는 이 Payroll을 임금지급대장 외에 임금지급명세서. 급여지급대장 등 다양하게 부르고 있다.
영국은 관행상 Pay Sheet라 한다.

P-22 pay-when-paid rule

수령 후 지급원칙

하도급계약에서 원수급자는 그의 발주처로부터 원도급계약의 해당대가를 수령한 후에 하도급대가를 하수급자에게 지급한다는 원칙

P-23 penal sum

지체벌과금, 위약금(違約金)

직역하면 벌과금이 되겠지만, 일반적으로는 계약서상에 명시된 지체벌과금을 나타내며, Delay Fine 또는 Delay Penalty, Liquidated Damages, Delay Damages 등 다양하게 표기된다.
'위약금(違約金)'이라고도 한다.

동의어 Penal Sum
: Delay Fine
: Delay Penalty
: Liquidated Damages
: Delay Damages

주 penal의 발음에 주의 [pi';nl] [피;늘]   cf) penalty [pe'nlti] [페널티]

그러나 설령 공기가 지체되었다고 하더라도 아래의 경우로 인한 때에는 시공자의 책임이 면제된다.

(1) 불가항력(Force Majeure, Special Risks)
(2) 비상시(Emergency)
(3) 시공자의 통제범위를 벗어난 사유(Beyond the Contractor's Control)
(4) 시공자가 계약기간 내에 완공할 수 없을 정도의 새로운 작업을 발주처가 지시하였을 때(Additional Work)
(5) 시공자와 관계되지 않은 사유로 발주처(또는 감독관)가 작업을 중단하였을 때(Suspension of Works)

또한 지체벌과금의 상한이 예를 들어 계약금액의 10%로 되어 있다면, 아래의 경우에는 계약금액의 10%가 아니라 지체된 공사금액의 10%를 상한으로 한다.

첫째, 계약기간 내에 비록 100% 완공은 되지 않았더라도 발주처의 현장사용에 지장이 없고,
둘째, 다른 시설물의 사용에 지장을 초래하지 않으며,
셋째, 완공된 부분에 하자가 없을 경우

P-24 per capita

1인당, 1인에 대하여

Per Head와 같은 뜻. Per Diem(1일당)과 함께 현업에서 자주 쓰이는 용어이다.

동의어 Per Capita
: Per Head

P-25 per diem

1일당, 1일에 대하여

Per Day라 하여도 된다.

P-26 percentage agreement

비례계약

보수를 공사비(Construction Cost)에 비례하여 지불하는 계약방식으로서, 원래의 명칭은 '공사비비례계약' 즉 Percentage Agreement of Construction Cost. 이 때의 보수를 요율 또는 비례보수(Percentage Fee)라고 한다.

P-27 performance-based payment

성과기준대가지급

'실적기준대가지급' 또는 그냥 '성과급(成果給)'이라 하여도 된다.

(1) 이 지급방식은 인수된 목적물에 대한 지급이 아니라, 신속지급조항(Prompt Payment Clause)에 따른 일종의 계약금융지급(Contract Financing Payment)이다.

(2) 계약상대자가 계약의무를 이행하지 못할 경우에는 공정진척기성지급의 경우와 같은 방식으로 지급기성의 전액을 보전(補塡)할 수 있다.

(3) 이 지급방식은 계약금융지급에 해당하므로, 신속지급(Prompt Payment)의 경우에 대한 이자벌과금(Interest Penalty)규정의 적용대상이 아니다.

(4) 다음의 경우에는 이 지급방식을 적용하지 못한다.

① 실비정산대상항목에 대한 지급

② 일의 완성도(完成度: %)나 완성단계에 기초하는 공정진척기성(Progress Payments) 방식을 취하고 있는 AE용역계약, 공사계약, 조선계약 등

③ 봉함입찰방식(Sealed Bid Procedures)으로 체결된 계약

P-28 performance bond

이행보증

- 'Final Guarantee' 항목 또는 'Performance Security' 항목 참조 -

P-29 performance certificate

이행확인서

FIDIC 「공사계약일반조건」상 준공 이후의 과정을 보면, 시공자는 늦어도 준공 14일 전까지 발주처(감독관)에게 인수확인서(Taking-Over Certificate)의 발급을 요청하고, 발주처(감독관)는 시공자의 요청일로부터 28일 이내에 당해 확인서를 발급하도록 되어 있다. 이 때부터 하자보수기간이 개시되어 시공자가 하자보수책임을 완료한 경우에 발주처가 발급하는 확인서가 바로 Performance Certificate 즉 이행확인서. 이 확인서가 발급된 경우에 한하여 공사목적물이 발주처에게 인수된 것으로 간주된다.

예문 **FIDIC 「공사계약일반조건」 제11.9조**

"..

Only the Performance Certificate shall be deemed to constitute acceptance of the Works."

이행확인서만이 공사목적물이 인수된 것으로 간주된다.

FIDIC의 이행확인서는 여타 공사의 경우 하자보수완료확인서 즉 Maintenance Certificate 또는 Remedying Defects Liability Certificate 등과 같다.

동의어 Performance Certificate

: Maintenance Certificate

: Remedying Defects Liability Certificate

P-30 performance of work by the contractor

직접시공

원문을 그대로 번역할 경우 '시공자(또는 계약상대자)에 의한 공사의 수행'이 되며, 이 경우 '직접'이라는 말은 들어 있지 않다. 그러나 우리의 정서를 감안할 때, 여기에서의 '공사의 수행'은 '직접시공'이라 함이 더 친근하다. 따라서 당해 'Performance of Work by the Contractor'는 '원수급자에 의한 직접시공'이 적합할 것이지만, 뜻을 강조하기 위하여 '직접시공'으로 줄였음을 유의하시기 바란다.

직접시공이라 함은 시공자가 하도급을 하지 않고 자신의 인력으로 공사를 수행하는 것을 일컫는다.
계약의 이행을 중심으로 할 때에는 'Performance by the Contractor'로 줄여도 무방하다. 대화시에는 이렇게 표현하는 것이 오히려 어색하지 않을 것이다.

미국 「연방조달규정(FAR)」은 계약금액의 최소 12% 이상에 상당하는 부분을 직접시공하도록 규정하고 있다(36.501). 물론 예외는 있다. 예를 들면, 배관공사, 난방공사, 또는 전기공사는 전통적으로 전량 하도급하고 있음을 당해 규정에서도 인정하고 있다. 계약관은 계약금액이 1.5백만 달러 이상으로 예상될 경우 청약 및 계약조건에 이와 관련한 규정을 반드시 포함시켜야 하며, 그 이하인 경우에도 계약관의 결정으로 이를 포함시킬 수 있다.

우리나라는 「건설산업기본법」 제28조의2에서 '건설공사의 직접시공'이라는 제목으로 당해 내용을 규정하고 있다. 즉, 건설업자는 1건공사의 금액이 100억원 이하로서 대통령령으로 정하는 금액 미만인 건설공사를 도급받은 경우에는 그 건설공사의 도급금액산출내역서에 기재된 총 노무비 중 대통령령으로 정하는 비율에 따른 '노무비' 이상에 해당하는 공사를 직접 시공하여야 한다.
'대통령령으로 정하는 비율'이란 다음의 비율을 말한다(시행령 제30조의2).

(1) 도급금액이 3억원 미만인 경우: 50 %
(2) 도급금액이 3억원 이상 10억원 미만인 경우: 30 %
(3) 도급금액이 10억원 이상 30억원 미만인 경우: 20 %
(4) 도급금액이 30억원 이상 70억원 미만인 경우: 10 %

이 규정은 2018.12.31일에 개정되어 2019.7.1부터 시행되고 있다.
종전 규정에 의할 경우 '대통령령으로 정하는 금액 미만인 건설공사'라 함은 '도급금액이 50억원 미만인 건설공사'를 말하며, '대통령령으로 정하는 비율'은 공사규모에 따라 계약금액의 10% ~ 50%로 되어 있었다(시행령 제30조의2).

직접시공비율이 종전에는 계약금액을 기준으로 하였으나, 현재에는 노무비를 기준으로 하는 중요한 차이점이 있다.

P-31 performance security

이행보증

시공자의 계약이행을 제3자가 보증하는 것으로서, Performance Bond, Performance Deposit 또는 Final Guarantee, Final Bond 등으로 구체화하며, 발주처로부터 입찰이 수락된 사실을 통보(Notice of Award, 또는 Letter of Acceptance of Tender) 받은 후 일정기간 내에 제출토록 되어 있다.

이행보증은 시공자의 계약이행을 담보하는 것이므로 발주처에서 볼 때, 이는 매우 중요한 시공자의 통제수단이 된다. 그러므로 이행보증은 'irrevocable and unconditional(취소불능·무조건적인)' 담보임이 일반적이다. 그러나 아래의 경우에는 이행보증을 몰수할 수 없다는 것이 일반적인 견해이다.

첫째, 시공자의 이행보증기간 내에 그의 의무사항을 완수하였을 때

둘째, 시공부분이 이행보증금액보다 많을 때

셋째, 시공자의 당해 계약 이외의 다른 계약상의 하자를 빌미로 할 때

이행보증의 유효기간은 통상 시공자의 계약상의 모든 의무를 완료할 때까지, 즉, Final Acceptance(최종인수)시까지이다.

Performance Security는 통상 Performance Guarantee 또는 Bond로 구체화되어 발주처로 제출되는데, 현업에서는 이 양자의 개념을 구분하지 않고 혼용하는 경우가 많다. 예를 들면, Performance Bond를 '이행보증서' 뿐만이 아니라 '이행보증'으로 사용되기도 한다는 점이 그러하다.

FIDIC「공사계약일반조건」에서는 Performance Security를 낙찰통지서를 접수한 후 28일 이내에 'Contract Data'에 기재된 금액에 상당하는 보증서형식으로 제출하도록 되어 있다(제4.2조).

동의어 Performance Security
; Final Security
; Completion Bond
; Performance Bond
; Construction Bond
; Contract Bond

주 FIDIC에서 'Contract Data'는 특수조건 Part A를 구성하며, 해당계약의 내용을 요약한 자료이다. 여타의 계약에서는 'Briefs'라고도 한다.

P-32 performance specifications

성능시방서

특정한 시공방법이나 자재 등을 명시하지 않고, 단지 공사목적물의 결과나 성능만을 요구하는 시방서이며, 그를 위한 시공방법 또는 자재의 선정권한은 시공자에게 있다. 그 대신 시공자는 결과나 성능에 대하여 책임을 진다. End-Result Specifications라고도 한다.

동의어 Performance Specifications
: End-Result Specifications

P-33 performance work statement (PWS)

공사수행명세서

성과기준조달(또는 이행기준조달: Performance-Based Acquisition)을 위한 공사 명세서를 말하며. 측정가능한 성과물에 대한 특정조건들을 기술하고 있다.

P-34 permanent list

상시명부(常時名簿)

입찰관리에 있어서, 발주처가 자신이 요구하는 기준에 부합된다고 판단되는 업체를 미리 심사·선정하여 작성한 명부. 이 명부에 등록된 업체는 기본적으로 적격자(Qualified Constructors)인 것이나, 여러 가지 선정방식에 따라 최종낙찰자를 선정하게 된다.

비교어 Situational List 수시명부(隨時名簿)

P-35 permanent work

본공사

계약상의 본공사 또는 공사목적물을 뜻하며, 임시공사 또는 가설공사 즉 Temporary Work와 구별된다.
후자의 경우는 현장요원의 현장 내의 사무실, 숙소, 기타의 임시시설을 말한다.
계약문서에서 Works라 함은 Permanent Work와 Temporary Work 양자를 모두 포함하는 개념이다.

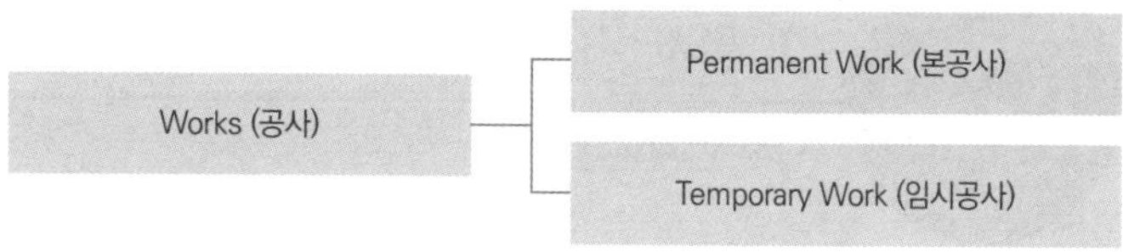

P-36 personal conflicts of interest

개인의 이해충돌

시공자 또는 하수급자의 직원이 계약의 이행에 있어서 금전적 이해나 개인적인 행위 또는 관계로 인하여 자신의 능력을 공정하게 행사할 수 없거나, 발주처에게 가장 유익하게 행사할 수 없는 상황을 말한다. 이 경우 해당행위는 금지되고, 그 관계에 있는 경우에는 사전에 고지하여야 하며, 특별한 경우에는 관련업무에서 제외된다.
금액이 150,000달러를 초과하는 모든 하도급계약에는 이 내용을 하도급계약문서에 포함시켜야 한다. 「FAR」 3.11 및 52.203-16 참조

비교어 Organizational Conflicts of Interest 조직의 이해충돌

P-37 perspective plan

투시도

주 Ground Plan 평면도
Elevation 입면도

P-38 phased construction

단계적 시공

시공, 또는 설계·시공에 대한 점진적(漸進的)·단계적(段階的) 접근방식으로서, 확정된 공사범위 또는 별도의 사업이라고 생각되는 단계 또는 요소가 수행의 기준이 된다.

P-39 phase-in, phase-out costs

인수·인계비용

계약은 종료되었으나 해당업무는 계속되어야 할 경우 전임계약상대자(Predecessor Contractor)는 후임계약상대자(Successor Contractor)에게 업무습득을 위한 교육·훈련행위를 제공하고, 효율적으로 업무가 승계되도록 최선을 다해야 하는데, 이 경우 전임계약상대자에게 발생하는 비용을 'Phase-in, Phase-out Costs'라 하며, 이는 발주처가 부담함이 일반적이다.

미국 「연방조달규정(FAR)」에서는 전임계약상대자는 계약의 종료 후 90일까지의 기간 동안 인수·인계업무(Phase-in, Phase-out Services)를 이행하도록 의무화하고 있다. 「FAR」 52.237-3 참조

이 업무는 주로 특수인력·보안상태가 요구되는 용역계약(Services Contract)에서 나타나는데, 공사계약에서도 논의될 수 있다.

P-40 physical conditions

물리적 여건

이에 대한 설명은 FIDIC 「공사계약일반조건」의 정의규정을 소개하는 것으로서 대신한다.

FIDIC 「공사계약일반조건」 4.12조

"......natural physical conditions and physical obstructions (natural or man-made) and pollutants, which the Contractor encounters at the Site during execution of the Works, including sub-surface and hydrological conditions but excluding climatic conditions at the Site and the effects of those climatic conditions.

시공자가 공사의 수행 중 현장에서 접하는 물리적 여건 및 물리적 장애물(자연적 또는 인위적)을 말하며, 지하 및 수리(水理)여건을 포함하되, 현장의 기후여건 및 기후여건의 영향은 제외한다.

P-41 physical data

현장자료 또는 현장설명자료

공사현장의 지질, 수리, 기후, 진입방법, 교통 등을 나타내는 자료. 통상 발주처가 준비하며, 입찰시에 입찰자에게 교부한다.
Site Data라고도 한다.

동의어 Physical Data
: Site Data

P-42 pledge of asset

자산담보

원래 미국 내 지점이 있는 해외은행은 미연방예금보험공사(FDIC)에 대하여 자산을 담보하도록 하는 제도이다.
이에 대한 규정은 2018년 3월 「연방법전(CFR)」 〈12 CFR 347.209〉의 개정 및 뒤이은 2018년 8월 「연방조달규정(FAR)」의 개정으로 다음과 같이 정착되었다. 즉, 제안자(입찰자)는 제안 또는 입찰시 입찰보증 또는 계약보증의 개별보증인으로부터 제3자기탁계정증서(Evidence of an Escrow Account) 또는 부동산저당문서(Lien on Real Estate) 등의 형식으로 당해 자산담보(Pledge of Asset)를 확보하여야 한다(52.228 참조).

주 FDIC: Federal Deposit Insurance Corporation
CFR: Code of Federal Regulations
FAR: Federal Acquisition Regulations

P-43 plot plan

현장계획(도면)

구조물의 위치와 규모 등을 나타내는 현장계획도면(Plan of Construction Site).
Site Plan 또는 Location Plan이라고도 한다.

동의어 Plot Plan
: Location Plan
: Site Plan

P-44 possible cost

가용원가(可用原價)

발주처의 측면에서 볼 때 부담할 수 있는 원가의 상한이라고 할 수 있다. Available Cost 즉 유효원가의 개념이다.

이에 비하여, (1) Probable Cost는 증빙 또는 논리상으로 비추어 볼 때 실제로 소요되리라고 확신할 수 있는 가격이기는 하되, 완전하게 입증되지는 않은 가격을 말하며, 통상 설계자가 산정하는 가격이다. 본서에서 이를 개산원가(概算原價)로 번역한다.

한편, (2) Estimated Cost는 통상 공사입찰 전에 공사비를 예측하여 산정한 원가로서, 견적금액, 추산금액 등으로 불리우며, '입찰금액'으로 발주처에 제시된다. 입찰자가 낙찰자로 결정될 경우 이 금액은 계약금액이 된다.

P-45 postconsumer material

폐기품(廢棄品)

당초 목적한 대로 사용하고 폐기처분 또는 재활용하기 위하여 폐품처리한 물품으로서, 1차 수요자물품으로서는 생애(生涯)를 다 한 물품을 말한다.

넓은 의미로는 재활용자재에 해당한다(Postconsumer material is a part of the broader category of 'recovered material'. 「FAR」 52.223-9).

미국의 경우 쓰레기저감(低減) 및 자원보호를 위하여 2008년 5월부터 계약상대자로 하여금 계약완료시점에 재활용자재 및 폐기품활용실적을 발주처에 제출하도록 법제화하고 있다.

시공자는 전자문서가 아닌 종이문서를 공문서로 사용할 경우에는 재생종이가 30 % 이상이어야 하고, 양면으로 인쇄 또는 복사된 문서로 제출해야 한다(「FAR」 52.204-4).

주 '재생종이' : 「FAR」 원문의 'Postconsumer Fiber'

P-46 potential defects

잠재적 하자

현시적 하자(Patent Defects)에 대칭되는 개념으로서, 비록 하자보수기간(Defects Liability Period, Maintenance Period, 또는 Performance Period)이 종료한 후에 발생하였다고 하더라도, 하자의 원인이 하자보수기간 종료 이전에 존재하고 있었다면, 그 하자는 그 원인에 대하여 책임이 있는 자의 책임사항이라는 개념이다.
Latent Defects라고도 한다.

동의어 Potential Defects
: Latent Defects

FIDIC에서는 Unfulfilled Obligations(미수행 의무)라 하여 유사규정을 두고 있다.

P-47 powder room

간이욕실(簡易浴室), 간이화장실

- 'Half Bath' 항목 참조 -

P-48 power of attorney (POA)

위임장

입찰서를 제출할 때나, 계약을 체결할 때, 또는 중요한 회의에 참석할 때에는 회사대표의 위임장을 첨부하거나 제시하여야 한다. 양식은 회사마다 다소의 차이가 있을 것이나, 하나의 표준적인 영문양식을 외워두는 것이 바람직하다.
이 위임장을 지참한 대리인을 Attorney-in-Fact라고 한다.

P-49 practical completion

실제적 완공

Substantial Completion의 또 다른 표현. 우리나라에서는 주로 준공이라 한다. 당해 실제적 완공 후 하자보수를 완료하면 최종준공(Final Completion)이 된다.

P-50 preamble

전문(前文)

해당계약의 배경을 설명하는 도입부 또는 설명조항.
Recitals라고도 하며, Whereas로 시작되는 문장이 많음을 강조하여 Whereas Clause라고도 한다.

동의어 Preamble
: Recitals
: Whereas Clause

우리나라 계약예규 「공사계약일반조건」에는 당해 전문(前文)을 두지 않고 있다.

P-51 preaward integrated baseline review

계약체결사전통합기초검토

발주처는 경우에 따라 계약의 체결 전에 통합기초검토(Integrated Baseline Review: IBR)를 실시하는데, 계약체결 전에 실시한다고 하여 '계약체결사전통합기초검토(Preaward Integrated Baseline Review)'라 한다. 그 목적은 발주처와 계약상대자가 마주 앉아 계약요구사항의 완전한 적용, 논리적 작업계획수립, 적합한 자원, 기성고(Earned Value)에 대한 관리방법, 기타 고유위험요소의 분석 등을 확인하기 위한 기술적인 영역(예; 계약상대자의 계획 등)에 공동으로 협의하여 대처하기 위함에 있다.

P-52 precast concrete

사전제작콘크리트부재(部材)

현장이 아닌 외부(주로 공장)에서 제작한 콘크리트 부재 또는 구조물로서, 현장에서는 조립·설치만 하는 콘크리트 제품이며, 그렇게 시공하는 공법이 소위 PC공법(工法)이다.
이 콘크리트는 주로 공장에서 제작된다는 점에서 Factory-Manufactured Concrete(공장제작콘크리트)라고도 하며, 넓은 의미로는 Prefabricated Concrete(사전제작콘크리트)라고도 할 수 있다.

비교어 In Situ Concrete 현장제작콘크리트

P-53 predecessor contract

전임(前任)계약

이전계약 또는 종전계약을 말한다.
공공계약의 경우 동일장소에서 동일 또는 유사용역의 수행을 위한 용역계약을 승계한 후임계약상대자(Successor Contractor)는 전임계약상대자(Predecessor Contractor)의 인력을 채용해야 한다는 원칙이 있다.

비교어 Successor Contract 후임계약

- 'Nondisplacement of Qualified Workers Rule' 항목 참조 -

P-54 prefab

조립식 주택

조립식이기는 하되, 부재(部材)가 철저하게 규격화되어 있으며, 이를 사전에 제작하여 현장에서 조립하는 주택을 말한다. 부재의 제작에 표준규격이 정해져 있지 않는 이동식 주택이나 트레일러 등은 당해 주택에 포함되지 않는다.
Prefabricated House도 같은 의미이기는 하나, 통상 '프리팹'(프리패브)이라 할 때에는 House를 포함하는 개념이므로 기억해 둠이 좋을 것이다.

P-55 prefabricated construction

사전제작부재시공

Prefab처럼 외부에서 사전에 제작한 부재를 현장에서 조립하는 방식의 시공법.

주 Prefabricated House
Prefabricated Wall
Prefabricated Pile

주 Prefabricated는 콘크리트의 경우 Precast

P-56 preliminaries

가설공사

원래 Preliminary는 예비·임시 등의 뜻이지만, 건설공사에서는 이를 복수형으로 하여 임시공사 또는 가설공사를 나타내기도 한다. 이 경우 Temporary Work와 같은 뜻이 된다.

동의어 Preliminaries
: Temporary Work

P-57 preponderance of the evidence

증거의 우위

분쟁 중인 어떤 사실이 그에 대립되는 다른 사실과 비교할 때, 증거가 있음으로써 없는 것보다는 한층 진실에 가까운 것으로 결론지어질 수 있다는 원칙을 말한다.

P-58 pre-qualification (PQ)

사전자격심사제도

PQ로 잘 알려져 있으며, 정확하게는 Pre-Qualification of Prospective Bidders(예비입찰자의 사전자격심사)이다.
일반적으로 국제입찰에서 입찰후보자는 PQ의 통과를 전제요건으로 입찰자가 된다.

P-59 price breakdown

원가내역서

미국식 산출내역서. Cost Breakdown 또는 Schedule of Values라고도 하며, 후자에서 Values는 Prices 또는 Costs, Rates와 차이가 없다.

동의어 Price Breakdown
: Cost Breakdown
: Schedule of Values
: Schedule of Prices
: Schedule of Costs
: Schedule of Rates

P-60 price ceiling contract

공사비상한계약

계약금액의 상한을 정해 놓고 그 범위 안에서 공사를 완성하도록 하는 계약.
Guaranteed Maximum Price Contract라고도 한다.

동의어 Price Ceiling Contract
: Guaranteed Maximum Price Contract

-'Ceiling Price' 항목 참조 -

P-61 price fluctuation

물가변동

이는 공사비에 직접적으로 영향을 미칠 뿐만 아니라 시공자의 안정적인 자금운용과도 직접적인 연관이 있다.

물가변동 외에 공사비에 영향을 미치는 제요인은 아래와 같다. 전자를 협의의 물가변동이라 할 때 후자를 광의의 물가변동이라 할 수 있다.

(1) 자재·장비비
(2) 인건비
(3) 세율
(4) 환율
(5) 법령

P-62 price redetermination

금액 재결정

미국의 공공납품 및 용역계약의 경우 아래의 두 경우를 제외하고는 계약단가 또는 총계약금액을 주기적으로 재결정하도록 되어 있다.

첫째, 금액 재결정의 효력발생 초일(初日) 이전에 이행된 납품 또는 용역의 대가가 정액으로 유지되어야 하는 경우

둘째, 당해 계약에 의하여 지급된 총금액이 여하한 경우에도 계약서에 규정된 상한가(上限價: Ceiling Price)를 초과할 수 없는 경우

금액 재결정은 계약상대자가 관련자료를 제출한 날로부터 60일 이내에 발주처와 계약상대자의 합의에 의하여 이루어져야 하는데, 이 기간 안에 합의가 이루어지지 않을 경우 발주처(계약관)가 신속하게 결정하도록 되어 있으며, 계약상대자가 이 결정에 동의하지 않아 관련기관에 항소할 경우라고 하더라도

(1) 遡及型(Retroactive유형)에서는 그에 대한 최종해결이 이루어질 때까지, 또는 항소하지 않을 경우에는, 발주처의 결정은 계약내용이 변경된 것과 같은 것으로 간주된다.

(2) 이에 비하여, 非遡及型(Prospective유형)에서는 발주처의 결정은 계약내용이 변경된 것과 같은 것으로 간주되기는 하나, 그에 대한 최종해결이 이루어질 때까지 잔여기간 동안 금액 재결정에 대한 협의를 계속하도록 하고 있다.

또한 (1)遡及型(Retroactive유형)에서는 금액 재결정이 이루어지기 전에 계약이 해제될 경우 금액은 해제되지 않은 완성된 납품 또는 용역에 대하여 설정될 것이나, (2)非遡及型(Prospective유형)에서는 계약이 해제될 경우(註: '금액 재결정 전'이라는 단서가 없음) 금액은 완성된 납품 또는 용역뿐만 아니라 해제되지 않은 물품 및 용역에 대하여서도 설정된다.

금액이 재결정되면, 계약금액조정으로 이어지는데, 이 조정이 완료되지 않은 경우에는 현재의 계약조건에 따라 대가를 청구한다.

P-63 prime contractor

원수급자, 원청자

발주처와 직접 계약을 체결한 시공자로서, Main Contractor 또는 Principal Contractor 라고도 한다. 통상 the Contractor(시공자, 수급자)로 표현된다.
General Contractor는 원수급자이기는 하나 소위 종합공사의 원수급자를 지칭한다는 데에서 약간의 차이가 있다.
이렇게 볼 때 General Contractor 이외의 시공자 즉 Main Contractor, Principal Contractor 또는 Prime Contractor는 반드시 종합공사시공자가 아니라고 하더라도 예컨대 전문공사시공자도 원수급자가 될 수 있다는 점에 주의를 요한다.

동의어 Prime Contractor
: Main Contractor
: Principal Contractor
: General Contractor

P-64 prime cost

(공사)원가

통상 재료비, 노무비 및 경비의 합산액을 말한다.

P-65 principal contractor

원수급자, 원청자

– 'Prime Contractor' 항목 참조 –

P-66 priority of documents

문서의 우선순위

문서의 내용이 상호 불일치할 때 적용상의 우선순위를 나타내는 FIDIC의 표기. 미국 「연방조달규정(FAR)」은 Order of Precedence.
우리나라 계약예규 「공사계약일반조건」에서 계약문서는 상호보완적인 효력을 가지므로 엄밀한 의미에서 우선순위가 없다. FIDIC은 계약서(Contract Agreement)가 최우선순위에 있으나(1.5조 참조), 「FAR」은 내역서(Schedule)가 최우선순위에 있다.

P-67 probable construction cost

개산공사비(槪算工事費)

공사의 기획[계획]설계(Schematic Design) 단계에서 설계자가 발주처에 제출하는 예상공사비를 말한다.
발주처는 사업예산(Project Budget)과 당해 개산공사비를 참조하여 기본설계를 확정한다.
Probable Construction Cost는 그냥 Probable Cost라 하여도 무방하다.

P-68 probationary employment

견습고용

수습고용이라 하여도 된다.
견습고용기간 중에 있는 근로자를 Apprentice라 하며 견습근로자 또는 수습근로자라고 한다.
이에 비하여, 숙련근로자는 Journeyman 또는 Skilled Labor[Workman]이라 한다.

P-69 progress chart

공정표

공종은 세로로 표기되고, 공기(계획 및 실행)는 가로로 표기된다.
각 공종별로 매월 주기적으로 update되므로, 계획 대비 실제공정 현황을 일목요연하게 알 수 있다.

P-70 progress payment

공정진척기성(지급)

공사수행과정에서 수행된 공사나 반입된 자재에 대하여 발주처에 의하여 지불되는 금전.
참고로, 공사대금의 지불유형은 아래와 같다.

(1) 선수금(Advance Payment)
계약착수금으로서 계약금액의 일정액(예: 10%)을 상환을 전제로 계약시에 지불한다.
이는 엄밀한 의미에서 대가의 지급이라 할 수 없고, 발주처가 시공자에게 베푸는 일종의 자금지원(선지급)이다. 그러나 기성대가도 완공 이전에 지급되는 것이기 때문에 시공자에 대한 자금지원이라고 하여야 할 것이다.

(2) 중간기성(Interim Payment)
가장 대표적인 공사대금이며, 시공 중 일정 방식에 의하여 지급된다.
중간기성은 그 지급방식에 따라 다시 아래와 같이 분류된다.

(a) 공사진척기성(Progress Payment)
이는 공정률에 따라 지급하는 방식으로서, 예를 들어, 매 공정률 10%마다 지급한다면, 완공시까지 10회를 지급하게 된다.
미국 「연방조달규정(FAR)」에서는 1회 청구액이 최소 2,500달러 이상이어야 하는 것으로 규정하고 있다.(52.232-16)

(b) 월별기성(Monthly Payment)
이는 매월별 공정률에 따라 지급하는 방식으로서, 예를 들어, 계약공기가 2년이라면, 24회를 지급하게 된다. 이 경우 월별기성액은 서로 다를 수도 있다.

(c) 정액기성(Payments in Installments)
이는 일정기간마다 정액을 지불하는 방식으로서, 예를 들어, 2개월마다 계약금액의 10%를 정액으로 지급하는 방식이 그것이다. 또한, 매월별 일정액을 지급한다면 Monthly Installments가 될 것이다.

(d) 중간기성이 2회 이상으로 분할되어 지급된다면 Partial Payment 즉 부분지불이 된다. 이 개념을 중시하여 일본은 아예 기성대가를 부분불금(部分拂金)이라 한다.

(3) 최종대가(Final Payment)
최종정산(Final Accounting) 후 지급되는 대가로서 통상 공사의 완공 후 지급된다. 우리나라의 준공대가에 해당한다.

P-71 project

이 용어는 자주 접하면서도 그 정확한 의미에 있어서 간혹 혼란스러울 때가 있다. 차재에 이 용어의 의미를 아래에 요약하여 본다.

(1) 건설공사를 의미한다. 이 경우는 Construction Project를 가리킨다. 본서에서 쓰이고 있는 거의 대부분의 'Project'는 여기에 해당한다. '사업'이라 번역한다.
(2) 계획된 대규모주택단지를 의미하기도 한다. 이 경우는 주로 저소득층을 위하여 정부의 자금지원으로 건설하는 서민주택단지 및 아파트단지를 말한다. Housing Project라고도 한다.
(3) 일반사무용어로는 부여된 하나의 임무를 의미하기도 한다. 예컨대, 국가 또는 기업이 정책적으로 추진하는 달착륙프로젝트, 비용절감프로젝트, 생산성향상프로젝트 등.
이 경우는 'a Job' 또는 'a Mission' 또는 'a Campaign'의 다른 표현이다.

P-72 project application for payment

사업대가신청, 공사대가신청

Application for Payment와 동의어. 그냥 Application for Payment라고 할 때에는 사업 또는 공사대가뿐만 아니라 물품대가나 용역대가 등도 포함할 수 있으므로 이를 분명히 구분짓기 위하여 Project를 앞에 붙인 것일 뿐이다.

P-73 project budget

사업예산

어떤 사업(Project)을 수행하는데 소요될 것으로 예상하여 발주처가 확보한 금액으로서 다음과 같은 항목으로 구성된다.

(1) 공사예산 (Construction Budget)
(2) 부지비 (Land Costs)
(3) 장비비 (Equipment Costs)
(4) 금융비 (Financing Costs)
(5) 전문용역비 (Compensation for Professional Services)
(6) 예비비 (Contingency Allowance)
(7) 기타

참고로, Project Budget에 대하여, Project Cost는 사업비를 뜻한다. 통상 후자는 전자의 테두리 안에서 집행된다.

비교어 Construction Budget 공사예산

P-74 project certificate for payment

사업대가지급확인서

Project Application for Payment (사업대가지급신청서)와 같은 맥락에서 Certificate for Payment와 같다.

P-75 project closeout

사업종결

이에 대한 미국건축사협회(AIA) 「건설용어해설집(Glossary of Construction Industry Terms)」의 정의를 소개하는 것으로 설명을 대신한다.

AIA의 Project Closeout 정의

Project Closeout; Requirements established in the contract documents for final inspection, submittal of necessary documentation. acceptance and final payment on a construction project.

'Project Closeout' (사업종결) : 공사현장의 최종검사, 관련서류의 제출, 인수 및 최종대가의 지급에 대하여 계약문서에서 규정된 요구사항

P-76 project coordinator

프로젝트 코디네이터

공사의 원활한 수행을 위하여 발주처, 감독관 및 시공자 사이에서 상호교섭업무를 수행하는 시공자 소속직원. 그냥 Coordinator라고도 한다.

동의어 Project Coordinator
: Coordinator

P-77 project cost

사업비

전체사업의 수행에 소요되는 실제적인 비용(Actual Cost). 통상 Project Budget의 범위 안에서 집행된다.

P-78 project labor agreement

사업노동협약

어떤 사업(Project)에 있어서 시공자의 노동조합 등 노동관계기구와 인력이 현장에 투입되기 전에 설정하는 고용전(前)단체교섭협약(Prehire Collective Bargaining Agreement)을 말한다. 다시 말하면, 특정프로젝트 하나만을 위한 착수 전 노동협약이다. 이는 근로자들이 소속된 기업의 통상적인 노동협약과는 차이가 있을 수 있다.
계약상대자는 해당계약의 낙찰 전에 이 사업노동협약을 근로자들과 체결하여야 하고, 일단 설정되면, 체결된 협약의 내용을 계약이 종결될 때까지 유지하여야 함이 일반적이다.
이를 공사계약의 수행 중 불변적(不變的) 임금제도라고 할 때, 우리나라의 경우 공사의 수행 중이라고 하더라도 승진·승급 등으로 인한 임금인상, 노사협상에 의한 임금인상 등을 인정하는 가변적(可變的) 임금제도를 채택하고 있어서 상당한 차이가 있다.

우리나라도 해외공사에서 현지 발주처에게 당해 사업협약을 제출하여 승인받은 후에 인력을 투입한 경우가 있다. 이 경우 근로시간, 휴가제도, 위생제도 등이 본사와 차이가 있게 설정되어야 하는 경우가 많다.

P-79 project management information system (PMIS)

사업관리정보체계

공사수행에 있어서 발주처, 감리자, 시공자 및 설계자간에 관련정보를 공유하기 위한 체계

P-80 project manager

여기에는 두 가지의 뜻이 있다.

(1) "사업관리자"
이 경우는 Project Management 즉 사업관리업무를 시행자인 발주처로부터 위탁받아 수행하는 자를 뜻한다.
이 때의 Project Manager는 PMr로 나타냄이 일반적이다.

(2) "현장소장"
공사현장의 관리책임자로서 시공자의 직원이다.
이 경우의 Project는 Site 또는 Work Site를 뜻한다.
이 때의 Project Manager는 PM으로 나타냄이 일반적이다.

P-81 project representative

현장대리인

시공자측 현장책임자로서 현장소장(Project Manager)이 겸임하기도 하며, 별도의 자를 두기도 한다. 전자가 일반적인 경우라고 할 수 있다.
간혹 발주처측의 대리인 즉 감독관 또는 감리자를 지칭하기도 한다. 이 경우에는 개인이 아니라 당해 위탁업무의 수행자이다.

P-82 prolongation cost

연장비용

공사의 완공지체를 시공자에게 책임없는 사유로 인한 지체, 즉 양해할 수 있는 지체(Excusable Delay)와 시공자에게 책임있는 사유로 인한 지체, 즉 양해할 수 없는 지체(Unexcusable Delay)로 구분할 때, 후자의 경우 시공자에게 지체상금(Liquidated Damages)을 부과하며, 전자의 경우 발주처가 연장비용을 부담한다.
Extension Cost라고도 한다.

P-83 prompt payment

신속지급(迅速支給)

미국의 경우 일반적인 대가의 지급기한은 아래와 같다.

(1) 기성대가의 지급; 발주처가 계약상대자로부터 적합한 지급신청서를 접수한 날로부터 14일
(2) 유보금의 해제; 발주처가 유보금의 해제를 승인한 날로부터 30일
(3) 최종대가의 지급; 발주처가 계약상대자로부터 적합한 지급신청서를 접수한 날 또는 공사목적물을 인수한 날 중 나중의 날로부터 30일

그런데, 식품 중에 신선육(新鮮肉)의 경우 발주처에 인도된 후 7일 이내에 대가를 지급하며, 시들기 쉬운 채소 등의 경우에는 10일 이내에 지급한다. 이 경우의 지급을 위 (3)항의 30일에 대하여 신속지급이라 한다.
또한 공사계약에 있어서, 시공자는 하수급자로부터 기성청구서를 접수한 날로부터 7일 이내에 대가를 지급하여야 한다. 이 경우의 지급을 위 (1)항의 14일에 대하여 신속지급이라 한다.

다시 말하면, ① 신선육·채소 등의 납품계약에서의 대가와 ② 공사계약에서 하도급대가의 지급에 신속지급규정이 적용된다.
이 지급기한을 넘길 경우, 및 발주처가 신속지급에 대하여 계약조건에 따르지 않고 부당하게 할인을 받을 경우(discount for prompt payment improperly)에는 'Interest Penalty'(이자벌과금)를 상대방에게 지급한다. 이 경우에는 상대방의 지급청구가 없이 발주처의 해당지급부서에서 자동으로 지급된다.

한편, 'Fast Payment'는 통상적인 지급기한보다 빨리 지급하는 것으로서 '조기지급(早期支給)'이라고 할 수 있으며, '신속지급'과는 차이가 있다. 'Fast Payment'의 예(例)로는 불가항력 등의 사유로 계약상대자가 완전한 대가지급신청서를 구비하지 못한 채 청구서 하나만으로 대가의 지급을 청구할 수 있으며, 이에 대하여 발주처는 해당대가를 선지급(先支給)하고, 증빙을 뒤에 보완하거나 검사를 뒤에 실시하는 경우 이를 조기지급이라 한다. 주로 급전계약(給電契約) 즉 Utility Service Contract에 적용된다.

비교어 Fast Payment 조기지급(早期支給)

P-84 property insurance

재산보험

화재, 낙뢰, 기타 제(諸)위험에 의한 모든 재산상의 손실과 손상에 대한 보상을 목적으로 하는 보험.
특수재해보험(Special Hazards Insurance)의 부보(付保)위험인 누수, 붕괴, 제(諸)물질적 손실이나 시공자의 운송 중인 자재까지도 이 보험으로 부보될 수 있다.

비교어 **Property Damage Insurance 재산손해보험**
이는 책임보험의 일종이며, 유형자산의 손상과 그로 인한 사용기회의 상실에 대한 손해까지도 부보되지만, 피보험자(또는 보험가입자)의 보호, 관리, 통제 하에 있는 자산(property in the care, custody, and control of the insured)은 제외된다.

주 '부보(付保)'라 함은 어떤 손해를 보험보상의 대상으로 하는 것을 말한다. 이에 대하여 입보(入保)는 보험에 가입하는 것으로서 차이가 있다.

P-85 proposal

제의, 제안

입찰에서는 입찰 그 자체를 나타내기도 한다. Offer와 혼용되기도 한다.
Proposal에는 가격제안(Price Proposal), 기술제안(Technical Proposal), 경제성제안(Economical Proposal) 등이 있다.

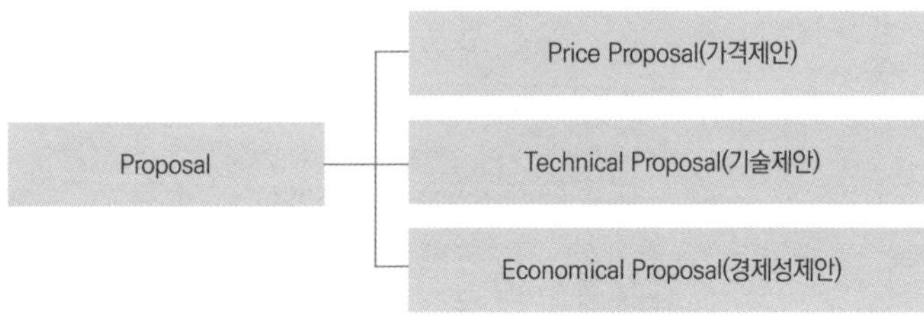

P-86 proposal modification

제안서 변경, 입찰서의 변경

미국의 경우 이 변경은 (1)입찰공고(또는 입찰초청장)에 기재된 입찰서제출마감시한 이전에 하는 입찰자에 의한 변경, 또는 (2)발주처가 발주내용(예; 입찰공고의 내용)을 수정한 결과 그에 따라 하는 입찰자에 의한 변경, (3)낙찰결정 이전에 제안내용(소위 제안서 또는 입찰서 내용)의 과실을 정정하기 위하여 하는 입찰자에 의한 변경 등을 말한다.
변경되기는 하여도 아직은 제안서 또는 입찰서에 해당한다.

비교어 Proposal Revision (제안자에 의한) 제안서 수정
Amendment to Solicitation (발주처에 의한) 입찰공고 내용의 수정

참조문 Proposal Modification; a change made to a proposal before the solicitation's closing date and time, or made in response to an amendment, or made to correct a mistake at any time before award.
(입찰서 변경은) 청약의 마감일 이전에, 또는 발주처가 청약서를 변경하여 그에 따라 입찰서를 변경하거나, 또는 낙찰 이전에 오류를 수정하는 것을 말한다.

P-87 proposal revision

입찰서 수정

이 수정은 입찰공고(또는 입찰초청장)에 기재된 입찰마감시한 뒤에 하는 변경으로서, 발주처와 입찰자의 협상 결과로 발주처(계약관, 계약담당공무원)가 요구하거나 허용한 경우의 변경을 말한다. 변경된 내용은 계약내용의 일부로 확정된다.

참조문 Proposal Revision; a change to a proposal made after the solicitation closing date, at the request of or as allowed by a Contracting Officer as the result of negotiations.
제안서 수정; 협상 결과에 따라 발주처(계약관)의 요청으로 또는 발주처(계약관)가 허락함으로써 청약의 마감일 이후에 하는 제안서의 변경을 말한다.

비교어 Proposal Modification 입찰서 변경(입찰서제출마감 이전에 하는 변경)

주 Proposal Modification vs Proposal Revision

구 분	Proposal Modification (제안변경)	Proposal Revision (제안수정)
변경시기	입찰서제출마감 전, 낙찰결정 이전	입찰서제출마감 이후
변경사유	발주내용의 수정, 제안의 과실·오류의 정정	협상결과의 반영
변경주체	발주처 또는 제안자(입찰자)	제안자(입찰자). 단, 발주처의 승인 또는 요구에 의함

P-88 proprietary specifications

전용시방서

특정제조자의 특정제품 하나만을 지정하고 이의 대체(代替)를 허용하지 아니하는 시방서. 제한시방서(Closed Spec)에 속하며, 설계시방서(Design Spec)의 변형이라고 할 수 있다.

P-89 pro rata basis

비례방식

예컨대, 간접비는 직접비에 대하여 비례방식으로 결정된다.

예문 **미국「연방조달규정(FAR)」52.212-4 (2018.10)**
The Government will reimburse the Contractor for indirect costs on a pro-rata basis over the period of contract performance at the fixed price.
발주처는 계약기간 중 고정금액에 대한 비례방식으로 시공자에게 간접비를 정산·지불한다.

동의어 pro rata : in proportion 비례로, 비례하여

P-90 protest

이의신청

우리나라 국가계약법령의 '이의신청'과 대동소이하다.
미국「연방조달규정(FAR)」에서는 아래의 사항과 관련한 이해당사자의 문서상의 이의제기(Written Objection)를 'Protest'라 정의하고 있다.

(1) 입찰초청과 관련한 사항
(2) 입찰초청의 취소
(3) 낙찰과 관련한 사항
(4) 낙찰의 취소와 관련한 사항

우리나라의 경우 해당발주처에만 이의신청을 할 수 있으나,「FAR」에서는 발주처뿐만 아니라, 정부책임관리국(Government Accountability Office; GAO) 및 연방클레임법원에도 할 수 있는 것으로 규정하고 있다. 그러나 지역법원에는 할 수 없다.

P-91 provisional hand-over

임시인도, 예비인도

동의어 Provisional Hand-Over
: Initial Hand-Over
: Temporary Hand-Over
: Preliminary Hand-Over

비교어 Provisional Taking-Over 예비인수

P-92 provisional payment

개산급(概算給)

설계변경, 물가변동, 기타 계약내용이 변경됨으로써 계약금액의 조정이 필요할 때 변경된 금액이 확정되기 전에 당초의 산출내역서에 따라 지급하는 기성대가.
계약금액이 확정될 경우 정산한다.
우리나라의 경우 당초의 산출내역서상의 금액이라 하더라도 100% 지급하나, 미국의 경우에는 수행금액의 80% 이내에서 지급하도록 규정하고 있다{「FAR」 제32.102(e)(2)}.
우리나라의 경우 준공대가는 개산급의 대상이 아님을 유의해야 한다.

P-93 provisional sum

임시비 또는 예비비

이의 개념을 구체적으로 정리하면 아래와 같다.

첫째, 공사의 수행(execution of work)이나,
둘째, 자재 또는 용역의 제공(supply of goods, materials, or services)이나,
셋째, 예비비로(for contingencies) 사용되며
넷째, 이 금액은 전액이 집행될 수도 있고 일부만 집행될 수도 있으며, 전혀 집행되지 않을 수도 있다.
다섯째, 집행에 대한 결정은 발주처(감독관)의 자유재량이다.
여섯째, 집행된 금액은 계약금액의 조정(예: 증액)으로 이행된다.

'Option' 항목에 대한 금액과 성격이 유사하다.

P-94 proximate cause

근인(近因)

근접원인(近接原因)이다. 이 경우 Immediate Cause 또는 Direct Cause와 같다. Legal Cause(법적원인)라고도 한다.
법률상 근인은 어떤 사건이 손해의 원인이라고 간주되는 상황(the event to be the cause of the injury)을 뜻한다.
근인은 보험의 핵심원리이며, 손실이나 상해가 어떻게 발생한 것인지를 보여주는 요소가 된다.

동의어 : Immediate Cause
: Direct Cause

비교어 Remote Cause 원인(遠因)

P-95 public liability insurance

공공책임보험

피보험자의 인력이나 재산이 아닌 제3자의 인력이나 재산상의 손실과 상해에 대한 피보험자의 책임을 대상으로 하는 보험.
예를 들면, 현장 방문객의 인명피해에 대한 보상을 부보하는 보험이 대표적인 경우이다.

P-96 public utility

공익시설

수도, 가스, 전기, 통신, 하수설비 등의 공공시설. 이들 개별대상은 그냥 'Utility'라고도 한다. 따라서 'Utility'라고 표현하거나, 표기되어 있을 때 정확하게 무엇을 가리키는지 세심한 주의가 요구된다.

P-97 public works

공공공사

국가, 지방자치단체, 정부투자기관 등 공공기관이 발주하는 공사

비교어 Private Works 민간공사

P-98 public works concession contract

공공개발공사계약

시공자에 대한 대가가 공사목적물의 이용권으로 이루어지거나, 적어도 그 이용권을 포함하는 공공공사계약으로서 민자개발사업의 성격이 가미되었다고 할 수 있다. 이 경우의 계약상대자를 특별히 Concessionaire(개발권양수인)라 한다.
영국 「2006공공계약규정」(The Public Contracts Regulations 2006) 제2조 및 제36조 참조.

- 'Minimum Revenue Guarantee (MRG)' 항목 참조 -

P-99 punch list

하자항목

시공자가 완성 또는 보수해야 할 작업항목(list of items of work to be completed or repaired by the contractor).
시공자가 공사를 완성했을 때 완공통보(Notification of Substantial Completion)를 하면, 감독관이 현장을 검사(Inspection)하게 되는 바, 이 과정에서 노출된 하자부분은 시공자와 발주처에 각기 통보한다. 이 하자부분의 목록을 Punch List라 한다.
Inspection List 또는 Snagging Item List, Completion List라고도 한다.

동의어 Punch List
: Inspection List
: Snagging Item List
: Completion List

P-100 punitive damages

징벌적 손해배상

- 'Exemplary Damages' 항목 참조 -

P-101 purchase order (PO)

구매지시서, 구입주문서

FIDIC「공사계약일반조건」 제18.5조(b)항에서 '시공자에게 인도되었거나, 시공자가 인도받아야 할 책임이 있는 공사용 자재·장비의 대가'(the cost of plant and materials ordered for the Works which have been delivered to the Contractor, or of which the Contractor is liable to accept delivery)라고 할 때의 인도받아야 할 책임이 있는 자재·장비라 함은 바로 본항의 PO가 발급된 경우를 뜻한다.

영문공사용어350선 개정증보판

영문공사용어 완결본 820

Q

Korean Glossary of English Terms 820

All-In Edition

Q-1 quality control (QC)

품질관리

Q-2 quantity survey (QS)

적산 또는 산출내역서

첫째, ① 공사용 자재·장비의 분석, 즉 적산을 뜻하나, ② 영국식 QS는 적산은 물론 계약, 공사관리, 기타 건설업무 전반에 걸친 Engineering을 의미한다.

① 의 의미로는 FIDIC에서 Measurement(검측)라 표기하고 있으며, 미국 「연방조달규정(FAR)」에서도 이 개념의 QS를 규정하고 있다(제36.516조 및 52.236-16조 참조).

미국 「연방조달규정(FAR)」에서 이 업무는 계약상대자가 수행하기는 하되, 발주처 감독관의 지시에 따라 행해지며, 그렇게 도출된 자료는 수행된 실공사량의 산정에 사용된다.(All surveys shall be conducted under the direction of a representative of the Contracting Officer......the data derived from these surveys shall be used in computing the quantities of work performed and the actual construction completed and in place.)

② 는 영국식 적산임은 위에서 이미 언급하였다. QS업무를 전문적으로 수행하는 사람을 Quantity Surveyor라고 한다.

동의어 Quantity Survey
: Measurement

둘째, 산출내역서 즉 Bill of Quantities (BOQ)의 의미로 사용되기도 한다. 미국건축사협회(AIA) 「건설용어해설」에서 이 개념을 취하고 있다.

Q-3 quantum meruit basis

합리적인 금액방식

Quantum Meruit는 라틴어이며, 영어로는 아래의 [동의어]와 같이 다양하게 번역된다.

동의어 Quantum Meruit: 퀀텀 메릳
: as much as it is worth (그 가치만큼)
: what one has earned (그가 받아야 할 만큼)
: reasonable price in all circumstances (모든 여건을 감안한 합리적인 금액)
: reasonable value of services (서비스의 합리적인 가치)

다시 말하면, 금액을 정하지 않은 계약에 있어서, 계약을 이행한 일방은 제공한 수고(Service)나 물품 또는 개선된 가치에 대하여 상대방에게 그에 상당하는 대가를 청구할 수 있다. 예컨대 법(法)은 고용주로 하여금 근로자에게 그 근로자가 제공하는 수고에 대하여 받을만한 대가(as much as he may deserve or merit)를 지급할 것임을 암묵적으로 보장한다.

Q-4 quantum valebat

합리적 가치

이렇게 번역하였지만, 문언(文言)대로 번역하면 '그 가치만큼'이 된다. 앞의 Quantum Meruit과 뜻이 같다.
라틴어이다. 영문으로 전환하면 'as much as it was worth'

- 'Quantum Meruit Base' 항목 참조 -

영문공사용어350선 개정증보판

영문공사용어 완결본 820

R

Korean Glossary of English Terms 820

All-In Edition

R-1 rahmen

라멘구조

-'Rigid Frame' 항목 참조 -

R-2 record drawing

기록도면

동의어 Record Drawings
: As-Built Drawings

R-3 recorded lien on real estate

(등기된) 저당권

원문대로 '(등기된) 저당권'이라 번역하였지만, 그냥 저당권(抵當權) 또는 부동산저당권이라 하여도 무방하다.

입찰자 또는 계약상대자가 각종 보증을 발주처에 제공할 때 발주처는 보증인의 자산담보, 즉 Pledge of Asset를 요구하는 경우가 있는데 이 Pledge of Asset(자산담보)는 (1) 제3자기탁계정증서(Evidence of an Escrow Account), 또는 (2) 부동산담보권 즉 저당권(Recorded Lien on Real Estate)의 형식으로 제공된다.

다시 말하면, 당해 Recorded Lien on Real Estate는 발주처의 편에서 시공자의 보증인(Surety)이 제공하는 보증에 대한 자산담보(Pledge of Asset)의 구체적인 수단이 된다. 미국「연방조달규정(FAR)」52.228-11 Pledges of Assets (Aug 2018) 참조

주 Recorded Lien on Real Estate에서 'Recorded Lien'은 소위 영미법식 표기이고 우리나라의 인식으로는 그냥 'Lien'이라 함이 일반적이다. 우리나라는 등기되지 않은 저당권은 우선변제의 효력이 없고, 따라서 담보의 효력이 없기 때문이다.

주 우리나라는 Lien on Real Estate를 거의 대부분 '유치권(留置權)'이라 번역하고 있다. 그러나 당해 Lien on Real Estate은 발주처가 해당부동산을 현실적으로 점유하는 것이 아니라 보증인이 점유하고 있으며, 발주처는 단지 관념상으로 지배하여 입찰자 또는 시공자가 의무를 이행하지 않을 때 보증인의 부동산소유권을 이전 또는 처분하는 내용이므로 '저당권(抵當權)'에 해당한다고 보아야 옳다.

R-4 record shop drawing

시공상세기록도면

공사의 완공시 발주처에게 제출하는 Shop Drawing으로서, 변경사항이 있을 경우에는 그에 대하여 발주처가 승인한 도면이다.

R-5 recovered material

재활용자재 또는 재생자재

주로 고형(固形) 폐기물을 재생하거나 변형한 자재 또는 부산물을 말한다.
고형폐기물은 영문 Solid Waste를 말하며, 유리병, 깡통, 신문, 잡지, 폐플라스틱 용기, 가전제품, 자전거, 자동차 등이 이에 해당한다.
미국의 경우 2018년8월부터 「연방조달규정(FAR)」에서 아래의 경우를 제외하고는 환경보호국(Environmental Protection Agency: EPA)이 지정하는 재활용자재(Recovered Materials)를 최대한 사용하도록 규정하고 있다. 즉 해당자재가 아래에 해당할 경우에는 「연방조달규정(FAR)」의 통제대상이 아니다.

(1) 계약공정에 맞게 자재를 확보할 수 없는 경우 (시간기준)
(2) 계약요구품질기준에 부합하지 않는 경우 (품질기준)
(3) 합리적인 가격으로 구매할 수 없는 경우 (가격기준)

R-6 recovery schedule

공정만회계획

당초의 계획공정보다 지체된 공정을 만회하기 위한 계획표. 주로 시공자의 유책사유로 인한 지체에 대한 만회를 위한 계획에 사용하며, 인력이 부족하면 추가인력을 투입하든가, 자재·설비의 조달이 지체된 경우 신속조달을 위한 계획을 수립하는 것 등을 말한다.

주 Acceleration Schedule
공기단축을 위하여 공정을 가속하는 것을 Acceleration이라 하고 그 계획을 Acceleration Schedule이라 한다. Recovery Schedule과 구분없이 사용되기도 한다.

R-7 recurring charges

반복성비용, 순환성비용

– 'Nonrecurring Charges' 항목 참조 –

R-8 reference line

기준선

좌표설정의 기준이 되는 선

비교어 Reference Mark 기준점(좌표설정기준)
Bench Mark 기준점(고저측정기준)

R-9 reimbursable expenses

보상가능비용, 비용인정항목

시공자에 의하여 지출된 비용 중에서 관련계약조항에 따라 발주처가 정산(지불)해 주는 비용.
이는 주로 Cost-Plus-Fee Contract(실비정산계약)체계에서 논의되는 비용항목이며, 임금과 급여, 하도급비, 자재·장비비, 여행비, 현장시설비, 보증 및 보험료, 통신비 등이 대표적인 비용인정항목이다.

R-10 reinforced concrete

철근콘크리트

'Ferroconcrete'라고도 한다.
Reinforced Concrete로 시공한 구조물을 RC조(造)구조물이라 한다.
참고로, 철근은 Metal Rod이라고도 하고, 현장에서는 Iron Rod, Metal Bar, Iron Bar 또는 그냥 Iron 등 다양하게 표현되고 있다.

동의어 Reinforced Concrete; Ferroconcrete

R-11 rejection of economic operators

계약상대자자격제한

영문을 그대로 번역할 경우 '경제주체의 거부'일 것이나, 현업에서 입찰참가자격제한 또는 계약상대자자격제한의 의미로 사용되기에 위처럼 번역하였다. 다시 말하면, 경제활동의 주체 또는 상대방으로 인정하지 않는다는 뜻이다. 포괄적인 의미로 '자격제한'이라 하여도 된다.

R-12 request for change

설계변경요청

시공자가 발주처에게 당초설계를 변경하도록 요청하는 행위. Demand for Change 또는 Application for Change라고도 하며, 광의로는 Value Engineering Change Proposal (VECP) 즉 VE설계변경제안도 이에 해당한다.

동의어 Request for Change
: Demand for Change
: Application for Change
: Value Engineering Change Proposal (VECP)

– 'Contractor-Initiated Change[Variation]' 항목 참조 –

R-13 request for information (RFI)

정보요청(서)

단순히 정보 또는 자료의 요청에 국한되지 않고, 시공자가 발주처에게 승인, 회신, 결정 등의 요청까지 광범위하게 사용된다.

R-14 request for proposal (RFP)

제안요청(서)

미국 「연방조달규정(FAR)」에 의하면, 협상에 의한 계약에서의 청약서(Solicitation)를 당해 제안요청서(Request for Proposal)라 한다(2.101 참조).
이 Proposal에는 가격제안(Price Proposal), 기술제안(Technical Proposal), 경제성 제안(Economical Proposal) 등이 있다.

- 'Solicitation' 항목 참조 -

R-15 requesting agency

수요기관

공사목적물 등 계약목적물을 사용하거나 수익하는 기관을 말하며, 이 기관이 계약의 체결을 타기관에 요청하여 수행하는 경우에 계약목적물의 '수요기관' 또는 계약체결업무수행의 '요청기관'이라 한다.

비교어 Servicing Agency 대행기관, 지원기관

- 'Direct Acquisition' 항목 참조 -

R-16 requirements contract

요구계약

이 계약은 주로 납품(Supply) 또는 용역(Services)의 수행에 적용하는 계약유형이다. 계약의 한 당사자(주로 발주처의 계약상대자)가 다른 당사자(주로 발주처)에 의하여 요구된 수량만큼 공급하고, 그에 대하여 발주처는 계약상대자로부터 물품 또는 용역을 배타적으로 조달할 것임을 명시적 또는 묵시적으로 약정하는 계약이다.
여기에서는 비록 과업내역서(Schedule)가 계약문서이기는 하지만, 계약상대자는 그에 따라 납품 또는 용역을 수행하는 것이 아니라 발주처의 주문(注文: Order)에 따라 수행한다.

- 'Ordering' 항목 참조 -

R-17 reserve

유보금(留保金)

'Withholding of Payment'(지불의 유보)라고도 한다.
미국 「연방조달규정(FAR)」에 의하면, 발주처는 시공자가 아래의 경우를 이행하지 않을 때에는 100,000달러 또는 계약금액의 5% 중 더 작은 금액을 초과하지 않는 범위 내에서 대가의 지급을 유보 할 수 있다.

(1) 기술자료(Technical Data)의 적기제출
(2) 기술자료에 대한 선서
(3) 하자에 대한 보수지시사항의 이행
(4) 기술자료의 정정지시에 대한 이행

이 유보금은 시공자가 계약관의 지시 또는 요구를 준수할 때까지 유보하며, 한편 하자(瑕疵)가 불가항력에 의하여 발생하였고, 시공자의 의무불이행 또는 과실이 없다고 판단될 때에는 환급된다.

- 'Retention' 또는 'Retainage' 등 항목 참조 -

예문 At any time before final payment under this contract, the Contracting Officer may withhold payment as a reserve up to an amount not exceeding $100,000 or 5 percent of the amount of this contract, whichever is less, if the Contractor fails to make timely delivery of the technical data or make corrections required by the Government.
이 계약에 따른 최종대가의 지급 전 어느 때라도 계약관은 계약상대자가 기술자료를 적기에 제출하지 못하거나, 정부가 요구한 보수를 하지 않을 경우에는 100,000달러 또는 계약금액의 5%를 초과하지 않는 한도 내에서 더 작은 금액을 유보금(reserve)으로 하여 지급을 보류할 수 있다(「FAR」 52.227-21).

R-18 residence permit (R/P)

거주허가서

참고로, 유사용어에 Residence Permission가 있는데, 이는 거주허가(행위)를 의미하므로 거주허가(문서)인 Residence Permit와 구별을 요한다.
그러므로 R/P Card라고 할 때는 Residence Permit Card가 아니라 Residence Permission Card임을 주의해야 한다.

R-19 resident engineer

주재기사

시공단계(Construction Phase)에서 발주처의 이익(Interest)을 위하여 그의 업무를 대행하는 현장주재기사이며, Site Resident Engineer 또는 Owner's Inspector라고도 한다.

동의어 Resident Engineer
; Site Resident Engineer
; Owner's Inspector

R-20 residual property

잉여자재(剩餘資材)

Residue라고도 한다.

R-21 restoration to the previous condition

원상복구

라틴어 Restitutio in Integrum 및 Restitutio ad Integrum에서 유래한다.

동의어 Restoration to the Original Condition

R-22 resulting contract

결과계약(문서)

청약 또는 입찰·협상의 결과로서 성립하는 계약 또는 그 계약문서.
사실 모든 계약이 이와 같은 절차에 의하여 이루어진다. 따라서 당해 결과계약은 특별한 경우를 제외하고는 그냥 '계약'이라 함이 일반적이다.

예문 A progress payments clause is not included in this solicitation, and will not be added to the resulting contract at the time of award. Bids conditioned upon inclusion of a progress payment clause in the resulting contract will be rejected as nonresponsive.
공정진척지불조항은 당해 청약서에 포함되지 않으며, 또한 낙찰 때에 해당 계약문서에 추가될 수 없다. 결과계약문서에 공정진척지불조항을 포함하는 것을 조건으로 하는 입찰은 '불부합(不符合)'으로 거부된다.

R-23 retainage

유보금(留保金)

기성금에서 시공자에게 지불을 유보한 금액.
「FAR」에는 계약상대자의 공정률이 만족스러울 경우에는 기성대가를 전액 지불하지만, 그렇지 못할 경우에는 만족스러운 공정률이 달성될 때까지 기성청구금액의 최대 10%에 상당하는 금액까지 지급을 유보할 수 있다. 이를 Retainage라 한다(52.232-5 참조).
이에 비하여 앞에서 소개한 'Reserve'는 우리말로는 비록 유보금으로 동일하지만, 공정지체 이외의 의무불이행에 대하여 그 시정을 위하여 지불을 유보한다는 점에서 차이가 있다(「FAR」 52.227-21 참조).
당해 Retainage를 Reserve 또는 Retention 또는 Retention Money와 차이를 두지 않고 있기도 하다.

예문 **Retainage**
If the Contracting Officer finds that satisfactory progress was achieved during any period for which a progress payment is to be made, the Contracting Officer shall authorize payment to be made in full. However, if satisfactory progress has not been made, the Contracting Officer may retain a maximum of 10 percent of the amount of the payment until satisfactory progress is achieved. -하략-
유보금
계약관은 공정진척기성이 지불될 기간 동안에 공정률이 만족스럽다고 판단될 때에는 전액을 지불하도록 하지만, 만족스럽지 못할 때에는 공정률이 만족스러워질 때까지 기성금액의 최대 10%를 유보할 수 있다.

우리나라의 계약예규에는 위와 같은 성격의 유보금을 규정하고 있지 않다.

R-24 retaining wall

옹벽(擁壁)

부지정지공사 또는 굴착공사 등을 함에 있어서 토사의 유출을 막기 위하여 설치하는 방어벽

R-25 retention

유보금

(1) Retainage와 같이 '유보금'으로 번역되지만, Retention은 시공자가 수행한 공사에 대한 하자보증의 형식으로 유보하는 금전으로서, 계약조건에서 유보금률(留保金率)이 사전에 정해진다. 이에 비하여 Retainage는 여타의 의무이행을 담보하기도 한다.

또한 하자보증(Maintenance Bond)이 하자에 대한 공사수행 후의 보증임에 비하여, 유보금은 하자에 대한 공사수행 중의 보증이라는 점에서 차이가 있다.

발주처에 따라서는 ① 완공(Substantial Completion)시 전액을 해제하는 경우도 있고, ② 완공시 50%, 하자보수완료시 잔여 50%를 해제하는 경우도 있다.

(2) 경우에 따라 Retention은 '유보행위'를 나타내고, '유보금'은 Retention Money로 구체화하기도 한다. 예로서, FIDIC「공사계약일반조건」 제14.3조에서는 Retention과 'Retention Money'를 구별하고 있다.

비교어 Retention: Retention Money ; 시공자의 하자유무에 관계없이 일정금액 지급유보
Retainage ; 공정지체시 일정금액 지급유보
Reserve ; 하자보수불이행 등 시공자가 의무를 불이행할 때

R-26 retention bond

유보금보증

유보금을 유보하는 대신 보증으로 그 의무이행을 담보하는 시공자의 보증. 우리나라에는 이에 대한 제도를 채택하고 있지 않다.

FIDIC의 경우에는 유보금액이 'Contract Data'에 기재된 유보상한액의 60%에 도달한 경우로서 시공자가 유보금보증을 제출할 경우, 발주처는 유보상한액의 50%를 시공자에게 환급하는 것으로 되어 있다(「특수조건작성지침」 제14.9조 참조).

Retention Money Bond라 하여도 된다.

주 위 본문의 'Contract Data'는 본서 해당항목에서 '계약자료, 계약개요'로 번역했다.

R-27 right of first refusal of employment

우선채용권(優先採用權)

'우선고용권(優先雇用權)'이라 하여도 된다.
동일장소에서 동일 또는 유사용역의 수행을 위한 용역계약을 승계한 경우, (1)계약을 승계한 자 즉, 후임계약상대자와 그의 하수급자로 하여금, (2)종전계약(Predecessor Contract)에서 고용된 용역수행인력이되, (3)후속계약(Successor Contract)의 체결로 인하여 고용이 해제된 인력으로서, (4)계약상 해당보직에 적격하고 고용의 선취득권(Right of First Refusal of Employment)이 있는 인력에 대하여, (5)채용(고용)제안서를 제출하도록 하고 있다.
전임계약상대자는 확인된 용역근로자명부(Certified Service Employee List)를 발주처에 제출하며, 발주처는 이를 후임계약상대자에게 전교(轉交)하여 필요한 인력을 선발하도록 한다.
일반적으로 후임계약에서는 이 채용권이 행사될 때까지 해당보직에 대한 공백을 다른 인력으로 채우지 못하도록 하고 있는데, 이와 같은 일련의 권리를 당해 우선채용권이라 한다.(「FAR」 제22.1202조 및 52.222-17조 참조).
이 채용권은 근로자의 측에서 볼 때에는 권리이지만, 사용자 즉 고용주의 측에서 볼 때에는 의무에 해당한다. 후자로 할 때에는 '우선채용의무'가 된다.

주 유사개념으로 'Security Interest' 즉, 선취특권(先取特權)이 있다. 그러나 이는 담보권(擔保權, Lien)에 해당한다.

주 위 본문 중의 Certified Service Employee List(확인된 용역근로자명부)는 Seniority List(전임근로자명부)와 유사하다.

R-28 right-of-way

통행권

공사의 수행을 위하여 타인의 토지를 통행할 수 있는 권리를 말하며, 통상 시공자에게 발주처가 이를 주선하여야 한다.

비교어 Easement
통행권으로 해석되기도 하나, 이는 수도관이나 가스관 등이 해당지역의 지하를 통과하는 것과 같은 경우에 주로 사용한다.

R-29 rigid frame

강구조(剛構造), 라멘구조

일단 강구조라 번역하였지만 일반적 의미의 강구조가 아니라 수직체의 기둥과 수평체의 보(樑: 들보)를 견고하게 일체식으로 연결된 구조체를 말한다. 주재료로는 철강재 또는 철근콘크리트 등이 있으며, 고층빌딩, 아파트, 교량 등에 많이 이용되는 공법이다. 이 구조의 특징은 건축물의 골격은 원래대로 유지하면서 비내력벽(非耐力壁)이나 설비는 공간계획에 따라 재배치하는 것이 용이하다는 데에 있다.

R-30 risk of loss

상실위험

자산에 대한 계약상대자의 관리책임이다.

공사계약(Construction Contract)에서 시공자는 발주처가 공사목적물을 인수하기 전까지, 자산에 대한 상실위험(Risk of Loss for Property)을 부담한다. 그러나 통상 위험에 대하여 발주처에게 명백하게 책임이 있는 경우는 제외한다.

시공자는 상실된 자산에 대하여, 기성대가로 지불한 금액 상당액을 발주처에 반환하여야 한다.

한편, 납품계약(Supply Contract)에서 공급물품(Supplies)이 목적지에 도착하지 않을 경우 계약상대자는 그에 대하여 책임이 있다. 이 위험은 공급물품에 대한 상실위험(Risk of Loss for Supplies)이라 한다.

주 Risk of Loss for Property : 자산에 대한 상실위험
Risk of Loss for Supplies : 공급물품에 대한 상실위험

R-31 rolled-up claim

종합클레임

클레임항목을 항목별로 구분하여 제기하지 않고, 하나의 클레임으로 통합하여 제기하는 클레임. Wrap-up Claim도 같은 의미

비교어 Individual Claim 또는 Separate Claim ; 개별클레임

R-32 rule of construction

해석의 원칙

계약조항이 요구하는 내용과 부합하여야 하는 시공자의 의무는, 자신보다 상위 또는 하위계층의 시공자나 하수급자가 그 요구사항을 준수하지 않거나 계약에서 요구되는 감독을 소홀히 한 것이라 하여, 자신의 의무가 감소되거나 소멸되지 않는다는 원칙을 말한다(「FAR」 52.225-26 참조).

여기서의 Construction은 공사나 건설이 아니라 '해석(解釋)'(Interpretation)의 의미임을 유의해야 한다. 전자는 Construct의 명사형이고, 후자 즉 해석은 Construe의 명사형이다.

주 본문 중에 '자신보다 상위 또는 하위계층의 시공자나 하수급자'라 함은 (1)원수급자의 경우 하수급자, (2)하수급자의 경우 원수급자 또는 자신의 하수급자 즉, 재하수급자를 가리킨다.

영문공사용어350선 개정증보판

영문공사용어 완결본 820

S

Korean Glossary of English Terms 820

All-In Edition

S-1 safety engineer

안전기사

현장안전관리담당자이며, 영·미권공사에서 매우 중요하게 대두된다.

S-2 safety representative

현장안전책임자

현장에 따라 차이가 있으며, 현장소장이 겸임하기도 하고, 별도로 이 책임자를 두기도 하고, Safety Engineer가 이를 수행하는 경우도 있다.

S-3 salvage value

잔존가치(殘存價値)

잔존가격이나 잔존가액이라 하여도 무방하다.
고정자산에 있어서 사용가능기간이 끝나더라도 그 자산의 잔해를 매각처분함으로써 얻을 수 있는 가치가 있다면 그 견적가액을 말한다.

(1) 자산의 순원가(Net Facility Cost)는 새로운 자산의 원가(New Facility Cost)에, 종전자산에 대하여 합의된 잔존가치(Agreed Salvage Value)를 공제하여 산출한다. -「FAR」 52.241-10 -

설비의 순원가 = 새로운 설비의 원가 - 종전자산의 합의된 잔존가치

(2) 전기의 공급에서 발주처가 공급자에게 지급하는 전선(電線)의 연결비용(Connection Charge)은 추산금액(Estimated Cost)에서 합의된 잔존가치(Agreed to Salvage Value)를 뺀 금액 또는 실제비용(Actual Cost)에서 잔존가치(Salvage Value)를 뺀 금액 중 더 작은 금액으로 한다. -「FAR」 52.241-9 -

우리나라의 세법상으로는 (1)정액법으로 감가상각하는 경우 고정자산의 잔존가액은 영(零)으로 하고, (2)정률법(定率法)에 의하여 상각하는 경우는 취득가액의 5%에 상당하는 금액을 잔존가치로 하되, 이 금액은 미상각잔액이 취득가액의 5% 이하가 되는 사업년도의 상각액에 가산한다.

S-4 schedule of prices[rates]

금액산출내역서

- 'Schedule of Values' 항목 참조 -

S-5 schedule of values

금액산출내역서

공종별 계약금액분석표. 계약금액이나 하도급비 또는 기성의 신청이나 지불의 근거가 된다.
Schedule of Rates 또는 Schedule of Prices 또는 Cost[Price] Breakdown이라고도 한다.
미국의 경우에는 Cost[Price] Breakdown의 표기를 더 많이 사용한다.

동의어 Schedule of Values
: Schedule of Rates
: Schedule of Prices
: Cost Breakdown
: Price Breakdown

미국건설사업관리협회(Construction Management Association of America; CMAA)의 「건설사업관리용어해설집」에서 정의하고 있는 Schedule of Values는 아래와 같다.

예문 **CMAA의 Schedule of Values 정의**
"A list of basic contract segments in both labor and material, where each line item consists of a description of a portion of work and a related cost and the sum of the lines of the contract equals the total contract price. Generally used to determine progress payments to contractor(s)."
노무 및 자재에 대한 기초계약항목분석표로서, 각 항목은 공종과 관련공사비로 이루어지고, 항목별 금액의 합계는 총계약금액과 같으며, 일반적으로 시공자에 대한 기성대가를 결정하기 위하여 활용된다.

S-6 schedules

이 용어는 "내역서" 또는 "공정계획표"로 사용된다.

(1) "내역서"

국제컨설팅엔지니어연합(FIDIC)이 1999년 「공사계약일반조건」을 개정하면서 도입하여 2017개정시에 승계한 용어로서, 종전의 산출내역서 즉 Bill of Quantities (BOQ)를 광의로 확대하여 적용하고 있는 개념이다. 당해 Schedules는 발주처가 준비하되 시공자가 필요한 내용을 기재하여 완성한다(FIDIC 제1.1.71조 참조). 우리나라식으로 하면 물량내역서에 해당하며, 따라서 시공자가 입찰시에 제출하는 문서이다. 참고로, FIDIC의 종전 산출내역서는 협의(狹義)의 개념으로서, 금액산출내역서 즉 Priced Bill of Quantities (BOQ)로 정의되고 있었다.

예문 The Government shall pay the Contractor for performing this contract the fixed fee specified in the Schedule. - 「FAR」 52.216-9 -
정부(발주처)는 당해 계약을 수행하는데 대한 대가로서, 내역서에 기재된 정액보수를 계약상대자에게 지급한다.

(2) "공정계획표"

미국의 경우에는 내역서뿐만 아니라 과업내용서 또는 공정계획서 등 다양한 개념으로 사용되고 있다.
공정계획표로 사용될 때에는 'Progress Chart'의 형식으로 작성되는데 우리가 일반적으로 사용하고 있는 '공정현황표'와 같다.

예문 **「FAR」 52.236-15 Schedules for Construction Contracts**
The Contractor shall, within five days after the work commences on the contract or another period of time determined by the Contracting Officer, prepare and submit to the Contracting Officer for approval three copies of a practicable schedule......
「FAR」 52.236-15 공사계약의 계획표
시공자는 계약문서에 기재된 공사착공 5일 이내에 또는 계약관이 결정한 다른 기간 이내에, 계약관의 승인을 받기 위하여 실제적인 공정계획표 3부를 작성하여 제출하여야 한다.

S-7 schematic design

기획[계획]설계

어떤 Project의 계획단계에서 하는 설계로서, 이 단계에서 설계자(건축사, Architect)는 공사의 규모와 공사의 기본구조물에 관한 상호관계를 나타내는 도면과 각종 서류를 발주처와 협의하여 정하며, 공사의 개산공사비명세서(Statement of Probable Construction Cost)를 발주처에 제출한다.
발주처는 사업예산(Project Budget)과 개산공사비명세서를 참조하여 기본설계를 확정한다.

주 Scheme
일반적인 용어로는 계획·기획의 뜻이지만, 건설공사 특히 설계에서는 건축구조의 기본적인 배치나 규모를 나타내는 예비도면을 뜻하며, 그 설계를 Schematic Design이라 한다.

S-8 scope of services

업무의 범위

설계·감리 등의 기술용역계약에 있어서 설계자 또는 감리자가 수행하여야 할 업무의 내용. 당해 Scope of Services는 이 업무내용을 통상 계약조건의 일부로 규정할 경우에 쓰는 표기이며, 그렇지 않고 이를 별도로 작성할 때에는 Terms of Reference (TOR) 즉 과업내용서 또는 과업지시서라 하는 경향이 있다.

– 'Services' 항목 참조 –

S-9 scope of work

공사의 범위

통상 공사예산(Project Budget)에 의하여 기본설계(Schematic Design) 단계에서 정해진다.
Extent of Work 또는 Work-scope이라고도 한다.

동의어 Scope of Work
: Extent of Work
: Work-scope

주 본항의 Scope of Work 또는 Work-scope을 '묘사'라고 번역한 모 교육교재의 내용을 본 적이 있다. 이는 아마도 Cinema-Scope나 Telescope 등의 Scope와 공사용어로서의 Work-scope을 혼동한 듯하다. 그렇다고 하더라도 교육교재의 작성은 신중해야 한다.

S-10 scrap

작업설(作業屑)

번역어가 좀 어렵지만, 우리나라 산출내역서에 있는 용어이다. '작업부산물'이라 하면 더 쉬울 듯하다.
예를 들면, 공사용목재 10톤을 현장에 반입하여 공사를 하였는데 토막, 부스러기가 1톤이기는 하나 이를 공사에 사용할 수 없을 경우 이를 'Scrap'이라 한다.
미국의 경우 이 Scrap을 시공자가 발주처의 승인없이 매각할 수 있으나, 매각대금은 공사비에서 공제하는 것으로 되어 있다(「FAR」 52.232-16 참조). 우리나라도 이 점에 있어서는 동일하다(계약예규 「예정가격작성기준」 제9조제4항).

S-11 sealed bidding

봉함입찰

입찰의 내용을 비공개로 하기 위하여 입찰서를 봉투 또는 상자에 넣고 봉함(封函)하여 제출하는 방식인데, 이는 경쟁입찰, 공개개찰 및 낙찰로 귀결되는 일련의 계약체결방식이기도 하다.

일반적인 입찰은 당해 봉함입찰이 주류이나, 전자입찰처럼 봉함입찰이 아닌 경우도 있다.

계약체결방식이 당해 봉함입찰일 때에는 정액고정금액계약(Firm-Fixed-Price Contract) 유형으로 하여야 한다.

S-12 secondary site of the work

부(副)공사현장

주(主)공사현장(Primary Site of the Work)의 보조현장이다.

- 'Work Site' 항목 참조 -

S-13 security

보증

같은 보증에 'Bond' 및 'Guarantee'가 있는데, 당해 Security는 보증행위 즉 추상적 개념을 나타내고, Bond 및 Guarantee는 구체적인 수단 즉 '보증서'를 나타낸다. 그러나 이 구분이 절대적인 것은 아니다.

-'Bond' 또는 'Guarantee' 항목 참조 -

S-14 segregated facilities

분리된 시설

민족, 인종, 종교, 성별, 국적 등에 기초하여, 근로자들의 구분된 시설을 말하며, 대기실, 작업구역, 화장실, 구내식당, 출퇴근시간기록기기(Time Clock), 라커룸, 수납실, 주차장, 휴게실, 오락실, 근로자숙소 등이 그 대상시설이다.

시공자는 이와 같은 분리된 시설을 현장에 두지 않아야 한다. 외국의 경우 관련내용을 계약조건에 포함시키기도 한다. 미국「연방조달규정(FAR)」52.222-21조 'Prohibition of Segregated Facilities (Apr 2015)' (분리된 시설의 금지)가 대표적이다.

우리나라의 경우 계약조건에는 이 내용을 포함하고 있지 않지만, 다른 법령의 규정상 현장에 이 시설은 설치하거나 운용하여서는 안 된다.

S-15 seniority list

전임근로자명부

특히 국가 또는 공공시설에 노무를 제공하는 용역계약에서, 전임(前任)계약상대자는 계약기간이 종료되는 마지막 달의 용역근로자명부를 발주처에 제출하며, 발주처는 그 명부를 후임(後任)계약상대자에게 전해 준다. 후임계약상대자는 그 명부에 필요한 인력이 있을 경우 채용하여 후임계약에서 노무를 계속 제공할 수 있도록 한다.

다시 말하면, 전임계약의 최종월근로자명부이다.

당해 명부는 Right of First Refusal of Employment(우선채용권)에서 전임계약상대자가 작성하는 Certified Service Employee List(확인된 용역근로자명부)와 유사하다.

- 'Right of First Refusal of Employment' 항목 참조 -

S-16 separate contract

분리계약 또는 분할계약

이 용어에는 아래와 같은 두 가지의 의미가 있다.

첫째, 분리계약(分離契約)
설계·시공일괄계약(Design-Build Contract 또는 Turnkey Contract)에서 설계와 시공을 통합하여 발주함에 대하여, 설계와 시공을 분리하여 수행하는 계약

둘째, 분할계약(分割契約)
1개의 공사에서 여러 개의 원도급계약으로 이루어질 경우 그 원도급계약 중의 하나를 뜻한다. 다시 말하면, 1건 공사를 공종별로 나누어서 발주하는 계약

Independent Contract 또는 Severable Contract라고도 한다.

동의어 Separate Contract
: Independent Contract
: Severable Contract

S-17 service contract

용역계약

이 계약의 기본적인 목적은 결과물의 공급보다 일 자체의 수행에 있음을 유의하여야 한다(primary purpose is to perform an identifiable task rather than to furnish an end item of supply).

S-18 service entrance conductor

전기인입장치(電氣引入裝置)

전주(電柱) 등 외부에서 건물내부로 전력을 인입(引入)하기 위하여 장치된 스위치, 배선 등.

참조어 Service Drop 급전구간(給電區間)
옥외전주에서 건물로 인입되는 스위치(또는 차단기)까지의 구간을 말함

S-19 services

용역 또는 업무

기술용역의 수행자가 수행하여야 할 업무 또는 과업을 말한다. 이 Services는 수행방식에 따라 3원형과 2원형이 있다.

(1) FIDIC식 Services : 3원형

(a) 기본업무 : Normal Services
과업지시서(Terms of Reference: TOR)에 명시된 업무

(b) 추가업무 : Additional Services
기본업무, 즉 TOR에 명시된 업무의 추가업무

(c) 예외업무 : Extra Services, Exceptional Services
TOR에 명시되지 아니한 새로운 업무

(2) 미국식 Services : 2원형

(a) 기본업무 : Basic Services
FIDIC식 기본업무(Normal Services)에 해당. 그러나 과업지시서(Terms of Reference: TOR)의 형식으로 작성하지 않고 주로 계약조건에서 Scope of Services로 규정

(b) 추가업무 : Additional Services, Supplemental Services
FIDIC식 추가업무(Additional Services)와 예외업무(Extra Services)를 합한 업무

비교어 Utility Service 전력공급

S-20 servicing agency

대행기관

정부조달의 측면에서, 계약목적물의 수요기관을 대신하여 계약을 체결하는 기관을 말하며, 우리나라의 경우 조달청이 이에 해당한다.
'지원기관'이라 하기도 한다. Contracting Agency(계약기관)도 같은 뜻을 가지고 있다.

비교어 Requesting Agency 수요기관

-'Direct Acquisition' 항목 참조 -

S-21 settlement

이 용어는 아래와 같은 의미가 있다.

(1) 부채의 변제

(2) 미결문제의 해결

(3) 건물구조부의 침하

S-22 severability

분리성 또는 가분성

어떤 계약조항이 무효로 될 경우에는 그 조항은 계약에서 삭제하고, 나머지 조항은 존속하여 유효하게 적용되는 계약의 수행개념.
영국「표준계약조건」(Model Terms and Conditions of Contracts)(F4조 참조)

예문 **영국「표준계약조건」제F4조 Severability**

"If any provision of the Contract is held invalid, illegal or unenforceable for any reason by any court of competent jurisdiction, such provision shall be severed and the remainder of the provisions of the Contract shall continue in full force and effect as if the Contract had been executed with the invalid, illegal or unenforceable provision eliminated."

어떤 계약조항이 법원에 의하여 무효나 법규위반 또는 시행불가 판정을 받은 경우, 당해 조항은 삭제되고 계약이 체결된 것과 같은 상태로 잔여조항은 유효하게 시행된다.

S-23 shop drawings (SD)

시공상세도

공사의 특정부분을 나타내는 도면, 다이어그램, 기타 자료로서 시공자(또는 그의 하수급자, 납품업자)에 의하여 준비되며, 이 도면에 따라 현장작업이 수행된다.
제조업에서는 Manufacturing Drawings(제작도면)이라고 한다.

동의어 Shop Drawings
: Manufacturing Drawings

참고로, 우리나라의 경우 Shop Drawings은 일반도면이나 시방서에서 정해진 내용에 따라야 하므로, 이 Shop Drawings으로는 설계변경사항을 나타낼 수 없으나, 미국의 경우에는 Shop Drawings으로 설계변경사항을 제안할 수 있도록 하고 있다. 발주처가 이 제안을 승인할 경우에는 설계변경이 확정된다(「FAR」 52.236-21 참조).
즉, 우리나라에서 당해 Shop Drawings은 계약문서에 해당하지 않는다.

S-24 short form of agreement[contract]

간이계약서

Standard Form of Contract(표준계약서)이 일반적 계약에 적용하기 위한 계약서형식이라면, FIDIC의 해설에 의하면, 당해 간이계약서는 소규모공사, 단순공사, 반복적으로 수행하는 공종공사, 공기가 단기간인 공사 등에 적합하다고 한다.
미국건축사협회(AIA)는 Abbreviated Form of Agreement라고 하며, A107, A117, A177 등이 당해 계약서의 대표적 예이다. '약식계약서'라고 하여도 된다.

미국 「연방조달규정(FAR)」에서 Short Form은 계약금액이 통합조달기준금액(Simplified Acquisition Threshold: SAT) 즉 150,000달러를 초과하지 않는 계약의 형식으로 분류하고 있다(49.502 참조).

동의어 Short Form of Agreement
: Abbreviated Form of Agreement
: Minor Works Form of Agreement

S-25 short list

최종후보자명부

낙찰자를 선정할 때 예비심사 및 최종심사를 할 경우 예비후보자명부를 Long List라 하고, 최종후보자명부를 Short List라 하며, 이 List 중의 1개 업체를 낙찰자로 선정한다. 이와 같은 낙찰자선정방식을 Two Stage Selection Method(2단계선정방식)라 한다.

S-26 simplified acquisition threshold [SAT]

통합조달기준금액

정부조달에 있어서, 이 금액을 경계로 책임과 의무의 부담여부가 결정되는 중요한 분기점이 되는 경우가 많다.
미국의 경우 군사작전 등의 특수활동의 지원을 위한 납품 또는 용역을 제외하고 일반적인 기준금액은 150,000달러이다. 예컨대, 하도급계약금액이 150,000달러를 초과할 경우 이해충돌(Conflicts of Interest) 조항을 의무적으로 규정하여야 하는 등.

예문1 **「FAR」 52.203-17 Contractor Employee Whistleblower Rights and Requirement to Inform Employees of Whistleblower Rights (Apr 2014)**
(a) ~ (b) - 생략 -
(c) The Contractor shall insert the substance of this clause, including this paragraph (c), in all subcontracts over the simplified acquisition threshold.
「FAR」 52.203-17 시공자인력의 내부고발권 및 그에 대한 고지지침(2014.4월)
(c) 시공자는 당해 (C) 항을 포함하여 이 조의 내용을 통합기준금액을 초과하는 모든 하도급계약에 포함하여야 한다.

예문2 **「FAR」 52.204-8 Annual Representations and Certifications (Oct 2018)**
-전략-
(vii) 52.209-5, Certification Regarding Responsibility Matters. This provision applies to solicitations where the contract value is expected to exceed the simplified acquisition threshold.
52.204-8 연간 상황 및 확인 (2018.10월)
(vii) 52.209-5 책임사항과 관련한 확인. 이 규정은 계약금액이 통합조달기준금액을 초과하는 청약에 적용된다.

주 당해 Simplified Acquisition Threshold (SAT)를 본서에서 '통합조달기준금액'으로 하고 있음에 대하여, 여타의 어학사전에서는 '표준최소구매가액'

또는 '단순화된 획득임계값' 등으로 번역하고 있음을 본다. 모두 개념을 크게 벗어나지 않고 대동소이하다고 할 수 있다. 다만, '최소'구매가액으로 번역하는 것은 언어적으로는 그럴 듯 해보이지만, 내용상으로는 원어의 취지와 거리가 있어 보인다. '최소'는 그것보다 더 작은 것이 없을 때 쓰는 표현이다. SAT보다 작은 조달가액이 수없이 많다. SAT는 하나의 조달기준금액을 나타낼 뿐이다.

S-27 sine qua non

① 필수요건, ② 부정요건(否定要件)

라틴어. [시니 콰 누운][사이니 콰 난]
먼저 아래에 「Naver사전」 및 「Longman현대영어사전」의 관련내용을 인용한다.

「Naver사전」
Sine qua non is an indispensable and essential action, condition, or ingredient.
Sine Qua Non은 없어서는 안 될 필수적인 행위, 조건 또는 요소이다.

「Longman사전」
Sine qua non: a necessary condition.
Sine Qua Non은 필수요건이다.

그 외 'Without Which Nothing' 또는 'Without which it could not be' 등으로 번역된다. 모두 '없이 할 수 없는' 즉 모두 있어야 하고 모두 긍정적이라는 뜻으로서, 결국 필수요건과 같다. Indispensable Condition이라 하여도 된다.

동의어 Sine Qua Non
: Necessary Condition
: Indispensable Condition
: Without Which Nothing
: Without which it could not be
: But For Condition

법령이나 계약조건에서 당해 Sine Qua Non은 어떤 행위가 상해나 불법행위의 중요한 원인이 된 환경(a circumstance in which a certain act is a material cause of a certain injury or wrongdoing)을 의미한다.
여기에서, 한 가지 생각해 볼 일이 있다. 미국에서 Sine Qua Non은 'But For'로 번역하고 있거나, 그로 인한 인과관계에 있다고 보는 것이 일반적이라는 점이다. 이 But For는 '......이 없다면'의 우리말과 같으며, 소위 부정(否定)의 가정법 표현이다.

예문1 "But for" the act having occurred, the injury would not have happened.
그 행위를 하지 않았더라면 상해는 없었을 것이다.

예문2 The employee must show that the termination of employment would not have occurred "but for" that jury service.
피용자(被傭者)는 그와 같은 배심(陪審)결정이 없었더라면 해고(解雇)되지 않았을 것임을 입증하여야 한다.

미국은 왜 Sine Qua Non을 Necessary Condition 또는 Indispensable Condition 이라기보다 But For Condition을 선호하는 것일까. 그 이유는 양자간에 차이를 두고자 함이다. 앞의 필수요건은 '반드시 있어야 하는 요건'이라면, But For Condition은 '......이 없다면'을 강조하여 부정요건(否定要件)이라 하고자 함에 있는 것이다.
이와 같은 속뜻을 감안하여, 필수요건 외에 본서에서 부정요건(否定要件)이라 따로 이름지어 번역해 보았다.

- 'Concurrent Cause' 및 'But For Cause' 항목 참조 -

S-28 site briefing

현장설명

Site Explanation이라고 하여도 된다,

S-29 site data

현장자료 또는 현장설명자료

공사현장의 지질, 수리, 기후, 진입방법, 교통 등을 나타내는 자료. 통상 발주처가 준비하며, 입찰시(時)에 입찰자에게 교부한다. 현장설명을 하는 경우 그 자료로 활용한다. Physical Data라고도 한다.

동의어 Site Data
: Physical Data

비교어 Technical Data 기술자료. 주로 설계기준 및 조건을 뜻함

S-30 site development work

부지정지작업

그냥 Development Work라고도 하고, Site Preparation 또는 Site Improvement 라고도 한다.

S-31 site explanation

현장설명

Site Briefing과 동의어

S-32 site furnishings

현장의 비품

현장에서 근로자들의 후생·편의용으로 사용하는 옥외비품(屋外備品: Outdoor Furniture)을 말하며, 예를 들면 벤치, 의자, 탁자, 가판대(kiosks), 파라솔, 화분, 예초기 등.

공사용 자재·기구와 구분된다.

S-33 site investigation

현장조사

Site Survey라고도 한다.

현장조사는 입찰시 입찰금액의 산정에 매우 중요한 절차이며, 이를 게을리 할 경우 그로 인한 손실은 시공자의 부담이 된다.

그러나 시공 중 경험 있는 시공자에 의하여 합리적으로 예측하지 못했던(not reasonably foreseen by an experienced contractor) 물리적인 악조건(Adverse Physical Conditions)은 설계변경의 대상이 되어 그로 인한 추가비용이나 추가공기가 발주처로부터 부여된다.

S-34 site memo

메모, 비망록

건설현장에서 시공자와 감독관, 또는 발주처간 간단한 업무내용이나 기술관련 내용을 설명하기 위하여 주고받는 서한. 통상 Memo로 줄여서 쓴다.
Letter는 기업 또는 현장의 책임자 명의로 주고받는 정식서한이라고 할 수 있으며, Site Memo는 통상 부서 대 부서 또는 팀 대 팀간에 주고받는 간이서한이라고 할 수 있다.

S-35 site overheads

현장관리비

– 'Job Site Overheads' 항목 참조 –

S-36 site plan

현장계획(도면)

건물의 위치와 규모 등을 나타내는 현장계획도면(Plan of Construction Site).
Location Plan, Placement Plan 또는 Plot Plan이라고도 한다.

동의어 Site Plan
: Location Plan
: Placement Plan
: Plot Plan

이 경우의 Plan에는 Drawing(도면)의 뜻도 포함된다.

S-37 site preparation

부지정지

Site Development 또는 Site Improvement라고도 한다.

S-38 site survey

현장조사

– 'Site Investigation' 항목 참조 –

S-39 situational list

수시명부(隨時名簿)

상시명부(常時名簿)에 대칭되는 명부로서, 필요시마다 작성되는 명부. 즉 입찰시마다 입찰참가자격자(Qualified Tenderers)를 심사하여 작성하는 명부(List)를 말한다.
「WTO정부조달협정문」(WTO GPA)에 의하면, 발주처는 적격자에 대한 상시명부를 작성하여 운용하더라도 제3자의 적격심사청구에 대하여 거부하지 않아야 한다고 규정하고 있다{제8조(d) 및 (e)항 참조}.

비교어 Permanent List 상시명부

S-40 slump test

슬럼프 테스트

콘크리트 반죽의 경도(硬度) 시험으로서, 테스트 결과치(値)인 Slump가 낮을수록 반죽의 경도가 높고, Slump가 높을수록 반죽의 경도가 낮다.
우리나라의 경우 Slump는 종전 8cm 또는 12cm였으나, 1994년 한국산업규격을 개정하여 콘크리트를 펌프카로 타설할 경우에는 15cm이상으로 하도록 되어 있다.

주 Slump Cone
원추형의 윗부분을 자른 모양의 몰드로서, 바닥의 지름은 20cm, 윗면의 지름은 10cm, 높이는 30cm로서 Slump Test에 사용된다.

S-41 snagging items

미수행항목

엄밀한 의미에서는 Inspection List 또는 Punch List상의 보수 또는 완성을 요하는 공종 또는 작업항목을 뜻하지만, 이들 리스트와 내용이 같다는 점에서 동일시하기도 한다.

동의어 Snagging Items
: Inspection List
: Punch List

S-42 SOG

아래의 표기에 대한 initial. 두 개의 의미를 갖지만 자주 사용되므로 기억해 두는 것이 좋다.

(1) Slab on Ground (SOG) 바닥슬라브
(2) Spares, Oil and Grease (SOG) 부품, 연료 및 윤활유

S-43 solicitation

청약

자격있는 자들로 하여금 입찰서나 제안서 또는 견적서를 제출하여 달라는 발주처의 요청행위를 말한다.

이 청약(請約)에 응하는 행위를 통상적으로 응찰(應札)이라 하며, 영문으로는 Bid 또는 Tender, 또는 Offer라 한다.

봉함입찰절차에서의 청약서는 입찰초청장(Invitations for Bids: IFB)이라 하고, 협상에 의한 절차에서는 제안요청서(Requests for Proposals: RFP)라 하여 구분함을 유의하여야 한다.

비교어 Invitations for Bids (IFB) 입찰초청장
Requests for Proposals (RFP) 제안요청서

S-44 solicitation provision

청약규정

이 용어는 미국 「연방조달규정(FAR)」 제2.101조의 내용을 소개하는 것으로서 설명을 대신한다.

미국 「연방조달규정(FAR)」 제2.101조
"Solicitation provision" means a term or condition used only in solicitations and applying only before contract award.
청약규정이라 함은 청약서에 사용된 조건만을 뜻하며, 계약체결 전까지만 적용된다.

주 「FAR」에서, Provision은 청약(Solicitation)에서만 사용되고, 계약(Contract)에서는 Clause를 사용함에 유의해야 한다.
-Solicitation Provision
-Contract Clause

예문1 Contract Clause의 예
As prescribed in 3.502-3, insert the following clause:
52.203-7 Anti-Kickback Procedures (May 2014)
-내용 생략-

예문2 Solicitation Provision의 예
As prescribed at 9.104-7 (b), insert the following provision:
52.209-7 Information Regarding Responsibility Matters (Oct 2018)
-내용 생략-

S-45 special conditions

특수조건

계약조건은 일반조건(General Conditions)과 특수조건으로 구성된다. 여기에서, 특수조건은 일반조건에 대한 '창조적 특수조건'이 아니라 '보완적 또는 구체적' 특수조건임을 유의하여야 한다. 우리나라 「국가계약법 시행령」에서 발주처는 계약상대자의 계약상 이익을 제한하는 특약(예; 특수조건)을 정하지 못하도록 규정하고 있음은 그 좋은 예이다. 이와 같은 관점에서 특수조건의 영문표기 'Special Conditions'에서 Special은 FIDIC의 Particular(구체적) 또는 미국의 Supplemental 또는 Supplementary(보완적)로 함이 타당하다. 그러나 이들간에 의미상 차이가 있는 것은 아니다.

동의어 Special Conditions
: Particular Conditions
: Supplementary Conditions
: Supplemental Conditions

S-46 special 8(a) contract conditions

8(a) 특수조건

당해 8(a) 특수조건은 2017년 1월 미국 「연방조달규정(FAR)」에 도입된 것으로서, 중소기업청(SBA)이 하나의 원도급계약을 체결함으로써 아래의 내용에 동의하는 것이 된다는 조항이다.

(1) 미국 「법전」 〈15 USC 637(a)〉의 개정에 따라, 「중소기업법(Small Business Act)」 제8(a)조와 관련하여 적격기업으로 판단된 제안자와 하도급계약을 체결하여 시방서 및 계약조건에 일치하는 공급물이나 용역을 정부에 제공한다.

(2) 양도계약을 제외하고는 계약조건에 따라 정부를 대신하여 조치를 취할 수 있는 권한을 보유하고 계약관리에 책임을 진다.

(3) 대가는 계약조건에 따라 하수급자에게 직접 지급한다.

(4) 하도급계약을 체결한 하수급자는 관련계약관의 결정에 대하여 하도급계약의 분쟁조항에 따라 항소권을 가진다.

주 (4)항의 '관련계약관'이라 함은 'Cognizant Contracting Officer'를 지칭하며, 분쟁조항에 따라 지명된 계약관이다. 이 계약관은 '회계관리계약관'으로 이해하여도 된다.

주 USC: United States Code
SBA: Small Business Administration
FAR: Federal Acquisition Regulation

S-47 special hazards insurance

특별위험보험

누수(Leakage), 붕괴(Collapse), 수해(Water Damage), 기타 제(諸) 물리적 손실(Physical Loss)과 같은 재산상의 위험분만 아니라 운송 중인 자재에 대한 위험까지도 부보(付保)하는 특별위험보험.
공사 시공상의 사고에 대하여 추가적인 위험(Additional Perils)으로 부보한다.

주 '부보(付保)'라 함은 어떤 손해를 보험보상의 대상으로 하는 것을 말한다. 이에 대하여 입보(入保)는 보험에 가입하는 것으로서 차이가 있다. 'Property Insurance' 항목에서 설명하였던 바 있다.

S-48 specialist contractor

전문공사시공자

Specialized Contractor 또는 Trade Contractor라고도 한다.

동의어 Specialist Contractor
: Trade Contractor
: Specialized Contractor

S-49 special risks

특별한 위험, 불가항력

Force Majeure 또는 Excepted Risks, Accepted Risks라고도 한다. FIDIC은 2017년 개정「공사계약일반조건」에서 종전의 Force Majeure 대신 'Exceptional Events' (예외적인 상황)라고 표기하고 있다.

동의어 Special Risks
: Force Majeure 불가항력
: Accepted Risks 용인된 위험
: Excepted Risks 예외적인 위험
: Exceptional Events 예외적인 상황

사우디의 「표준계약조건」에는 ① 전쟁, ② 적의 침공, ③ 발주국 내의 군사적인 행위, ④ 상기 ①, ②, ③항과 유사한 상황의 발발(勃發)시로 한정하고 있으나, 그 외의 국가에서는 지진, 폭동, 파업, 전염병, 화재, 홍수, 해일, 태풍, 폭풍 등도 Special Risks로 인정하고 있는 것이 일반적이다.
이 불가항력으로 인하여 계약을 해제한 경우 발주처는 아래의 비용을 시공자에게 지급하는 것이 일반적이다.

(1) the amounts payable for any wok carried out for which a price is stated in the Contract.
시공자가 수행한 공사미불금
(2) the cost of plant and materials ordered for the Works which have been delivered to Contractor, or of which the Contractor is liable to accept delivery.
이미 현장에 반입되었거나 시공자가 인도받을 책임이 있는 공사용 자재·장비비
(3) any other cost or liability which in the circumstances was reasonably incurred by the Contractor in the expectation of completing the works;
공사의 완공을 전제로 시공자에게 합리적으로 발생한 기타의 비용 또는 채무

(4) the cost removal of Temporary Works and Contractor's equipment from the Site and the return these items to the Contractor's works in his country (or to any other destination at no greater cost);and
현장에서 장비나 가설시설물을 자국으로 반출하는 비용, 또는 자국으로 반출하는 비용을 초과하지 않는 범위 내에서 여타의 목적지로 반출하는 비용

(5) the cost of repatriation of the Contractor's staff and labour employed wholly in connection with the Works at the date of termination.
계약의 해제일 현재 당해 공사에 투입된 인력의 철수비용

주 (2)항의 '인도받을 책임이 있는 공사용 자재·장비'라 함은 불가항력의 발생 이전에 Purchase Order(s)(구매지시서, 주문서)가 발급된 자재를 뜻한다.

일반적으로 상기 (2)(3)(4)(6)항을 Termination Costs(해제비용)라고 한다. 발주처의 지시나 불가항력으로 인한 Termination(계약의 해제)에서는 〈공사대금 + Termination Costs〉가 청구의 대상이 된다.

S-50 squatter's right

공유지점유권(公有地占有權)

토지의 소유권을 획득하기 위하여 법적인 근거없이 장기간 계속적으로 점유하고 있는 자의 권리를 말한다.
예컨대, 국·공유지에 무허가로 지어놓은 건물이라고 하더라도 관할기관의 무허가건축물관리대장에 등재되어 있다면 그 건물의 소유권은 이에 해당하며, 법적인 보호를 받는다.
이는 뒤에 저리(低利)로 장기분할납부하는 조건으로 국가나 공공기관으로부터 땅을 불하받거나, 해당지역이 개발될 때에 당해 점유권으로 조합원지분을 매수한다면 이익이 될 수도 있다.

참조어 Adverse Possession 불법점유
진정한 소유자가 아닌 자에 의한 공개적·계속적인 재산의 점유

S-51 stage stone

반석(盤石), 스테이지석(石)

정원이나 공원 등에 장식용으로 배치하는 큰 바위. 주로 윗면이 평평하다는 데에서 스테이지(무대) 석(石)이라 한다.

S-52 standard form of contract

표준계약서

본항의 Standard Form은 원래 표준서식을 뜻하고, Short Form이나 Abbreviated Form은 간이서식 또는 약식서식을 뜻한다. 계약에 있어서 표준계약서는 통상적으로 Standard Form of Contract라 하며, 간혹 Standard Form of Agreement라고도 한다.

비교어 Short Form of Contract
Abbreviated Form of Contract : 간이계약서, 약식계약서

S-53 statement at completion

준공명세서

현장인수확인서(Taking-over Certificate) 또는 준공확인서(Certificate of Completion)가 발급되고 난 뒤 일정기간(FIDIC에서는 84일) 내에 시공자는 아래 사항이 기재된 소정의 명세서를 감독관에게 제출하게 되는 바, 이 명세서를 Statement at Completion(준공명세서)이라고 한다.

(1) 현장인수확인서 또는 준공확인서의 발급일까지 수행한 공사의 최종금액
(2) 시공자에 대한 발주처의 미불금액
(3) 향후 도래할 대(對) 시공자 예상지불금액

준공명세서의 내용은 추후 최종명세서(Final Statement)에 의하여 변경되거나 확정된다.

S-54 statement of the claimed allowable cost

비용인정청구금액명세서

영문표기가 다소 난해할 뿐이며, 우리나라식으로 표현하면, 대가청구증빙서류에 지나지 않는다.

S-55 stipulated sum agreement

정액계약

Lump Sum Agreement 또는 Fixed Sum Agreement라고도 한다.

동의어 Stipulated Sum Agreement
: Lump Sum Agreement
: Fixed Sum Agreement

S-56 stop-work order

작업중지지시

미국 「연방조달규정(FAR)」은 납품, 용역, 연구, 개발 등의 계약에서의 일시적인 작업중지지시를 당해 Stop-Work Order라 하고, 공사계약 및 기술용역계약의 경우에는 Suspension이라 하여 구분하고 있다(2.101 참조).
작업중지기간은 통상 90일 이내로 한다(52.242-15 참조).

참조문 **「연방조달규정(FAR)」 52.242-15**
If the Contractor asserts its right to the adjustment within 30 days after the end of the period of work stoppage; provided, that, if the Contracting Officer decides the facts justify the action, the Contracting Officer may receive and act upon the claim submitted at any time before final payment under this contract.
계약상대자가 중지기간의 종료 후 30일 이내에 조정(예: 계약금액 및 공기연장)을 청구할 경우, 발주처는 시공자의 청구가 정당하다고 판단되는 경우에는 최종대가의 지급전까지 관련클레임을 접수하여 해결할 수 있다.

참고로, 발주처는 계약상대자가 낙찰받은 후에 이의신청(Protest)을 한 때, 또는 그 이의신청이 적합하다고 결정된 때에는 계약상대자로 하여금 계약의 이행을 중지하도록 지시할 수 있는데 이 지시를 'Stop-Work Order'라 한다(52.233-3 참조).

S-57 storm center

논의의 핵심

원래의 뜻은 '폭풍의 중심'이며, 파생적인 뜻으로 논의의 핵심 또는 문제의 중심으로 많이 쓰인다.

주 영어권 사람들이 비영어권 사람들을 조롱하고자 할 때 이와 같은 파생적인 의미의 영어를 가끔 쓴다. 필자가 해외에 근무할 때 현장회의에서 직접 경험한 일화가 있다.
구조물의 누수에 대한 책임소재를 규명하기 위하여 현장회의가 열렸다. 영국감독관은 종전에 계속 주장하여 왔던 바와 같이 불량자재로 인한 것이므로 시공자의 책임이라고 말하자, 한국시공회사는 설계대로 감독관 감독 하에 시공하였으므로 발주처 책임이라고 반박하였다. 영국감독관은 자재에 문제가 있다고 하는데 왜 딴청을 부리냐며 "Storm Center가 어디에 있는지 아느냐?" 하였다. 그렇잖아도 흥분되어 있던 시공사의 관련책임자는 이를 폭풍의 중심으로 받아들이고는 정말 전혀 다른 답변을 하고 말았다. 이에 영국감독관들은 일부러 크게 소리내어 웃었다. 시공자의 책임자는 더욱 화가 나서 언성을 높였다. "Why?!"(왜 웃느냐?)

S-58 straight time wage

규정노동시간임금

Straight Time은 규정노동시간을 말하며 통상 1주일단위기간의 기본적인 노동시간(예; 40시간)을 지칭한다. Straight Time Wage는 이 규정노동시간을 기초로 하여 정해진 임금액을 말한다. Normal Time Wage, 또는 경우에 따라서는 Full Time Wage라고도 한다.
구·미제국(歐美諸國)의 경우 계약의 이행을 위하여 이 임금액은 발주처에 통보되거나 발주처의 승인을 받아야 하는데, 이렇게 통보되거나 승인된 임금액을 계약상대자가 초과하여 근로자에게 지급하였다고 하더라도 그 초과금은 자신의 부담으로 조치하여야 하며, 클레임 등의 수단으로 발주처에게 보상받을 수 없다.

비교어 Overtime: Straight Time 또는 Normal Time을 초과하는 근로시간 또는 그에 대한 임금

참고로, 미국의 경우 계약금액이 2,000달러를 초과하는 공사계약의 계약상대자는 본항의 Straight Time Wage를 발주처로부터 승인받아야 한다. 「FAR」 22.407 및 2014.5월의 52.222-4 및 2018.8월의 52.222-6 등 참조.

S-59 subline item

집합항목

항목·상품의 부분집합(a subset of a line item)을 말한다.
Line Item은 상위개념으로 주공종(主工種), Subline Item은 하위개념으로 부공종(副工種)이 된다.

S-60 substantial completion

실제적 완공

어의대로라면, 실제적 완공이지만, 일반적으로 공사의 완공이라고 할 때는 당해 Substantial Completion을 일컫는다. Practical Completion이라고도 표기하며, 우리나라의 준공(竣工)에 해당한다.
통상 완공은 시공자가 준공통보(Notification of Substantial Completion)를 한 후, 발주처(감독관)의 준공검사단계를 거치게 되며, 검사결과 특별한 하자가 없으면 준공확인서(Certificate for Completion)를 발급하게 된다.
FIDIC에서는 시공자의 완공통보를 접수한 후 28일 이내에 준공확인서(Certificate for Completion)에 해당하는 현장인수확인서(Taking-Over Certificate)를 발급하든지, 아니면 당해 Taking-Over Certificate의 발급을 거부하고 하자사항을 보수토록 지시하든가 한다.
당해 실제적 완공 후 하자보수를 완료하면 최종준공(Final Completion)이 된다.

S-61 subsurface utility

지하편의시설

지하에 매설된 수도관, 배수관, 가스관, 전화·전기설비 등 지하에 있는 공공편의시설(any public utility which is underground)

S-62 successful bidder

낙찰자

Accepted Bidder 또는 Selected Bidder도 같은 의미이다.

동의어 Successful Bidder
: Accepted Bidder
: Selected Bidder

S-63 successor contract

후임계약

– 'Predecessor Contract' 항목 참조 –

S-64 superintending officer (SO)

감독관

그의 업무는 주로 Resident Engineer에 의하여 수행

S-65 supplemental services

추가업무

설계·감리 등 기술용역의 기본업무 또는 과업의 추가업무이며, Additional Services로 표기함이 일반적이다.

동의어 Supplemental Services
: Additional Services

S-66 supplementary conditions

특수조건

계약조건(Conditions of Contract) 중에서 특수조건을 나타내기는 하나, 일반조건(General Conditions)에 대한 보완조건이라는 의미가 강하다. 이로 인하여 Supplementary General Conditions 즉 일반조건의 보완조건으로 구체화된다.
내용상으로는 아래의 다른 표기와 같다.

동의어 Supplementary Conditions
: Particular Conditions
: Special Conditions
: Supplemental Conditions
: Supplementary General Conditions

S-67 supplies

공급물

미국의 경우 당해 공급물은 토지 및 토지물권을 제외한 모든 자산(All Property)을 말한다. 즉, 공공공사(구조물), 빌딩, 설비 등은 물론 배, 부유기구, 항공기, 그리고 이들에 대한 부품 및 부재 등을 포함하는 개념이다.
이렇게 볼 때, 공사계약도 넓은 의미에서는 이 계약 즉, 공급계약(Supplies Contract)에 해당한다.
그러나 많은 경우에 있어서 공사계약은 Construction Contract이라 하여 공급계약과 구별하고 있다. 예로서, 「FAR」 52..219-3조, 52.219-14조, 52.219-27조, 52.219-30조, 52.226-5조 등에서는 계약의 내용에 따른 유형에서 아래와 같이 그 구분을 분명히 하고 있다.

(1) Services (용역)
(2) Supplies (공급물 또는 납품)
(3) General Construction (일반공사)
(4) Construction by Special Trade Contractors (전문공사)

S-68 surety bond

보증인보증

우리나라 국가계약법령상의 공사이행보증에 해당한다.
Surety Bond를 원문대로 번역할 경우에는 보증인보증이 되지만, 이를 그냥 Bond라고 하는 데에서 보는 바와 같이 Bond가 가지는 '보증'은 그 자체로 제3자의 보증을 뜻하므로 굳이 보증인보증이라 하지 않고 단순히 보증이라 하는 것이 일반적이다.
미국CM협회(CMAA)가 내리고 있는 Bond의 정의는 아래와 같다.

예문 Bond에 대한 미국CM협회(CMAA)의 정의
"A pledge from a surety to pay the bond amount to the Obligee (owner or contractor) in the event of a default, or non-payment by a principal (contractor or subcontractor), as with Bid, Performance and Labor and Material Bonds."
입찰보증, 이행보증 및 노무·자재보증에서처럼, 보증의무자(원수급자 또는 하수급자)가 의무를 불이행하거나 대가를 지급하지 않을 경우 보증권리자(발주처 또는 원수급자)에게 보증금액을 지급하기로 하는 보증인의 담보

참고로, 제3자의 보증이 아닌 자신의 보증인 경우로는 Company Guarantee(회사보증) 또는 Parent Company Guarantee(모기업보증)라는 것이 있는데, FIDIC 공사계약조건에서 예시하고 있는 Annex A는 이 모기업보증의 양식이다.

-Security, Guarantee 및 Bond에 대하여는 'Bid Bond' 항목 참조 -

S-69 suspended ceiling

천정(天井), 천장(天障)

Dropped Ceiling 또는 Drop Ceiling이라고도 한다.

동의어 Suspended Ceiling
: Dropped Ceiling
: Drop Ceiling

S-70 suspension bridge

현수교(懸垂橋)

교각을 설치하지 않고 주탑(柱塔)에 연결된 케이블에 교량의 상판[Deck]을 받치는 구조이며, 하나의 주(主) 케이블(Main Cable, 메인 케이블)에 여러 개의 부속케이블(Sub-Cable, 서브 케이블)을 달아 상판을 지탱한다.
샌프란시스코에 있는 금문교(金門橋, Golden Gate Bridge)가 대표적이고, 우리나라에는 남해대교, 광안대교 등이 있다.
현재 세계에서 가장 긴 현수교는 일본 효고현[兵庫縣]의 아카시해협대교[明石海峽大橋]로 양 주탑간의 거리 즉 중앙경간(Center Span)이 1991m이고, 우리나라에서 가장 긴 현수교는 2013년에 완공된 이순신대교로, 총연장 2,260m, 중앙경간 1,545m, 높이 270m, 폭 25.7m 이다.

- 출전; [네이버 지식백과] ;「두산백과」 -

비교어 Cable-Stayed Bridge 사장교

S-71 suspension costs

정지비용(停止費用)

Suspension으로 인하여 시공자에게 발생한 추가비용. 시공자의 유책사유로 인한 Suspension을 제외하고는 당해 추가비용을 발주처가 시공자에게 지급한다.
그러나 통상 아래의 사유로 인한 경우에는 발주처의 보상의무가 없는 것으로 간주한다.

(1) 계약서에서 별도로 Suspension을 명시하고 있을 때
(2) 공사의 적절한 수행을 위하여 필요로 할 때
(3) 기후로 인한 중단일 때
(4) 시공자측 하자로 인한 중단일 때
(5) 현장의 안전상 필요로 할 때
(6) 미국의 경우 정지비용항목에서 이윤은 제외됨(「FAR」 42.1302)
(7) 역시 미국의 경우, 계약상의 최종대가지급일 이후에는 청구할 수 없으며, 또한 시공자가 정지행위를 계약관에게 통보해야 하는 기간 이전 20일 이후에 발생한 비용에 대하여는 청구할 수 없음(「FAR」 52.242-14)

- 'Suspension of Work' 항목 참조 -

S-72 suspension of work

공사의 일시정지

단순히 Suspension이라고도 한다.
발주국의 정치, 경제 또는 사회적 제 여건에 따라 계약 또는 작업이 일시적으로 중단될 수도 있는 바, 이를 Suspension이라 한다. 이로 인한 필요한 공기의 연장과 Suspension Costs(정지비용)는 발주처가 당연히 부담하여야 하나, 이 기간 중 시공자에게는 현장을 적절히 유지하고 보호해야 할 의무가 있다.
Suspension은 공사 전반에 걸쳐 실시될 수도 있고, 일부에 한정될 수도 있으나, 기본 성격은 공사의 재개를 전제로 하고 있다는 점에서 계약의 영구적인 종결을 뜻하는 해제 또는 해지인 Termination(또는 Withdrawal)과는 근본적으로 차이가 있다.
FIDIC에서는 Suspension 이후의 대응방안을 아래와 같이 규정하고 있다.

첫째, 공사의 재개 요청
Suspension이 84일을 초과할 경우 시공자는 공사의 재개요청을 할 수 있으며, 발주처는 시공자의 요청을 접수한 날로부터 28일 이내에 회신하여야 한다.

둘째, 계약의 변경
상기 28일 이내에 발주처의 공사재개승인이 없을 경우 시공자는 ① Suspension이 일부에 대하여 이루어졌을 때는 그 해당부분을 계약에서 삭제(Omission 또는 Cancellation)하고, 잔여부분공사에 대하여 수행을 재개할 수 있으며, ② Suspension이 전체현장에 걸쳐 이루어졌을 때에는 계약을 해제할 수 있다.
참고로, ① 의 경우 설계변경이론이 적용되며, ② 의 경우에는 Force Majeure(불가항력)로 인한 Termination(계약해제)이론이 적용된다.

S-73 sustainable acquisition

지속가능한 조달

종래의 인간위주의 조달 즉, 정부 또는 발주처의 최대이익을 위한 조달에서, 당해 지속가능한 조달은 아래의 상호 병존적(併存的) 목표를 달성하기 위한 조달을 말한다.

(1) 인간과 자연이 생산적인 조화를 이룰 수 있는 여건의 창조 및 유지를 위한 조달
(2) 현재세대 및 미래세대의 사회·경제 기타 분야의 요구를 충족시킬 수 있는 여건의 창조 및 유지를 위한 조달

영문공사용어350선 개정증보판

영문공사용어 완결본 820

T

Korean Glossary of English Terms 820

All-In Edition

T-1 taking-over certificate (TOC)

인수확인서

공사가 실제적으로 완공(Substantial Completion)되어 준공검사(Test on Completion)를 통과한 경우, 시공자는 발주처(감독관)에게 공사인수확인서의 발급을 요청한다. FIDIC에 의할 경우, 감독관은 이 요청을 접수한 날로부터 21일 이내에 실제적인 완공일을 명시한 인수확인서를 시공자와 발주처에게 발급하며, 만약 미수행작업이 있다면 본 확인서의 발급 이전에 그를 완료토록 시공자에게 지시하도록 하고 있다.
Taking-Over Certificate의 전통적인 표현은 실제적 준공확인서(Certificate of Substantial Completion)이다. Certificate of Substantial Completion을 발주처의 입장에서 Taking-Over Certificate라 하며, 시공자의 입장에서는 Provisional[Initial, Temporary, Preliminary] Hand-Over Certificate(임시·예비 또는 잠정인도확인서)라고 한다. 그러므로 인수확인서나 준공확인서 또는 임시[잠정·예비]인도확인서는 개념상 다소의 차이는 있기는 하지만 절차상으로는 모두 같은 내용이라고 할 수 있다.
발주처는 TOC를 발급한 후 현장을 인수하며, 그로 인한 시공자의 실익은 아래와 같다.

(1) TOC에 명시된 완공일에서부터 하자보수기간이 개시된다.
(2) 유보금(일부 또는 전부)이 해제된다.
(3) 시공자는 준공명세서(Statement at Completion)를 제출하게 되며 최종정산(Final Account)과정에 돌입한다.

동의어 Taking-Over Certificate (TOC) 인수확인서
: Certificate of Substantial Completion 실제적 준공확인서
: Provisional[Initial, Temporary, Preliminary] Hand-Over Certificate 임시·예비 또는 잠정인도확인서

T-2 target cost

목표원가

내역서(Schedule)에 기재되어 있는 금액으로서, 계약당시 처음 쌍방간 협의하여 추산한 계약금액이며, 계약내용이 변경되면 그에 따라 조정된다.
일반적으로 인센티브 계약에서 계약금액이라 할 때는 이 원가를 가리킨다.

T-3 task force

과업대책반(對策班), 기동부대

원래는 군사용어로서, 기동부대, 특무부대 등의 개념으로 사용되었다. 정부의 일반부서에서 또는 민간기업에서 대상업무의 중요성·시급성을 강조하기 위하여 당해 'Task Force'라는 용어를 사용하게 되었으며, 참여자의 정신무장에 상당한 도움이 되었다고 평가받고 있다.
Task Force (TF)에는 그 자체로 특수하다거나, 팀 또는 반(班)·부대(部隊)·조직(組織)의 의미가 포함되어 있지만, 이를 더욱 강조하기 위하여 Special Task Force (STF) 또는 Task Force Team (TFT), 심지어 Special Task Force Team이라 표현하기도 한다.

T-4 tax clearance certificate

납세증명서

발주처는 시공자로 하여금 매년 이 증명서를 발주처에 제출토록 요구하는 경우도 있다. Tax Clearance Certificate는 발급절차에 따라 다시 아래와 같이 구별된다.

(1) Temporary Tax Clearance Certificate(임시완납증명서)
(2) Final Tax Clearance Certificate(최종완납증명서)

참고로, 완공시 시공자의 구비서류 중 이 Tax Clearance Certificate는 필수적이다. 그러므로 이를 게을리 할 경우, 발주처에 의한 유보금의 해제(Release of Retention Money)나 최종지불(Final Payment)이 보류될 수도 있다.

T-5 taxpayer identification number (TIN)

납세자고유번호

입찰자가 국세청에 세무신고를 할 때 사용되는 번호로서, 대체로 사회보장번호 또는 사용자고유번호로 대신한다.

주 Internal Revenue Service (IRS) : 국세청
Tax Returns : 세무신고
Social Security Number : 사회보장번호
Employer Identification Number : 사용자고유번호

T-6 technical data

기술자료

주로 설계기준 및 조건을 지칭한다.
(1)형식이나 방식에 관계없이 과학적·기술적 사상(事象)에 대한 자료로서, (2)컴퓨터 데이터 베이스 및 소프트웨어문서를 포함하는 개념이지만, (3)컴퓨터 소프트웨어 그 자체 또는 금융·관리적 자료, 원가 또는 가격자료, 관리적 자료, 기타 계약관리에 대한 일시적 자료는 포함되지 않는다는 것이 미국「연방조달규정(FAR)」의 정의이다.

비교어 Site Data: Physical Data 현장자료
공사현장의 지질, 수리, 기후, 진입방법, 교통 등을 나타내는 자료.
Technical Data가 기술적 자료 또는 인위적 자료라면, 당해 Site Data 또는 Physical Data는 자연적·물리적 자료에 해당

T-7 technical hitch

기술적 장애

기계의 고장 등으로 인한 설비의 일시적인 가동정지를 뜻한다.

T-8 technical proposal

기술제안(서)

Proposal에는 Price Proposal (PP)(가격제안서)과 Technical Proposal (TP)(기술제안서)이 있으며, 가격 및 기술제안을 동시에 할 때에는 Price and Technical Proposal (PTP)이라고 한다.
발주처의 Request for Proposal (RFP)(제안요청)에 의하여 이루어진다.

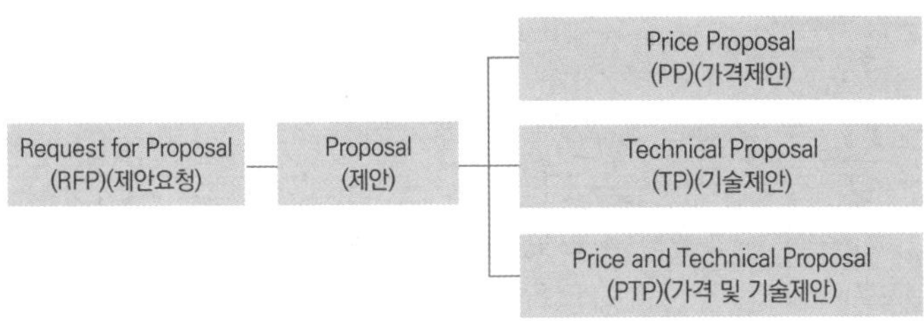

T-9 temporary hand-over

임시인도 또는 잠정인도

공사의 실제적 준공 후 시공자가 공사현장을 발주처에 인도하는 행위. 뒤에 Final Hand-Over 절차가 남아 있다.
아래의 용어는 모두 임시인도의 개념이다.

동의어 Temporary Hand-Over
: Initial Hand-Over
: Preliminary Hand-Over
: Provisional Hand-Over

T-10 temporary work

임시공사

Permanent Work(본공사)의 수행이나 유지보수 등을 위한 보조 또는 임시 가설공사. 현장 내 임시숙소, 사무실, 복리시설 등의 공사도 이에 속한다.

T-11 tender documents

입찰서류

우리나라 국가계약에서는 '입찰관련서류'라 한다.

동의어 Tender Documents
: Tendering Documents
: Bid Documents
: Bidding Documents

T-12 tender security

입찰보증

'Bid Security'의 영국 및 FIDIC식 표기이다.

- Security, Guarantee 및 Bond에 대하여는 'Bid Bond' 항목 참조 -

T-13 tender shopping

입찰견적쇼핑

입찰후보자가 자신의 경쟁력 있는 입찰가격을 준비하기 위한 목적으로 예상하수급자 또는 자재·장비 등의 공급자로 하여금 그들의 하도급공사금액 또는 자재·장비비 등을 인하하도록 요구하는 행위 또는 그 목적에 부합되는 하수급자 또는 자재·장비 등의 공급자를 물색하는 행위를 뜻한다.
Bid Shopping 또는 Tender[Bid] Hunting이라고도 한다.

동의어 Tender Shopping
: Bid Shopping
: Tender[Bid] Hunting

T-14 tentative certificate of substantial completion

실제적인 예비준공확인서

공사가 실제적으로 준공되었을 때 감독관이 1차로 발급하는 실제적 준공확인서로서, 발주처가 이 확인서에 대하여 동의할 때 실제적인 확정준공확인서(Definite Certificate of Substantial Completion)를 발급한다.

- 'Certificate of Completion' 항목 참조 -

T-15 termination costs

해지비용, 청산금

이 경우의 Costs는 Expenses와 같아서 Termination Expenses라 하여도 된다. 계약이 시공자의 책임없는 사유로 해제 또는 해지(Termination)되었을 때 발주처가 시공자에게 지급하는 청산금.

FIDIC은 아래 금액의 합산으로 하고 있다.

(1) 시공자의 수행공사에 대한 미불금
(2) 현장에 이미 반입되었거나, 시공자가 인도받을 책임이 있는 공사용 자재·장비비
(3) 공사의 완공을 전제로 시공자에게 합리적으로 발생한 기타의 비용 또는 채무
(4) 현장에서 장비 또는 가설시설물을 자국으로 철수하는 비용
(5) 계약의 해제일 현재 당해 공사에 투입된 인력의 철수비용

- 'Force Majeure' 항목 또는 'Special Risks' 항목 참조 -

T-16 termination for Convenience of the Owner

발주처의 편의에 의한 계약의 해제·해지

발주처의 필요에 의한 계약의 해제 또는 해지이다. 따라서 계약의 해제 또는 해지에 따른 손해는 모두 발주처의 책임사항이다.

비교어 Termination on Default : 시공자의 유책사유로 인한 계약의 해제·해지

T-17 termination of contract

계약의 해제 또는 해지

Termination 외에 Take-Over, Withdrawal 또는 Determination 등과 같은 용어를 사용하기도 한다. 그러나 Termination이 절대적인 대표용어이다.

Termination은 쌍방간 계약사항이 영구히 소멸한다는 점에서 공정의 일시적인 중지인 Suspension과 다르다.

우리나라 계약예규 「공사계약일반조건」에서 규정하고 있는 시공자의 유책사유로 인한 Termination 사유는 아래와 같다(제44조).

(1) 정당한 이유없이 약정한 착공시일을 경과하고도 공사에 착수하지 아니할 경우
(2) 시공자의 책임있는 사유로 인하여 준공기한까지 공사를 완공하지 못하거나 완성할 가능성이 없다고 인정될 경우
(3) 지체상금이 당해 계약(장기계속공사계약인 경우에는 차수별 계약)의 계약보증금상당액에 달한 경우
(4) 장기계속공사의 계약에 있어서 제2차공사 이후의 계약을 체결하지 아니하는 경우
(5) 계약의 수행 중 뇌물수수 또는 정상적인 계약관리를 방해하는 불법·부정행위가 있는 경우
(6) 기타 계약조건을 위반하고 그 위반으로 인하여 계약의 목적을 달성할 수 없다고 인정될 경우

이에 대하여, 발주처의 유책사유로 인한 Termination 사유는 아래와 같다(제46조).

(a) 공사내용을 변경함으로써 계약금액이 40% 이상 감소되었을 경우
(b) 공사정지기간이 공기의 50%를 초과하였을 경우

T-18 termination on default

시공자의 유책사유로 인한 계약의 해지·해제

원문을 있는 그대로 번역할 경우에는 채무불이행(Default)으로 인한 해지 또는 해제이지만, 공사계약에서 채무불이행(Default)라 함은 시공자가 계약의무를 자신의 유책사유로 이행하지 못한 상태를 말하며, 해지 또는 해제라 함은 계약의 해제 즉 Termination of Contract를 뜻하므로 결국 시공자의 유책사유로 인한 계약의 해지·해제가 된다.

- 'Termination of Contract' 항목 참조 -

T-19 term of contract

계약기간

'Contract Period'와 같다.
계약의 종류를 나타내고자 할 때에는 Term of Construction Contract(공사계약기간), Term of Research Contract(연구계약기간), Term of Services Contract(용역계약기간) 등으로 나타내면 된다.

주 'Term of Contract'을 계약기간이라 함에 비하여, 'Terms of Contract'는 계약조건이라 함에 유의해야 한다. 예: 「FAR」 52.217-9 Option to Extend the Term of the Contract (Mar 2000) (계약기간연장에 대한 선택권)

T-20 terms of contract

계약조건

Conditions of Contract와 동의어

T-21 terms of reference (TOR)

과업지시서

기술용역계약의 핵심적인 계약문서로서, 과업지시서 외에 과업내용서 또는 과업명령서라고도 한다.
이를 별도의 문건으로 하지 않고 계약조건에서 규정하는 경우에는 Terms of Reference (TOR) 대신에 Terns of Services(업무내용서) 또는 Scope of Services(업무의 범위)라는 표현을 쓰기도 한다.

T-22 terms of services (TOS)

업무내용서

Terms of Reference (TOR)의 동의어

T-23 test, adjustment and balancing (TAB)

시험 및 조정

정확하게는 기계설비에 대한 '시험, 조정 및 균형'이라고 하여야 할 것이나 조정과 균형은 모두 조정에 해당하므로 '시험 및 조정'이라 하여도 무방하다. 전통적으로 Commissioning(시운전)에 해당한다.

T-24 tests after completion

준공 후 검사

FIDIC「공사계약일반조건」에 의하면, 당해 준공 후 검사는 특수조건에 규정된 경우에 실시하며, 발주처가 공사목적물을 인수한 후에 그 규정에 따라 실시한다.

T-25 tests on completion

준공검사

통상 준공검사라고 할 때 바로 그 검사이다. 익히 알고 있는 바와 같이 발주처가 공사목적물을 인수하기 전에 실시하는 검사이다.

T-26 then-current contract price

당시의 계약금액

어떤 상황이 발생했을 때 그 당시의 계약금액으로서 현재의 계약금액(Current Contract Price)이 정립되기 이전의 계약금액이다.

비교어 Current Contract Price 현재의 계약금액

참조문 There shall be no adjustment for any change in rates of pay for labor or unit prices for material which would not result in a net change of at least 3percent of the then-current total contract price. 당시의 총계약금액의 3% 이상의 순증감을 초래하지 않는 노무비 또는 자재 단가의 변경에 대하여는 금액조정을 하여서는 아니 된다.

T-27 threshold for submission of certified cost or pricing data

확인된 원가 또는 가격자료제출기준

미국연방공사의 경우 (1)원도급계약금액, (2)원도급계약의 변경금액, 또는 (3)하도급계약금액이 각기 750,000달러를 초과할 경우 원수급자(Contractor)는 발주처에 '확인된 원가 또는 가격자료(Certified Cost or Pricing Data)'를 제출하여야 하며, 또한 하수급자(Subcontractor)에게 이 자료를 제출하도록 요구하여야 하는데, 당해 750,000달러를 'Threshold for Submission of Certified Cost or Pricing Data' 즉, '확인된 원가 또는 가격자료제출기준'이라 한다.
여기서 유의할 점은, 금액조정에 있어서, 증액과 감액을 함께 감안하여야 한다는 점이다. 예를 들면, 500,000달러가 감액되고, 300,000달러가 증액된 경우 증액과 감액이 별개로는 모두 750,000달러에 미치지 못하지만, 합계로서 800,000달러가 되어 이는 750,000달러를 초과하므로 '확인된 원가 또는 가격자료(Certified Cost or Pricing Data)'의 제출대상이다. 「FAR」 15.403-4 참조

T-28 time-and-labor contract

시간·노무계약

노무·시간계약(Labor-Hour Contract)이라고도 하며, 이 계약은 시간·자재계약(Time-Material Contract)의 한 변형으로서, 순수한 노무계약이라고 할 수 있다. 다시 말하면, 시간·자재계약에서 시공자는 노무만 제공하고, 자재는 공급하지 않는 것이라고 보면 틀림이 없다.

- 'Cost-Plus-Fee Contract' 및 'Time-Material Contract' 항목 참조 -

T-29 time-and-material contract

시간·자재계약

당해 시간·자재계약(Time-and-Material Contract)은 직접노무시간(Direct Labor Hour)과 실질자재비(Actual Cost for Materials)를 기초로 하는 계약을 말한다.
이 계약을 원가가산계약 즉 Cost-Plus Contract와 동일시하는 견해도 있으나, 미국 「연방조달규정(FAR)」 제16조의 규정에 의하면, 당해 시간·자재계약과 Cost-Plus계약은 명확하게 별개의 계약유형으로 구분하고 있다.
이 계약에서 기준이 되는 시간(Time)을 어떻게 분류하느냐에 따라 인·월계약(Man-Month Contract)이 되기도 하고, 미국이나 영국컨설팅엔지니어협회(Association of Consulting Engineers, ACE)의 경우처럼 인·시계약(Man-Hour Contract), 일본의 경우처럼 인·일계약(Man-Day Contract)이 될 수도 있다.

예문 **「연방조달규정(FAR)」 16.600**
Time-and-materials contracts and labor-hour contracts are not fixed-price contracts.
시간·자재계약과 노무·시간계약은 고정금액계약이 아니다.

T-30 time for completion

완공시기

계약문서상에 기재된 준공 또는 완공시기이다.

주 Time for Completion vs Time of Completion
Time for Completion은 준공에 대한 계획시기이며, Time of Completion은 준공에 대한 실제시기이다. 따라서 발주처에 준공신고를 하거나 준공검사에 통과된 후 '준공일'을 지칭할 때는 Time of Completion이라 함이 정확하다.
그러나 이 구별이 절대적인 것은 아니다.

T-31 time of completion

완공시기

비록 Time으로 표현되어 완공시기라 번역하였지만, '완공일'로 하여도 무방하다. 따라서 Date of Completion으로 표기하기도 한다.
이 때의 완공은 Substantial Completion을 뜻하며, Time of Completion부터 하자보수가 개시된다. 그러므로 이는 곧 현장의 잠정 또는 예비인도(Temporary Hand-Over, Provisional H/O, Initial H/O, Preliminary H/O)를 의미하기도 한다.

동의어 Time of Completion
: Completion Time
: Completion Date
: Date of Completion

T-32 time-related cost

시간관련비용

이 비용은 Prolongation Cost(연장비용) 또는 Extended Performance Cost(연장된 이행비용) 또는 Disruption Cost(공정차질비용) 등으로 구체화된다.
이는 주로 간접비 영역에서 나타나지만, 발주처에 의한 공기연장의 경우에는 직접비까지 추가하기도 한다.

T-33 topographic survey

지표 및 지형조사

현장조사(Site Investigation 또는 Site Survey)의 한 항목으로서 통상 설계서와 실제지형을 비교·확인하는 업무를 말한다.

T-34 trade contractor

전문공사시공자

Specialized Contractor 또는 Specialist Contractor라고도 하며, 간혹 Special Trade Contractor라고도 한다.

동의어 Specialist Contractor
: Trade Contractor
: Special Trade Contractor
: Specialized Contractor

비교어 General Contractor : Trade Contractor에 대하여 종합공사시공자 또는 일반시공자를 가리킨다.

T-35 tripartite escrow agreement

3자간 에스크로협약

예컨대, 공사계약일 경우에, 〈① 원수급자인 시공자- ② 노무·자재공급자- ③ 에스크로중개인〉 이렇게 3자간 체결하는 조건부기탁계약으로서, 미국식 지급보증(Payment Guarantee), 우리나라식 '하도급대가지급보증'의 한 수단이라고 할 수 있다.
당해 협약서로 지급보증을 대신하고자 할 경우 시공자(원수급자)는 신뢰할 수 있는 금융·보험기관에 에스크로계정(Escrow Account)을 개설하고, 그 개설기관을 에스크로중개인(Escrow Agent)으로 하여, 노무·자재공급자 및 그 에스크로중개인과 당해 'Tripartite Escrow Agreement(3자간 에스크로협약)'을 체결한다.

참조문 When a tripartite escrow agreement is used, the Contractor shall utilize only suppliers of labor and material that signed the escrow agreement. - 미국「연방조달규정(FAR)」 52.228-13 -
3자간 에스크로협약을 사용할 경우 시공자는 에스크로협약에 서명한 노무 또는 자재공급자만을 활용하여야 한다.

이 협약에는 해당공사대가의 지급조건 및 3자간 분쟁해결조건을 합의·설정하게 되는데, 발주처는 시공자가 개설한 에스크로계정에 공사대금을 입금하고, 에스크로중개인이 그 대금을 협약에 따라 배분한다.

-'Miller Act' 항목 참조 -

T-36 turn-key contract

턴키계약

설계 및 시공을 한 계약상대자가 수행하는 일괄계약.
개념상 다소의 이견(異見)이 있기는 하나, Design-Build Contract, Design-Construct Contract 또는 All-In Contract, Package Contract 또는 Engineering, Procurement and Construction (EPC) Contract 등 다양하게 불리고 있다.
상세한 내용은 Design-Build Contract 항목 참조

동의어 Turn-Key Contract
: Design-Build Contract
: Design-Construct Contract
: All-In Contract
: Package Contract
: Engineering, Procurement and Construction (EPC) Contract

T-37 two envelopes system

(가격·기술)2개입찰방식

가격제안서(Price Proposal)와 기술제안서(Technical Proposal)를 구분하고 이를 별도의 봉투에 넣어 제출하는 입찰방식을 말한다.
이 경우 ① Price Proposal과 Technical Proposal을 분리하되 동시에 제출하는 방식과 ② Technical Proposal을 먼저 제출하고 이것이 통과될 경우에 Price Proposal을 제출하는 방식이 있다.
통상 ① 의 방식을 당해 Two Envelopes System(2개입찰방식)이라 하고, ② 의 방식을 Two Stage Selection System(2단계선정방식)이라 한다.

T-38 two stage selection system

2단계선정방식

Two Envelopes System(2개입찰방식)의 가격제안서(Price Proposal)와 기술제안서(Technical Proposal)를 분리하여 단계적으로 제출받되, 예비심사에서 통과된 입찰자에 한하여 최종심사에 참여하도록 하는 낙찰자선정방식을 일컫는다.

T-39 type of work

공종(工種)

'공사의 유형' 또는 '공사의 종류'라 번역하기도 한다.
본항의 Type of Work 외에 아래와 같은 다양한 영문표기가 있다.

동의어 Type of Work
: Type of Construction
: Work Categories
: Construction Activities

영문공사용어350선 개정증보판

영문공사용어 완결본 820

U

Korean Glossary of English Terms 820

All-In Edition

U-1 umbrella insurance

우산보험, 초과확장보험

(1) 우산보험은 Umbrella Insurance를 영문대로 번역한 표현이고, 초과확장보험(超過擴張保險)은 해당약관의 부보내용을 감안하여 번역한 표현이다.

주 국내의 모든 지료에서 당해 Umbrella Insurance를 우산보험이라 하고 있으며, 초과확장보험은 본서에서 처음 시도한 표현이다.

(2) 일종의 책임보험이다.
(3) 이 보험은 일반책임보험(General Liability Insurance)에서 정해진 부보한도를 초과하는 손해를 보상한다. 예컨대, 일반책임보험의 보상한도액이 10억원이고, Umbrella Insurance의 한도액이 100억원인 경우, 피보험자(The Insured)에게 제3자로부터 30억원의 보상청구가 발생한다면, 1차로 일반책임보험에서 10억원을 제3자에게 보상하고, 2차로 Umbrella Insurance에서 잔여 20억원을 보상한다.
(4) Umbrella Insurance와 유사한 보험에 Excess Insurance (초과보험)가 있는데, Excess Insurance도 당초보험의 보상한도를 초과하는 금액을 보험대상으로 하고 있다는 점에서는 Umbrella Insurance와 같으나, 이 Excess Insurance의 부보내용은 당초보험과 정확하게 같고 단지 보상액에서만 차이가 있을 뿐이다. 이에 비하여 Umbrella Insurance는 당초의 보험약관에서 정한 내용이 아니라고 하더라도 당초보험의 보상한도를 초과하는 금액을 모두 보상대상으로 된다.

-Excess Insurance: 당초보험의 연장선상에 있음. 보상한도액 초과금액 보상
-Umbrella Insurance: 당초보험 및 당초보험 외의 사유 모두 대상

(5) 이와 같은 특징을 감안하여 당해 Umbrella Insurance를 본서에서 초과확장보험이라 표현한 것이다.

U-2 unbalancing

비(非)균형비용배분

공사기간의 중간지점에 비용을 집중배분하는 Balancing(균형배분)에 대하여 초기 또는 후기에 비용을 집중배분하는 예산 또는 공사비책정기법.

- 'Balancing' 항목 참조 -

U-3 undefinitized contract action

미확정계약행위

문자 그대로 확정되지 않은 계약행위(Contract Action)를 말한다. 예를 들면, 우리나라에는 개산계약(概算契約), 조건부계약(예: 원가검토조건부계약) 등이 있고, 또한 불확정수량계약(Indefinite-Quantity Contract)도 이 계약행위에 해당하며, 최종정산에 의하여 확정된다고 할 수 있다.
미국「연방조달규정(FAR)」에서는 미확정계약행위에 의하여 수행된 공사에서는 공사비의 80%를 초과하여 기성대가를 지급할 수 없는 것으로 규정하고 있다. 다시 말하면, 계약상대자의 기성대가지급청구액의 80% 이하를 지급하고, 미확정계약행위가 '확정'될 때 잔액을 지급한다(52.232-16).
참고로, 공사계약에서 공사비는 추산금액이므로 모두 미확정계약에 해당한다고 할 수 있다.

- 'Contract Action' 항목 참조 -

U-4 underground utility

지하매설시설물

예를 들면, 가스관, 수도관, 지하매설 전선 등이 있다.
Subsurface Utility라고도 한다.

U-5 underinsurance

일부보험

보험가입목적물의 가액(價額)을 실제공사비보다 작게 산정하여 부보하는 보험. 이로 인하여 보험사고가 발생하였을 경우 보험보상금액이 실제손해액보다 적게 지급되는 보험이다.

U-6 unearned amount

미실현금액

지급받은 기성대가 중 시방서, 계약조건 등 계약문서와 일치하지 않은 부분에 대한 금액을 말한다.

계약상대자가 발주처에 기성대가지급신청을 한 후에 계약과 일치하지 않는 부분에 대한 대가가 포함되어 있음을 발견하였을 때에는

(1) 즉시 그 사실을 발주처에 통지하여야 하며,

(2) 대가를 이미 지급받았을 경우에는 그 금액에 대한 이자상당액을 발주처에 지불하여야 한다. 여기서 이자액은 미실현금액을 수령한 날부터 8일째 되는 날부터 계약상대자가 결함을 시정하고 그 사실을 발주처에 통보한 날까지, 또는 그 뒤의 기성대가에서 그 금액을 공제하고 신청하는 날까지의 금액에 대한 이자액을 말한다. 이 이자액은 통상 다음 차수(次數)의 기성대가에서 공제하는 형식으로 발주처에 환급된다.

U-7 unforeseeable physical conditions

예측할 수 없었던 물리적 여건

우리나라 계약조건상 현장여건의 상이와 같다. FIDIC의 표기이다.

Adverse Physical Conditions 또는 Differing Site Conditions 등과 같은 의미이다.

U-8 unfulfilled obligations

미수행의무

공사계약의 이행에 있어서, 하자보수가 완료되어 발주처로부터 하자보수확인서가 발급되면, 원칙적으로 시공자의 계약적 의무가 종료된다. 그러나 하자보수확인서가 발급된 시점에 계약사항이되, 시공자가 이행하지 않은 사항이 있을 경우에는 시공자의 계약적 의무가 종료되지 않는다.

Unperformed Obligations라고도 한다.

U-9 uniform contract format

통합계약서식

청약, 입찰, 낙찰, 계약서가 통합되어 있는 미국의 독특한 조달관련 서식을 일컫는다.

첫째, 「표준서식33 (SF 33)」
이 서식은 청약(Solicitation), 제안(Offer), 낙찰(Award) 이렇게 3개 서식이 통합되어 있다.

둘째, 「표준서식1447 (SF 1447)」
이 서식은 입찰초청장(Invitations for Bids, IFB)과 계약서(Contract)가 통합되어 있다.
그러나 이 서식(SF 1447)은 다음의 조달에는 사용하지 않아도 된다.

(1) 공사
(2) 조선(造船) (선박의 수리 포함)
(3) 생활필수품
(4) 특정계약서식을 요구하는 납품 및 용역
(5) 단순화된 계약서식을 사용하는 정액고정금액(Firm-Fixed-Price) 계약

U-10 unilateral contract

편무계약(片務契約)

이 계약에는 두 가지의 뜻이 있는데,
첫째, 계약상의 부담이 어느 일방에게만 있는 계약
둘째, 계약조건을 어느 일방이 독자적으로 작성하고 상대방은 그에 따라야 하는 계약

첫째의 경우 쌍무계약(Bilateral Contract)에 대립되며, 둘째의 경우는 '부종계약(附從契約)'이라고도 하며, 보험계약, 정부계약 등에서 볼 수 있다.

U-11 unit acquisition cost

조달단가

이 용어에는 아래의 두 가지 의미를 갖는다.

(1) 관급자재 즉 발주처가 공급한 자재(Government-Furnished Property)의 경우 발주처에 의하여 충당된 금액으로서 계약문서에 기재된 자재의 단가를 말하며,

(2) 사급자재 즉 시공자가 구매한 자재(Contractor-Acquired Property)의 경우에는 시공자의 자재구매대장에 기재된 단가를 말한다. 이 자재구매대장은 '일반적으로 용인된 회계원칙'이 철저하게 적용된 대장임을 전제로 한다.

U-12 unit construction

기본단위시공

-'Modular Construction' 항목 참조 -

U-13 unit cost: unit price: unit rate

단가(單價)

용어에서 나타나는 바대로 단위당 가격이다. 자재비분만 아니라 임금도 이 단가로 나타낸다.

U-14 unknown physical conditions

알려지지 않은 물리적 여건

입찰자는 공사의 입찰을 하기 위하여서는 향후 불의의 손해를 방지하기 위하여, 입찰 전에 설계서 등에 표기된 현장여건을 면밀히 확인하고, 현장을 직접 방문하여 조사하여야 한다.

입찰자가 이와 같은 의무를 다하였음에도 불구하고 공사의 수행 중 마주치는 현장상태의 상이(相異)를 '현장여건의 상이(Differing Site Conditions)'라고 하는데, 본항도 그 유형 중의 하나이다. 이를 미국「연방조달규정(FAR)」에서는 '계약에 규정된 종류의 공사에 존재하는 것으로, 통상적으로 마주치고 일반적으로 인지된 여건과 중대하게 상이한 현장의 물리적 여건(physical conditions at the site, of an unusual nature, which differ materially from those ordinarily encountered and generally recognized as inhering in work of the character provided for in the contract)'이라 규정하고 있다.

이 여건에 대하여는 그 상이를 치유하기 위한 비용과 그에 소요되는 시간을 발주처가 추가로 부담하도록 하고 있다(52.236-2).

U-15 unliquidated damages

불확정손해배상액

- 'Liquidated Damages' 항목 참조 -

U-16 unperformed obligations

미수행의무

- 'Unfulfilled Obligations' 항목 참조 -

U-17 upset price

최대보증가격

이 용어는 원래 경매용어로서 최저경매가격을 나타내지만, 건설공사에서는 최대보증가격으로 해석되기도 한다. 이 경우 Ceiling Price와 같다.

- 'Guaranteed Maximum Price' 항목 참조 -

U-18 upward price adjustment

금액상향조정, 증액조정(增額調整)

계약금액 또는 계약단가의 증액조정을 말한다. 감액조정은 Downward Price Adjustment.

Price Adjustment : Upward Price Adjustment 증액(增額)조정
Downward Price Adjustment 감액(減額)조정

여러 계약에 모두 적용되는 개념이지만, 미국 「연방조달규정(FAR)」에서 규정하고 있는 '노무 및 자재계약'에 대한 금액조정(Price Adjustment) 규정을 보면 다음과 같다. 즉, 조정사유가 발생하였을 당시 순변경금액이 당초계약금액의 3% 미만일 경우에는 노무비요율이나 자재단가에 대한 조정은 허용되지 않는다.
또한, 계약단가의 증액총액이 당초단가의 10%를 초과하는 것도 허용되지 않는다. 그러나 감액에 대한 제한은 없다. -「FAR」 52.216-4 Economic Price Adjustment (2017.1월)-

U-19 useful commercial life

유용한 상업적 생애

설비의 상업적 효용을 말하는 것으로서, 예를 들면, 해당설비의 위치, 특성, 노후화 등을 감안할 때 비록 물리적 생애는 다하지 않았다고 하더라도 그 설비를 필요한 곳으로 이동하여 사용하기에는 폐기하는 것보다 경제적 부담이 더한 경우를 말한다. 이 경우 유용한 상업적 생애가 다 한 것으로 평가된다.
따라서 발주처가 예산을 배정받지 못함으로써 계약을 해제한 경우 계약상대자는 해제비용(Cancellation Charges)을 발주처에 청구할 수 있으나, 설비의 유용한 상업적 잔여생애가치는 청구할 수 없다.

U-20 utility pole

전신주, 전기·통신주

U-21 utility room

다용도실

진공청소기, 세탁기, 기타 생활용구를 넣어두는 공간

U-22 utility service

전력공급

'Utility'는 수도, 가스, 전기, 통신, 하수설비 등의 공공이용물을 말하는데, 본항 'Utility Service'는 특별히 전력의 공급 즉, '급전(給電)'을 뜻한다. 'Utility'의 개념을 명확하게 하기 위하여 이를 'Electric Utility'라고 구체화하기도 한다. 즉 본항의 경우 'Electric Utility Service'가 된다.

참조어 Utility Service Contract 전력공급계약

U-23 utility survey

시설물조사

현장조사(Site Survey) 중에서도 인위적 지장물, 즉 시설물을 조사·확인하는 행위

영문공사용어350선 개정증보판

영문공사용어 완결본 820

V

Korean Glossary
of English Terms 820
All-In Edition

V-1 value engineering (VE)

가치공학

공사수행상의 비용절감기법 즉, 공사비의 직접적인 절감이나 공사기간의 단축으로 비용을 절감할 수 있는 설계의 변경행위를 말한다.
현업에서 이를 신기술 또는 신공법으로 부르고 있으나, 반드시 새로운 기술이나 공법이 아니라고 하더라도 위의 효과를 기대할 수 있으면 VE라고 지칭하는 것이 국제적인 관행이자 우리나라 계약예규 「공사계약일반조건」이 취하고 있는 개념이다(제19조의4 참조).
따라서 해외현장에서 당해 VE를 논의할 때 유의해야 할 사항이다.

미국 「연방조달규정(FAR)」에 의하면, 도급금액이 통합조달기준금액(Simplified Acquisition Threshold) 즉 150,000달러를 초과할 경우 및 하도급대가가 70,000달러 이상인 하도급계약의 경우에는 반드시 당해 VE조항을 청약 및 계약문서에 포함하여야 한다. 「FAR」 48.202 및 52.248-3 참조

V-2 value engineering change proposal (VECP)

VE설계변경제안

구체적으로 말하면 VE(가치공학)를 적용하는 설계변경에 대한 제안이며, 결국 시공자에 의한 설계변경제안과 다름이 없다.
설계변경에는 설계상의 오류 또는 공사관련법령의 변경으로 인하여 당초설계를 변경해야 하는 경우도 있고, 또한 공사비를 절감하기 위하여 당초설계를 변경하는 경우도 있다. 전자의 예로는 주택으로 인입(引入)하는 수도관이 당초에는 직경 16mm로 되어 있었으나 관련법령의 개정으로 인하여 그에 부합하기 위하여 이를 20mm로 변경하는 경우를 들 수 있으며, 후자의 예로는 구조물의 설치공사에 있어서 당초설계상 콘크리트를 현장타설(in-situ-Concrete 또는 Cast-in-situ Concrete)방식으로 되어 있었으나, 이를 PC(Precast)조립방식으로 변경하여 공사비와 공기를 절감한다면 그렇게 변경하는 경우가 이에 해당한다.
후자의 경우 PC조립방식은 비록 새로운 기술이나 공법은 아니라고 하더라도 공사비를 절감하는 공법이므로 VE에 해당하는 것이다.

- 'Contractor-Initiated Change[Variation]' 항목 참조 -

유사어 Request for Change
: Demand for Change　설계변경요청

비교어 Contractor-Initiated Change[Variation]
: Contractor-Originated Change[Variation] 시공자제안설계변경

V-3 variation order (VO)

설계변경지시

Change Order (CO)의 영국식 표현

V-4 virgin material

신규자재

영어에서 풍기고 있는 개념처럼 아래의 의미를 뜻한다.

(1) 이전에 사용된 적이 없는 원자재

(2) 신기술에 의하여 원자재로 개발될 것이기는 하나 현재에는 개발되지 않은 자원

V-5 volenti non fit injuria

자발적인 자에게는 손해배상을 하지 않는다.

라틴어 금언(金言). 영문으로는 'To a willing person, injury is not done.' 기억해 두면 도움이 될 것이다.

– 'Voluntary Assumption of Risk Rule' 항목 참조 –

V-6 volume method

용적(容積)방식

공사비의 산출방식 중에서 개산(槪算)공사비(Probable Construction Cost)의 산출방식으로서, 조정된 건축용적에 기(旣)산정된 단위용적당 공사비를 곱하여 산출한다.

〈용적방식에 의한 공사비 = 조정된 건축용적 x 단위용적당 공사비〉

V-7 voluntary assumption of risk rule

자발적 위험부담원칙

위험을 알면서 동의한 자는 피해가 있어도 손해배상을 청구할 수 없다는 원칙. 예를 들면, 권투·킥복싱 등의 격투기나 축구 등의 경기에는 부상의 위험이 높다는 것이 익히 알려져 있으며, 그러함에도 출전하여 부상을 당한 경우 그에 대한 배상을 청구할 수 없다는 것이 대표적인 예이다.
유명한 라틴어 'Volenti non fit injuria'에서 유래하였다. 영어로는 'to a willing person, injury is not done.' (자발적인 자에게는 손해배상을 하지 않는다)

영문공사용어350선 개정증보판

영문공사용어 완결본 820

W

Korean Glossary of English Terms 820

All-In Edition

W-1 waiver of claim clause

클레임포기조항

Disclaimer Clause라고도 한다.

예문 The Employer shall not be liable to the Contract for any matter or thing arising out of or in connection with the Contractor or the execution of the Works, unless the Contractor shall have made a claim in writing in respect thereof before the giving of the Maintenance Certificate under this Clause.
발주처는 시공자가 본조상의 하자보수확인서가 교부되기 전에 클레임을 제기하지 않을 경우에는 계약이나 공사의 수행과 관련하여 발생한 여하한 사항에 대하여도 시공자에 대한 책임이 없다.

W-2 waiver of subrogation

대위권(代位權)의 포기

대표적인 예로는, 보험으로 보상이 되는 손해에 대하여는 상대방에게 따로 손해배상을 청구할 수 없다는 것.

예문 **미국건축사협회(AIA)「공사계약조건 A201」제11.3.7조 Waivers of Subrogation**
"The Owner and Contractor waive all rights against each other and any of their subcontractors,.......for damages caused by fire or other perils to the extent covered by property insurance obtained pursuant to this paragraph 11.3 or ocher property insurance applicable to the work, except such rights as they have to proceeds of such insurance held by the Owner as fiduciary."
발주처와 시공자는 상대방 또는 하수급자들에 대하여, 당해 13.3조와 관련하여 가입한 재산보험 또는 당해 공사에 적용되는 여타의 재산보험에 의하여 보상되는 범위의 화재나 위험으로 인한 손해에 대한 모든 권리를 포기한다. 다만 발주처가 수탁자로서 가지는 보험수익에 대한 권리는 예외로 한다.

W-3 warranty of construction

공사보증

표현상 공사보증이기는 하나 일반적으로 하자보수보증에 해당한다. 따라서 발주처가 공사목적물을 최종인수한 날로부터 1년의 기간 중에 발생하는 하자에 대하여 시공자는 자신의 비용으로 치유(Remedy)할 책임이 있다. 당해 치유 후 보증기간은 치유일로부터 다시 1년간 계속된다(run for 1 year from the date of repair or replacement).

W-4 water treatment

정수(淨水)

W-5 wear and tear

마멸, 소모

장시간에 걸친 정상적인 사용으로 인한 설비나 부품의 마멸이나 소모.
비록 하자보수기간 중의 Wear and Tear라고 하더라도 이는 시공자의 유책사유에 해당하지 않는다.

예문 The Works shall at or as soon as practicable after the expiration of the Period of Maintenance be delivered to the Employer in the condition required by the Contract, fair wear and tear excepted, to the satisfaction of the Engineer.
공사는 하자보수기간의 종료 후 가능한 빠른 시일 내에 계약상 요구된 상태로, 정상작인 마멸이나 소모는 제외하고, 감독관이 만족할 수 있는 상태로 발주처에게 인도되어야 한다.

W-6 wet construction

습식시공(濕式施工)

습식구조(濕式構造)의 시공을 말한다.
콘크리트 등 회반죽을 이용하여 시공하는 공법. 레미콘으로 현장에서 구조부에 직접 타설하여 시공하는 구조라고 생각하면 된다.

비교어 Dry Construction : 건식시공(乾式施工; 월보드, 합판 등을 사용하는 시공법으로서, 콘크리트 등 몰타르를 사용하지 않음)

W-7 whereas clause

서문(序文)

해당계약의 배경·동기 등을 기술하는 부분으로서, 계약조건의 맨 앞부분에 위치하고 있어서 '서문(序文)'이라 하지만, '웨어애즈 조항'으로 표기하여도 무방하다.
'Preamble' 또는 'Recital'이라고도 한다.

동의어 whereas clause
: Preamble
: Recital

W-8 whistleblower protection and right

내부고발자의 보호 및 권리

시공자 또는 하수급자의 비리·부정에 대하여 그 종업원이 해당사실을 외부기관에 고발할 수 있는 권리와 해당고발자를 보호하는 제도.
미국의 경우 모든 원도급계약에 이 내용을 의무적으로 계약조건에 포함시켜야 하며, 하수급계약에서도 하도급계약금액이 150,000달러를 초과할 경우 그와 같다. -2014년 4월에 개정된 「FAR」 52.203-17 참조-

그러나 당해 보호 및 권리를 인정하지 않는 분야도 있다. 미국 「연방조달규정(FAR)」에 의하면, 아래의 경우에는 계약에서 이와 관련한 규정을 적용하지 않고 있다(3.908 참조).

(1) 국방부, 항공우주국(NASA) 및 해안경비대
(2) 정보기관

참고로, 고발할 수 있는 기관(내부고발 신고기관)은 아래와 같이 매우 광범위하다.
① 의회의원
② 감사원
③ 정부책임관리국(Government Accountability Office)
④ 해당기관의 계약관련 관리·감독기관의 공무원
⑤ 법무부 또는 기타 법집행기관의 관련공무원
⑥ 법원 또는 대배심원

W-9 white list

우호자(友好者)명부

영문에 충실할 때에는 백색(白色)리스트가 된다.
여기서 White는 '우호적인, 선의의, 호의적인' 등의 뜻을 갖는다. List에 기재된 대상이 국가일 경우 White List는 우호국가명부·백색국가명부일 것이고, 기업일 경우에는 우호기업명부·백색기업명부, 사람일 경우에는 우호인사명부·백색인사명부가 될 것이다. Black List에 대칭된다.
미국의 경우 Buy American Rule에서 미국산 자재 외에 타국의 자재를 허용하는 4개 부류의 지정국가(Designated Country)가 있는데, 이들 국가들은 일종의 White List라고 할 수 있다.
(1) WTO정부조달협정국가 (WTO GPA Country)
(2) 자유무역협정국가 (FTA Country)
(3) 최저개발국가 (Least Developed Country)
(4) 캐리비아만(灣)국가 (Caribbean Basin Country)

일본의 경우 안전보장과 연관된다고 판단되는 첨단기술과 전자부품 등을 다른 나라로 수출할 때, 허가신청 등의 수속을 면제하는 나라 즉 안전보장우호국을 지정하는데, 이 국가를 지칭한다.

-'Buy American Rule' 및 'Black List' 항목 참조 -

W-10 work

이 용어에는 아래와 같은 두 가지의 뜻이 있다.

(1) "공사"
계약조건 등에서 대문자(Work)로 시작하여 표기할 경우에는 공사 또는 공사목적물을 나타낸다.

(2) "작업"
일반적인 의미이며, 계약조건 등에서 소문자(work)로 시작한다. 일 또는 작업을 나타낸다.

W-11 work cost

공사원가

통상 노무비, 자재비 및 경비로 이루어진다. 따라서 일반관리비 및 이윤은 공사원가에서 제외된다.

W-12 worker: employee

근로자

근로자(Worker)라 함은 근로기준법령의 적용을 받는 계약에서(on a contract) 작업하거나, 계약과 관련하여(in connection with a contract) 작업하는 자를 뜻한다. 수습근로자나 견습근로자는 당해 근로자에 포함되지만, 회사의 임원이나 경영인, 전문인 등은 제외된다.

이에 비하여, Employee는 피용자(被傭者)로 번역함이 정확할 것이며, 근로자(Worker)와 대동소이하다. 다만, 이들에게는 최저임금 및 초과근로에 관한 규정을 적용하지 않는 경우가 있다는 점에서 Worker와 차이가 있다.

주 위의 설명 중에-
① '계약에서(on a contract)'라 함은 계약에서 요구되는 특정업무를 직접적으로 수행하는 경우를 말하며,
② '계약과 관련하여(in connection with a contract)'라 함은 근로자 또는 피용자의 작업행위가 계약에서 요구하는 특별업무는 아니지만 계약의 이행에 필요한 경우를 말한다.

W-13 working budget

실행예산

Construction Budget(공사예산)이 발주처에 의하여 결정됨에 비하여, Working Budget는 주로 시공자가 자신의 공사비 절감 등을 위하여 자체용으로 작성된다는 데에 차이가 있다.

W-14 working days basis

작업일기준, 업무일기준

일수(日數)를 산정하는 방식 중의 하나로서, 달력상의 날짜에 관계없이 시공자가 실제로 작업한 날짜만 일수에 산입하는 방식.

작업하지 않는 휴일을 'Bank Holidays'라 한다. 은행의 휴무관행을 기준으로 한 개념이다.

비교어 Calendar Days Basis

'달력일기준'이며, 작업일에 관계없이 달력상의 날짜대로 일수를 산정하는 방식.

예컨대, 휴일이 2일 포함된 7일에서 달력일기준으로는 7일이 되고, 작업일기준으로는 5일이 된다.

기간의 산정에 있어서 반드시 고려되어야 할 기준이다.

W-15 working drawing

작업도면

일반적으로는 설계도면 즉 계약도면(Contract Drawings)을 지칭하나, 경우에 따라서는 시공상세도(Shop Drawings)를 지칭하기도 한다.

<첫째의 의미>
Working Drawings
: Contract Drawings
: Construction Drawings

<둘째의 의미>
Working Drawings
: Shop Drawings
: Manufacturing Drawings

W-16 working permit

작업허가

근로자들이 현장에서 작업할 수 있도록 하는 허가. 주로 정부(이민국 또는 노동부)에서 발급. Green Card도 같은 의미.
시공자의 공사수행허가와는 차이가 있다. 정부공사의 경우 발주처가 계약을 체결하거나 착공지시서를 발급함으로써 실질적인 공사수행허가가 이루어졌다고 보면 된다.

비교어 I **Working Permission**
엄밀한 의미에서 Working Permit은 작업허가서를 나타내며 이 경우 Green Card라고도 한다. 이에 비하여 Working Permission은 작업허가 즉 행위를 나타낸다.

비교어 II **Residence Permit**
거주허가서. 이 허가서가 발급됨과 함께 작업허가가 이루어지는 경우도 있고, 양자를 별도로 얻어야 현장에서 작업할 수 있는 경우도 있다.

W-17 work item

공종(工種)

공사의 종류 또는 공사항목

W-18 work-scope

공사의 범위

– 'Scope of Work' 항목 참조 –

W-19 work site (: site of the work)

공사현장

Job Site 또는 그냥 Site라고도 한다. Work와 Site를 붙여서 Worksite라 하여도 된다.(주; Work Site가 맞느냐, Worksite가 맞느냐 하는 논란을 본 적이 있다. 둘 다 맞다.)

주현장(Primary Work Site)과 보조현장(Secondary Work Site)으로 구분하기도 한다(「FAR」 52.222조 참조).

동의어 Work Site
: Job Site
: Site

참조문 **Payrolls and Basic Records (Aug 2018)**

Payrolls and basic records relating thereto shall be maintained by the Contractor during the course of the work and preserved for a period of 3 years thereafter for all laborers and mechanics working at the site of the work. – 「FAR」 52.222-8 –

공사현장에서 작업하는 인부 및 기술자에 대한 임금대장과 그와 관련되는 기본자료는 공사의 수행 중 관리되어야 하고 그로부터 3년간 보존되어야 한다.

W-20 wrap-up insurance

포괄보험(包括保險)

공사수행 중의 모든 사고에 대비하는 일종의 책임보험이며, 대형공사(예: 공사비 1천만불 이상)의 시공자 및 그의 하수급자를 보호하기 위한 보험으로서, All Encompassing Insurance(이 보험 역시 포괄보험으로 번역됨)라고도 하고, 그냥 Wrap Insurance라고도 한다.
당해 Wrap-up Insurance는 발주처관리보험(이 경우는 발주처 자신도 보호)과 시공자관리보험이 있다.

주 Wrap-up Claim 포괄클레임, 종합클레임

W-21 writing short

물량내역서(BOQ) 중의 어떤 항목(Item)을 본래의 범주 외의 곳에 기입하는 것으로서, 예컨대 천정의 조명등을 전기공종이 아닌 천정공종에 기입하는 것과 같이 사소한 항목에 적용된다.

W-22 WTO GPA

세계무역기구정부조달협정문

WTO는 World Trade Organization의 약자이며 '세계무역기구', GPA는Government Procurement Agreement의 약자이며 '정부조달협정문'.
1994년 모로코의 마라카슈에서 체결되었으며, 이 협정에 따라 참가국의 건설시장은 1996년부터 개방되었는데, 우리나라는 1년을 유예받아 1997년 1월 1일부터 개방하였다.
참고로, Government Procurement Agreement는 Agreement on Government Procurement로 표기하기도 한다.

영문공사용어350선 개정증보판

영문공사용어 완결본 820

X

Korean Glossary
of English Terms 820

All-In Edition

X-1 XCU

폭발, 붕괴 및 지하사고

X는 Explosion 또는 Blasting(폭파), C는 Collapse(붕괴) 또는 Structural Damage(구조적 손궤), U는 Underground Damage(지하시설물의 손궤)를 나타내는 보험사고 용어

영문공사용어350선 개정증보판

영문공사용어 완결본 820

Z

Korean Glossary of English Terms 820

All-In Edition

Z-1 zip code

우편번호

Postal Code Number라고도 한다.

동의어 Zip Code: Postal Code Number

Z-2 zoning permit

토지이용허가서

계 826 용어

A 61	B 40	C 117	D 44	E 50
F 43	G 19	H 7	I 28	J 5
K 4	L 31	M 35	N 17	O 21
P 101	Q 4	R 32	S 73	T 39
U 23	V 7	W 22	X 1	Y -
Z 2				

영문공사용어350선 개정증보판

영문공사용어 완결본 820

부록

Appendixes

부록 1 FIDIC 「공사계약일반조건」 2017년 주요 개정내용

부록 2 유엔 「국제산업표준분류(ISIC)」(Rev. 4)상의 건설업종

부록 3 미국 「연방조달규정(FAR)」 2018~2020년 개정내용

Korean Glossary
of English Terms 820
All-In Edition

Appendix 1

FIDIC「공사계약조건」2017년 주요 개정내용

(1) 특수조건

종전 1999개정본은 특수조건(Particular Conditions)을 단일구조로 하였으나, 금번 2017개정본에서는 Part A 및 Part B로 2원 구조로 개편

(2) Contract Data

1999개정본에는 〈입찰서양식〉의 첨부자료로 수록되어 있었으나, 2017개정본에서는「특수조건(Particular Conditions) Part A」로 격상하여 독립적인 내용으로 수록

(3) Priority of Documents (제1.5조)

계약문서의 최우선문서를 계약서(Contract Agreement)로 함에는 종전과 변함이 없으나, 그 적용에 있어서는 아래와 같은 중요한 차이점이 있음

- 1999개정본 : Contract Agreement (if any) 계약서(만약 있다면)

- 2017개정본 : Contract Agreement 계약서

1999개정본에는 (if any 만약 있다면)이 있어서 흡사 당해 계약서가 없어도 될 것 같은 해석이 가능하였으나, 2017개정본에서는 이를 삭제하여 계약서는 필수계약문서임을 분명히 하게 되었음

(4) 책임의 제한 (제1.15조)

2017개정본에서 신설한 규정. 이로써 계약당사자간 책임의 한계가 더욱 분명해 졌음

(5) 하도급의 일반규정 (제5조)

1999개정본에는 일반하도급이 아닌 지명하도급(Nominated Subcontract)에 관한 규정만 두었으나, 2017개정본에서는 하도급에 관한 기본원칙을 제1항에 규정하고, 그 다음에 지명하도급(Nominated Subcontract)규정을 두고 있음. 제목도 종전의 Nominated Subcontract(지명하도급) 대신 Subcontracting(하도급)으로 개정

(6) 불가항력 (제18조)

불가항력은 1999개정본에서 Force Majeure로 표기하였으나, 2017개정본에서는 그 표기를 Exceptional Events 즉 예외적인 상황으로 개정

(7) DAAB (제21조)

1999개정본의 DAB(Dispute Adjudication Board) 즉 분쟁재결위원회를 2017개정본에서는 DAAB(Dispute Avoidance/Adjudication Board) 즉 분쟁방지·재결위원회로 그 기능을 확대

(8) 기타

-생략-

Appendix 2

유엔 「국제산업표준분류(ISIC)」 (Rev. 4, 11 August 2008)상의 건설업종

International Standard Industrial Classification(ISIC)

of All Economic Activities

Revision 4

2008년 8월에 개정된 「국제산업표준분류(ISIC)」의 제4차 개정본 즉 ICIS Revision 4에서는 전산업(全産業)을 A에서 U까지 총 21개 분야로 분류하고 있으며, 그 중에서 건설은 Section F에서 3개 Division 즉 Division 41-43으로 편제되어 있음.

Section F Construction

Division	Group	Class	Description
Division 41			Construction of buildings
	410	4100	Construction of buildings
Division 42			Civil Engineering
	421	4210	Construction of roads and railways
	422	4220	Construction of utility projects
	429	4290	Construction of other civil engineering projects
Division 43			Specialized construction activities
	431		Demolition and site preparation
		4311	Demolition
		4312	Site preparation
	432		Electrical, plumbing and other construction installation activities
		4321	Electrical installation
		4322	Plumbing, heat and air-conditioning installation
		4329	Other construction installation
	433	4330	Building completion and finishing
	439	4390	other specialized construction activities

Appendix 3

미국 「연방조달규정(FAR)」 2018~2020년 개정내용

- 2020.1월 현재 -

[2018년 개정내용 : 28개조]

1. 2018.1월 개정 (1개조)

(1) 52.222-19 Child Labor-Cooperation with Authorities and Remedies (Jan 2018)

2. 2018.3월 개정 (1개조)

(1) 52.222-4 Contract Work Hours and Safety Standards -Overtime Compensation (Mar 2018)

3. 2018.6월 개정 (1개조)

(1) 52.209-13 Violation of Arms Control Treaties or Agreements-Certification (Jun 2018)

4. 2018.7월 개정 (1개조)

(1) 52.204-23 Prohibition on Contracting for Hardware, Software, and Services Developed or Provided by Kaspersky Lab and Other Covered Entities (Jul 2018)

5. 2018.8월 개정 (14개조)

(1) 52.208-8 Required Sources for Helium and Helium Usage Data (Aug 2018)

(2) 52.216-7 Allowable Cost and Payment (Aug 2018)

(3) 52.219-9 Small Business Subcontracting Plan (Aug 2018)

(4) 52.222-6 Construction Wage Rate Requirements (Aug 2018)

(5) 52.222-8 Payrolls and Basic Records (Aug 2018)

(6) 52.222-30 Construction Wage Rate Requirements-Price Adjustment (None or Separately Specified Method) (Aug 2018)

(7) 52.222-31 Construction Wage Rate Requirements-Price Adjustment (Percentage Method) (Aug 2018)

(8) 52.222-32 Construction Wage Rate Requirements-Price Adjustment (Actual Method) (Aug 2018)

(9) 52.222-41 Service Contract Labor Standards (Aug 2018)

(10) 52.222-43 Fair Labor Standards Act and Service Contract Labor Standards-Price Adjustment (Multiple Year and Option Contracts) (Aug 2018)

(11) 52.223-17 Affirmative Procurement of EPA-designated Items in Service and Construction Contracts (Aug 2018)

(12) 52.225-5 Trade Agreements (Aug 2018)

(13) 52.225-25 Prohibition on Contracting with Entities Engaging in Certain Activities or Transactions Relating to Iran-Representation and Certifications (Aug 2018)

(14) 52.228-11 Pledges of Assets (Aug 2018)

6. 2018.10월 개정 (11개조)

(1) 52.204-7 System for Award Management (Oct 2018)

(2) 52.204-8 Annual Representations and Certifications (Oct 2018)

(3) 52.204-10 Reporting Executive Compensation and First-Tier Subcontract Awards (Oct 2018)

(4) 52.204-13 System for Award Management Maintenance. (Oct 2018)

(5) 52.209-7 Information Regarding Responsibility Matters (Oct 2018)

(6) 52.209-9 Updates of Publicly Available Information Regarding Responsibility Matters (Oct 2018)

(7) 52.212-1 Instructions to Offerors-Commercial Items (Oct 2018)

(8) 52.212-3 Offeror Representations and Certifications-Commercial Items (Oct 2018)

(9) 52.212-4 Contract Terms and Conditions-Commercial Items (Oct 2018)

(10) 52.219-8 Utilization of Small Business Concerns (Oct 2018)

(11) 52.232-33 Payment by Electronic Funds Transfer-System for Award Management (Oct 2018)

[2019년 개정내용]

1. 2019.1월 개정 (3개조)

(1) 52.213-4 Terms and Conditions-Simplified Acquisitions (Other Than Commercial Items) (Aug 2019)

(2) 52.222-50 Combating Trafficking in Persons (Jan 2019)

(3) 52.244-6 Subcontracts for Commercial Items (Jan 2019)

2. 2019.8월 개정 (4개조)

(1) 52.204-24 Representation Regarding Certain Telecommunications and Video Surveillance Services or Equipment (Aug 2019)

(2) 52.204-25 Prohibition on Contracting for Certain Telecommunications and Video Surveillance Services or Equipment. (Aug 2019)

(3) 52.212-5 Contract Terms and Conditions Required to Implement Statutes or Executive Orders-Commercial Items (Aug 2019)

(4) 52.213-4 Terms and Conditions-Simplified Acquisitions (Other Than Commercial Items) (Aug 2019)

(5) 52.244-6 Subcontracts for Commercial Items (Aug 2019)

3. 2019.9월 개정 (1개조)

(1) 52.216-32 Task-Order and Delivery-Order Ombudsman (Sept 2019)

4. 개정일자 미상 (4개조)

(1) 1.106 Amend section 1.106 by adding to the table, in numerical sequence, FAR segment "52.204-23" and its corresponding OMB control number "9000-0197"

(2) 4.20 Add subpart 4.20

(3) 13.201 (i) Amend section 13.201 by adding paragraph (i)

(4) 39.101 (e) Amend section 39.101 by adding paragraph (e)

[2020년 개정내용] (2020.1.15.)

FAC 2020-04 January 15, 2020

1. 22.1503(b)(3) and (4)

Amend section 22.1503 by-

(1) Removing from paragraph (b)(3) "$80,317" and adding "$83,099" in its place; and

(2) Removing from paragraph (b)(4) "$180,000" and adding "$182,000" in its place.

2. 25.202(c)

Amend section 25.202 by removing from paragraph (c) "$6,932,000" and adding "$7,008,000" in its place.

3. 25.402(b)

Amend section 25.402(b) by adding a heading for the table and revising the table.

4. 25.603(c)(1)

Amend section 25.603 by removing from paragraph (c)(1) "$6,932,000" and adding "$7,008,000" in its place.

5. 25.1101(b)(1)(i)(A), (b)(1)(iii), (b)(1)(iv), (b)(2)(iii), (b)(2)(iv), (c)(1) and (d)

Amend section 25.1101 by-

(1) Removing from paragraph (b)(1)(i)(A) "$180,000" and adding "$182,000" in its place;

(2) Removing from paragraphs (b)(1)(iii) and (iv) and (b)(2)(iii) and (iv) "$80,317" and adding "$83,099" in its place; and

(3) Removing from paragraphs (c)(1) and (d) "$180,000" and adding "$182,000" in its place.

6. 25.1102(a), (c), (c)(3), and (d)(3)

Amend section 25.1102 by-

(1) Removing from the introductory text of paragraphs (a) and (c) introductory text "$6,932,000" and adding "$7,008,000" in its place;

(2) Removing from paragraph (c)(3) "$6,932,000" and "$10,441,216" and adding "$7,008,000" and "$10,802,884" in their places, respectively; and

(3) Removing from paragraph (d)(3) "$6,932,000" and "$10,441,216" and adding "$7,008,000" and "$10,802,884" in their places, respectively.

7. 52.204-8 (c)(1)(xxi)(C) and (D)

Amend section 52.204-8 by-

(1) Revising the date of the provision; and

(2) Removing from paragraphs (c)(1)(xxi)(C) and (D) "$80,317" and adding "$83,099".

8. 52.212-5 (b)(26)

Amend section 52.212-5 by revising the date of the clause and removing from paragraph (b)(26) "(OCT 2019)" and adding "(JAN 2020)" in its place.

9. 52.213-4 (b)(1)(ii)

Amend section 52.213-4 by revising the date of the clause and removing from paragraph (b)(1)(ii) "(OCT 2019)" and adding "(JAN 2020)" in its place.

10. 52.222-19 (a)(3)

Amend section 52.222-19 by-

(1) Revising the date of the clause;

(2) Removing from paragraph (a)(3) "$80,317" and adding "$83,099" in its place; and